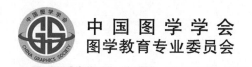
中国图学学会
图学教育专业委员会

工程图学类课程
教学方法创新优秀案例

主　编　张京英
副主编　刘衍聪　韩宝玲　蒋　丹　费少梅
　　　　姜　杉　王　迎　佟献英

北京理工大学出版社
BEIJING INSTITUTE OF TECHNOLOGY PRESS

版权专有　侵权必究

图书在版编目（CIP）数据

工程图学类课程教学方法创新优秀案例 / 张京英主编. -- 北京：北京理工大学出版社，2024.6.

ISBN 978-7-5763-4266-6

Ⅰ．TB23-4

中国国家版本馆 CIP 数据核字第 2024JR9285 号

责任编辑：多海鹏	**文案编辑**：李丁一
责任校对：周瑞红	**责任印制**：李志强

出版发行 / 北京理工大学出版社有限责任公司

社　　址 / 北京市丰台区四合庄路 6 号

邮　　编 / 100070

电　　话 / (010) 68944439（学术售后服务热线）

网　　址 / http://www.bitpress.com.cn

版 印 次 / 2024 年 6 月第 1 版第 1 次印刷

印　　刷 / 廊坊市印艺阁数字科技有限公司

开　　本 / 787 mm×1092 mm　1/16

印　　张 / 22.5

字　　数 / 496 千字

定　　价 / 98.00 元

图书出现印装质量问题，请拨打售后服务热线，负责调换

中国图学学会图学教育专业委员会
《工程图学类课程教学方法创新优秀案例》
编 审 组

张京英　北京理工大学

刘衍聪　中国石油大学（华东）

韩宝玲　北京理工大学

蒋　丹　上海交通大学

费少梅　浙江大学

姜　杉　天津大学

王　迎　哈尔滨工业大学

佟献英　北京理工大学

前　言

现代信息技术的发展改变了人们的思维、生产、生活和学习方式，也拓展了学习时空与学校边界，催生了教育教学新形态。工程图学类课程也随着信息技术的发展，在教学理念、教学内容和教学模式上发生了巨大的变化，图学类国家级精品在线开放课程和国家级一流本科课程的认定更进一步推动了工程图学类课程的改革。广大图学教师始终走在课程建设和教学改革的前列，积极将现代信息技术融入教学活动，推进线上、线下教育教学相互融合，构建更加多样、更具活力的教育教学生态，提高人才培养的质量。

为进一步推广和分享工程图学类课程教育教学改革成果，中国图学学会图学教育专业委员会成立了编审组，公开征集并遴选了 31 篇工程图学类课程教学方法创新优秀案例，并编辑成专著，由北京理工大学出版社正式出版。部分优秀案例安排在 2024 年的第 24 届全国图学教育学术研讨会上分享交流，进一步推动工程图学类课程的建设和改革。

在此收录的工程图学类课程教学方法创新优秀案例，充分尊重了作者的写作风格和教研成果，既有课程内容的重构和课程体系的改革，又有教学方法和教学模式的创新；既有课程思政的融入，又有过程评价的完善；既保留传统教学手段，又融入现代信息技术；既论述了整体课程的改革思路和方法，又列举了典型教学案例，部分案例还配有视频素材。这些优秀案例均经过多年的探索和实践，取得了可以落地的阶段性成果，希望能给读者更多的启发和借鉴，并起到示范作用。这些优秀案例从一个侧面反映出，工程图学类课程的教学已不再是教师满堂灌、学生被动听的课堂，而是以提升教学效果为目的强化课堂设计、加强研究型和项目式学习，以激发学生的学习动力和专业志趣、培养和提升学生能力和综合素质为宗旨的，具有创新教学方法的"活起来"课堂。

教学改革一直都在路上。本优秀案例集旨在抛砖引玉，以期这些教学新理念、新模式在应用推广中得以完善和提升，并促进教学创新和探索改革，使其成为工程图学类课程教学的新常态。

不妥之处，敬请斧正。

中国图学学会图学教育专业委员会编审组

目 录

机械篇

以设计为主线、时空融合、知行合一的"工程图学"课程教学实践
　　陆国栋　费少梅 ··· 3

基于项目式教学的机械类图学课程"设计与制造Ⅰ"的教学设计与实践
　　蒋 丹 ··· 10

新型数字化工程教育的探索与实践——"工程图学"混合式课程建设
　　姜 杉　徐 健　喻宏波　丁伯慧　邢 元 ······························ 21

从"一图胜千言"到"项目驱动"工程设计与表达能力提升
　　韩宝玲 ··· 30

基于数字化设计的工程图学教学案例选择
　　宋洪侠 ··· 37

工程图学"VR+教学模式"改革与实践
　　陈清奎　张 莹　李 坤　杨璐慧　殷 振　齐 康 ················ 46

数字技术深度融入的工程图学教学方法转型
　　邱龙辉 ··· 60

基于"图感理论—交互资源—教学模式"创新，破解工程制图"难学、难想、难用"问题
　　张宗波　伊 鹏　牛文杰　王 珉　曹清园　刘衍聪 ············ 69

基于云协同的机械制图过程化考核实践案例
　　陈 亮　黄宪明　陈婧婧 ·· 85

制图能力与工程意识的培养在项目式教学中的实现
　　刘 瑛　李玏一 ··· 93

部件测绘与创新设计
　　张 俐 ··· 100

以项目驱动深度学习的机械类制图课程混合式教学案例
　　杨 薇　佟献英　张京英　赵杰亮　荣 辉 ··························· 110

以教学内容重构为抓手，开展工科应用型高校"工程图学"课程改革与实践
　　丁 乔　李茂盛　孙轶红　韩丽艳　仵亚红 ··························· 117

基于学生机械创新能力培养的"画法几何与机械制图"线上线下混合式教学实践
　　王 梅　莫春柳　李 冰　陈和恩　黄宪明　任庆磊 ·········· 137

— 1 —

零件数字化建模与表达方法
　　阮春红　罗年猛　张　俐　韩　斌　万亚军……………………………………………… 157
以高阶认知为目标的研究型思维能力培养的教学模式探讨
　　续　丹……………………………………………………………………………………… 169
基于数据驱动的工程图学教与学精准融合
　　冯桂珍……………………………………………………………………………………… 176
面向工科大类学生的制图课程教学改革与实践
　　冉　琰　罗远新…………………………………………………………………………… 186
以综合素养为目标的多元化教学模式
　　佟献英　杨　薇　罗会甫　李　莉　赵杰亮　高守峰………………………………… 194
产业学院工程图学系列课程的探索与实践
　　朱科铃……………………………………………………………………………………… 202
针对应用型院校"工程图学"课程体系的差异化调整
　　邹凤楼……………………………………………………………………………………… 209
图物互映　唤趣启蒙——工程图学入门教学案例
　　王华权……………………………………………………………………………………… 221
上海海洋大学"工程图学"课程思政典型案例
　　毛文武……………………………………………………………………………………… 237

建筑篇

融合课程思政面向"卓越工程师培养计划"的工程图学创新教学实践
　　吴新烨……………………………………………………………………………………… 245
"画法几何及工程制图"课程混合式教学模式
　　王子茹　马　克　覃　晖………………………………………………………………… 256
"土木工程制图"课程思政建设与教学改革实践
　　何　蕊……………………………………………………………………………………… 269
基于OBE的"阴影透视"在线开放课程建设和实践
　　黄　莉……………………………………………………………………………………… 279

高职篇

"以学生为中心"的"机械制图"课程教学改革与实践——"机械制图"课程教学方法优秀案例
　　高红英　刘军旭　袁惊滔………………………………………………………………… 293
"学、品、悟、行"四层递进、深度混合式高职图学课程思政研究与实践
　　沈　凌……………………………………………………………………………………… 300

基于现代信息技术的混合式"机械制图"教学模式实践

  史艳红 ………………………………………………………………………………… 316

职业院校教育信息化建设与现代教学技术应用研究——以计算机辅助设计与制造UG省级

 精品在线开放课程为例

  赵　慧 …………………………………………………………………………………… 322

附录篇

工程图学类课程教材常用国家标准代号汇编 ………………………………………… 343

机 械 篇

以设计为主线、时空融合、知行合一的"工程图学"课程教学实践

陆国栋　费少梅

浙江大学

一、案例简介及主要解决的教学问题

形是图之源，图是形的载体。"工程图学"课程——一门量大面广的工科基础课程，不仅能够培养学生的图形表达能力和空间思维能力，而且对培养学生的设计思维和创新思维具有重要作用。新兴工业和技术发展对"工程图学"课程提出了新的要求，主要体现为：课程知识体系需要与智能制造技术等紧密结合；教学模式和手段需要充分利用信息技术发展带来的优势；理论需要与实践协同，加强产学协作。

本课程旨在强化知识、能力、实践与创新思维等方面的深度融合；加强"图"的构型与构思，培养创新思维能力；在突出"图"的工程交流媒介特性的同时，培养学生的思维力和工程力；以工程实践能力、工程设计能力与工程创新能力为核心，重构课程体系与教学内容，达到能综合运用工程图学及相关学科知识表达、分析、解决复杂工程问题，并对其进行设计、改进及研究的目的，为学生毕业以及将来从事相关设计、研发工作奠定基础。

二、解决教学问题的方法、手段

本课程以图形表达为核心，以形象思维为主线，通过工程图样与形体建模培养学生工程设计与表达能力，是提高工程素质、增强创新意识的知识纽带与桥梁。通过本课程的学习，可培养学生用二维图样表达三维形体的能力，培养空间想象能力和形象思维能力，培养徒手绘图、尺规绘图、计算机二维绘图、三维形体建模的能力，培养绘制和阅读专业工程图样的能力，培养工程意识、设计思维和严谨认真的工作态度。本课程既教知识，也重素质，更重育人，让学生学会思考、学会学习。

线上线下混合，校内校外结合，时空融合。自2006年，案例组对高等教育教学模式改革进行了持续的探索实践。2013年的"教育部－中国移动科研基金"项目同意立项支持我校"信息技术支持下的高等教育教学模式研究及试点"项目（教技司〔2014〕52号），并获批经费100万元，项目在同时同地的传统课堂模式、异时异地的录像模式基础上，通过教育部高等学校工程图学课程教学指导分委员会，在全国率先大规模探索慕课（massive open online course，MOOC）课程之下的私播课（small private online course，SPOC）课程，组织30所高校15 000多人次师生进行了教学模式改革尝试，实现了时空融合、虚实结合的线上线下深层次互动（见图1）。

图 1　陆国栋教授为 30 所高校学生同时异地授课

理论实践结合，课内课外整合，知行合一。本课程通过测绘、三维建模、数控加工，将理论与实践结合（见图2）；通过案例式教学，课内课外贯通，培养学生解决工程问题的意识和创新设计能力；将新技术融入课程教学，强调对学生动手能力的培养；利用形体分析法与组合体构型设计学习，促进形体空间思维能力与创新设计素养的培养，激发学生的求知欲和学习兴趣；倡导自主式、任务牵引式的学习，通过"工程图学"课程与课程本身以外知识的发现与拓展完成预期学习目标，同时培养批判性思维、设计思维、工程思维、数字化思维等专业素养。

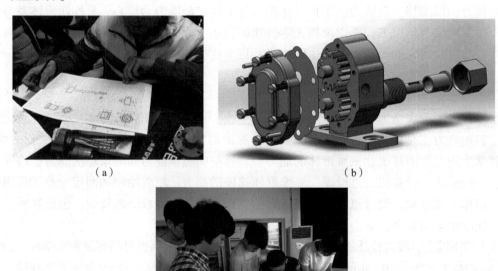

(a)　　　　　　　　　　　(b)

(c)

图 2　测绘、建模和加工实践

(a) 测绘；(b) 三维建模；(c) 加工实践

出题答题融合，答辩考试结合，多元评价。为了改变评价模式过于应试化的现状，本课程实施表达能力"三一机制"，即一门课，一千字读书报告，或一刻钟答辩发言，或兼而有之，培养书面和口头表达能力；实施作业创新"三自模式"，即"自主设计、自我命题、自行测试"，培养设计和构思能力；实施考试改革"三自模式"，即"自主命题、自我测试、自行评价"，培养分析和解决问题能力。此外，本课程还实施线上、线下过程性记录计入总成绩的机制，鼓励学生自主学习；增加平时的主观性测试题的练习和测试，在笔试理论测试的同时，补充上机三维建模实践操作考试；在考查知识点掌握的同时，适当插入项目式训练，考查学生对知识点的应用能力；从期末评价为主转变为过程性教学评价，有效解决成绩非正态分布、高分偏多现象，扭转标准答案、知识记忆为重点的价值取向。

三、特色及创新点

（一）课程特色

重构的课程体系内容借助知识关联，强化了"图学"思维性与"设计"创新性，从图样表达能力转向空间思维能力的培养，从绘制图样向设计建模转变，并建设既满足现代设计方法和手段对图学基础教材的需求，又满足电子和移动互联时代的新要求，可进行多途径自主学习的新形态数字化课程教材体系。

本课程可实现从传统的学习知识与技能，到开拓思维和创新能力的转变；从统一要求到灵活的、个性化学习的转变；从个体竞争到强调协作的转变；从强调课堂理论到强化项目实践的转变；从终结性评价到形成性评价的转变；从单维评价到多维评价的转变。

（二）主要创新点

1. 以设计为主线，有机串接知识点，设计和制造一体化

本课程引入工程意识、工程概念、工程素质，夯实基础课程地位；引入构型概念、设计概念，旨在服务于从中国制造到中国创造的中国设计。课程体系以产品设计制造过程为主线，将相关知识点有机整合（见图3），改变传统教学体系中各知识点分散，相互没有关联的松散状态，便于学生建立设计和制造一体化的思想。

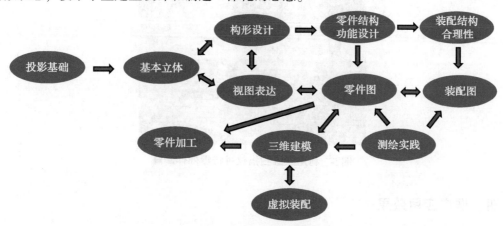

图3　设计和制造一体化的课程体系

2. 以共享为基调，合理重组教学资源，虚拟和现实协同化

本课程将计算机辅助设计技术、虚拟现实/增强现实显示技术、大数据知识挖掘等现代信息技术与课程教学内容体系相结合，开发工程图学教与学资源库。在教学方式上，既有面对面的课堂教学、讨论，也有自主式在线学习平台，可以由浅入深地分层练习；既有线下的实体模型，也有线上的虚拟教学资源库，可以形成多途径、多层次、多样化的学习空间和教学模式（见图4）。

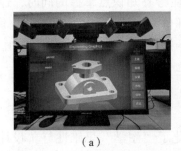 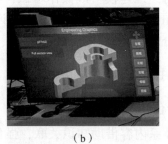

(a)　　　　　　　　　　(b)

图4　线上虚拟教学资源

(a) 表达方法练习题；(b) 剖视练习题

3. 以学生为中心，强化工程实践能力，理论和实践合一化

为培养学生的实践动手能力，强化学生的工程意识，提升工程设计能力，本课程依托国家工科基础课程工程图学教学基地和机械工程国家级实验教学示范中心，针对被测零件，结合零件的结构功能设计，要求学生完善被测零件的结构，在得到工程图样的基础上，安排实际加工验证，让学生在加工中加深零件的工艺意识，进一步理解零件尺寸标注的合理性，以及零件的尺寸公差、表面粗糙度、倒角、凸台等所学的理论知识，使学生认识到画的不仅仅是图纸，还是设计产品。同时，为了更好地适应技术迅猛发展的现实，测绘工具也从游标卡尺和卡钳等传统测量工具提升到三维扫描仪，可对零部件进行扫描测绘（见图5）。

图5　利用三维扫描仪进行零部件测绘

四、推广应用效果

以设计为主线、强化实践的"工程图学"课程体系，符合目前数字化设计制造对课程

的要求，有利于培养学生的创新设计思维和创新能力。与表达和设计相融合的课程体系相呼应，案例组在"十二五"普通高等教育本科国家级规划教材的基础上修订，并于2019年5月出版了《图学基础教程》（第三版）（配数字课程）和《图学基础教程习题集》（第三版），荣获国家教材委员会全国优秀教材一等奖。该套教材自2019年出版以来，被浙江大学、东南大学、宁波大学等多所高校使用并受到好评，累计印数达15万册以上。该套教材"内容体系编排合理、知识范围宽广、突出了图形思维的培养"，教材"与产品设计表达、产品创新设计制造相结合，很好地解决了'工程图学'课程教学中普遍存在学生产品创新设计能力培养困难的问题"。

结合"信息技术支持下的高等教育教学模式研究及试点"项目，案例组牵头连续推出同时异地SPOC教学模式改革，30多所高校15 000多人次学生从中受益，学生评价"能够有机会倾听到许多其他大学独具风格的教学……拓宽了视野""切实地感受到了信息的力量……既让课堂充满乐趣又使天南地北的同学能够互相交流"。"时空融合、知行耦合、师生多维互动的机械大类课程教学新范式"获得了2018年国家级教学成果一等奖。

五、典型教学案例

教学案例：齿轮油泵测绘实践。

（一）教学目标

1）结合零件图的绘制学习，掌握零件草图的绘制。
2）通过测绘实践，掌握灵活应用机件的多种表达方法。
3）掌握常用测绘工具的正确使用和常见尺寸的测量方法。
4）培养团队合作精神。
5）通过互评互查培养学生的批判精神，同时养成严谨的学习态度。

（二）教学内容

1）测绘齿轮泵装配体的全部非标准件，绘制零件草图。
2）测量各标准件的规格尺寸，并查出其规定标记代号。

（三）教学实施

1）实验前准备。
（1）预习测绘工具的正确使用（使用"学在浙大"平台进行线上学习）。
（2）了解齿轮泵的用途、工作原理，各零件的结构功能及零件间的装配关系。
（3）准备厘米方格纸（或白纸）。
（4）教师线上发布测绘任务书，使学生了解测绘实践的任务和要求。
2）测绘实验。
（1）现场进行小组分组，自荐或他荐产生小组长。
（2）采用组长负责制，在组员自愿的基础上确定小组成员的任务分工。
（3）拆卸零部件，了解各零件的结构形状，仔细观察各零件的外部形状及内部结构，确定零件的表达方案，并徒手绘制零件草图；测绘过程中对零件的缺陷应予以纠正，对于被测零件模型上的欠合理结构进行合理化的改进设计。

(4) 结合零件尺寸标注知识，测量并标注零件尺寸。

(5) 测量各标准件的规格尺寸，并查出其规定标记代号。

(6) 小组内对测绘结果进行相互检查、比对、协调和修改，尤其是对于有配合要求的结构，需使其协调一致。

(7) 教师审核各小组整套零件草图，并提出进一步修改意见。

3）实验后处理。

(1) 结合教师意见，由小组长负责，在合适的课余时间，小组成员在各自完成对应内容的修改和完善的基础上，再次核查、完善零件间的匹配性。

(2) 根据本次测绘实践，对各成员的测绘任务量和测绘表现，在小组内进行互评和自评，得出各自的平均得分值，作为本教学实践环节的平时成绩，并提交给任课教师。

4）后续相关教学环节。

(1) 根据测绘所得零件草图，利用计算机绘制正式零件图。

(2) 根据零件图绘制装配图。

(3) 根据零件图进行三维建模，掌握零件三维建模的基本技能。

(4) 根据零件三维模型，了解工程图和装配体的生成。

(5) 根据所建零件三维模型，在课外以小组为单位预约加工。

5）学生体会。

学生 A：我个人很喜欢测绘这个环节，有一种学以致用的感觉。

学生 B：培养了小组合作精神。记得在用 CAD 软件绘制装配图时，看到这么多的零件和要求，不免有点退缩，但小组内同学非常积极地帮助我，并相互对照、相互讨论，一步步完善，最后我也能够画出自己满意的图样。

学生 C：培养了我严谨、细致的工作态度。我明白了每一个尺寸、每一个符号都关系到产品的质量和安全。因此，在实际操作中，我始终保持严谨、细致的态度，这种态度不仅在课程学习中受益匪浅，还将在今后的工作中发挥重要作用。

总之，以设计为主线，强化实践的工程图学教学，有助于激发学生的学习主动性和积极性；提高学生发现问题、分析问题和解决问题的能力；同时，对于提升学生的综合素养也大有裨益。

作者简介：

陆国栋，博士，教授，博士生导师；浙江大学求是特聘学者，浙江大学机器人研究院常务副院长，第二届国家级教学名师奖获得者，中国图学学会常务理事，教育部高等学校工程图学课程教学指导分委员会主任，中国高等教育学会工程教育专业委员会秘书长，首批国家级精品课程、国家资源共享课和首批国家级教学团队负责人；主持首批"新工科"研究与实践项目结题验收优秀；承担国家级人才培养模式创新实验区项目，多次获国家级教学成果奖。

费少梅，博士，教授；浙江大学工程图学课程基层教学组织负责人，中国图学学会图学教育专业委员会副主任，教育部高等学校工科基础课程教学指导委员会委员，教育部高等学校工程图学课程教学指导分委员会秘书长，中国图学学会图学学科发展工作委员会委员，浙江省工程图学学会秘书长；荣获国家级教学成果奖一等奖，宝钢优秀教师特等奖提名奖。

基于项目式教学的机械类图学课程"设计与制造 I"的教学设计与实践

蒋 丹

上海交通大学

"设计与制造 I"课程是我校机械与动力工程学院的专业核心课程，围绕学生在课程学习中缺乏全局观、工程实践能力以及学科交叉能力的痛点问题，以"产品"为研究对象重构课程内容，通过项目式教学和线上线下混合式教学，形成课堂教学和项目设计"双轨并进"的模式，并有机融合课程思政，使其渗透到整个教学内容中，为课程学习打下吃苦耐劳、追求卓越的思想基础。课程构建了评价主体多元化和评价内容多样化的评价体系，引导学生注重过程、努力进步。通过课程的教学创新，学生在学习动力、专业成就感、学习效果等方面均有普遍提高，有效解决了以上痛点问题。课程成果经过凝练和传承，已建设成为国家首批精品课程、首批精品资源共享课程、首批国家级一流本科课程，并进一步通过数据分析持续改进课程质量，提高课程含金量，培养我国工业发展亟需的"新工科"专业人才。

一、案例介绍

（一）课程基本情况

"设计与制造 I"是上海交通大学机械与动力工程学院的专业核心课程，共 64 学时 4 学分，在春季学期为大二学生开设。

"设计与制造 I"课程是该学院最早实施边界重构的"设计与制造"核心系列课程之一。课程以国际先进的工程教育理念为指导，2001 年起在学院试点班开设，2015 年面向机械与动力工程学院所有专业全体学生开设，学生人数每年 500 人左右。课程主讲教师 15 位，实验教师 2 位，可实现 30 人左右的小班化教学，以便项目式教学的开展。

（二）课程建设背景

机械学科是古老的工科学科，机械制造业是国民经济的基础产业，在人类文明进步和社会发展中起着举足轻重的作用。目前我国制造业的基础仍然薄弱，严重缺乏精加工能力与智能制造人才，同时机械工程专业学生的就业与发展大量脱离了机械专业技术性强的产业。其中重要原因就是专业课程传统的教学模式仍是大量理论讲解，缺少实践环节，严重影响了教育质量，学生职业发展需要的多种能力得不到培养；同时，现代机械行业与其他专业交叉融合日渐紧密，但目前课程结构条块分割，并不利于形成解决复杂工程问题的大工程全局观，限制了学生的专业发展。

"设计与制造Ⅰ"课程从图学课程发展而来,是学生在本科阶段接触的第一门专业课程,对学生影响很大。图学课程主要以"图"为研究对象,关注图样表达的正确性和规范性。课程的特点包括:课程与专业结合非常紧密;思维训练很抽象,难以理解;"图样"作为工程界的语言应用于设计和制造的各个阶段,知识多且类型多样,学习难度大。

(三)课程教学面临的问题

根据课程本身的内容和特点,将需要解决的痛点问题归纳为以下三个方面。

(1)痛点问题一:由于课程思维训练抽象,学生的注意力往往集中在表达上,缺乏产品开发的全局观和工程的系统性思维。

(2)痛点问题二:由于知识多且分散,传统教学条件下,缺少工程实践,学生会解题、但不会解决工程问题,创新意识薄弱。

(3)痛点问题三:"新工科"需要多学科背景下的团队合作,而传统教学专业条块分割,且强调个人考核,学生缺乏学科交叉的意识,以及团队合作和交流沟通的能力。

(四)课程目标

理顺学科基础中图学素养和专业中产品设计制造的关系,根据学校"价值引领、知识探究、能力建设、人格养成"四位一体的育人理念形成新的课程学习目标。

(1)能够从设计与制造的全局观出发,完成产品的设计。

(2)能够变被动学习为主动学习,结合学校实践平台提供的人力与物力资源,基于图纸完成原型制作。

(3)能够适应团队的不同角色,通过多学科知识融合,团结协作解决工程实际问题。

(4)能够通过知行合一,理解工匠精神的内涵,对产品精益求精。

二、解决教学问题的方法举措

(一)课程创新理念

新的教学目标提出了针对传统课堂教学中痛点问题的解决思路,即秉承产出导向的工程教育理念,重构以产品设计制造过程为主线的课程知识体系,通过课程项目开发,建立设计与制造的全局观和工程的系统性思维,激发创新意识和团队精神。课程采用课堂教学和项目设计"双轨并进"的模式,建设线上线下优质资源,重构教学形式,形成多元的考核机制,激发高阶性学习的动力,以正确的价值观引导学生挑战自我,追求卓越的信心。

(二)教学内容重构

课程依据"四位一体"的高阶性学习目标重构了课程教学内容,研究对象从"图"衍生为"产品",在图学的基础上加入了工程设计过程、创新设计方法与工具以及产品实现的内容,包含材料加工和设计优化等基础知识,如图1所示。教学内容涵盖产品全生命周期,并以此为基础形成产品设计到制造的全局观,为学生后期的专业课程学习建立清晰的认识和准确的定位。

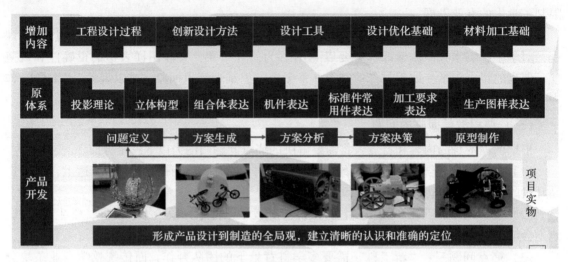

图1 课程教学内容的重构

（三）教学模式重构

为使学生充分体验设计制造的全过程，学以致用，以做带学，课程项目的设计具有非常重要的意义。课程围绕"知行合一"，重构课堂教学和项目设计，形成"双轨并进"的项目式教学模式。课堂内主要是理论知识的学习及课程项目进展的节点检查，理论知识的学习配合课程项目的节点。项目开发主要在课堂外进行，课堂教学和课程项目互相配合，共同达成学习目标，如图2所示。

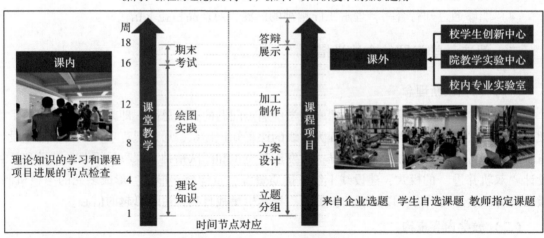

图2 "双轨并进"的项目式教学模式

（四）创新教学方法

1. 项目式教学方法

课程在课堂内以项目为问题切入点引导理论知识的展开，知识的学习配合课程项目进展的节点检查。而项目开发主要在课堂外进行，针对项目所进行的每周小组会议，讨论交流、设计制作等工作在学校建设的开放空间完成，为学生提供合作创新的平台。学生通过对开放性工程问题的求解，体验产品从需求分析、创新设计、设计表达到原型制作的全过程，形成设计与制造的全局观，并撰写设计报告，答辩展示进行技术交流，实现理论与实践、专业与综合、个人和团队、创新和务实的交融互补，如图3所示。

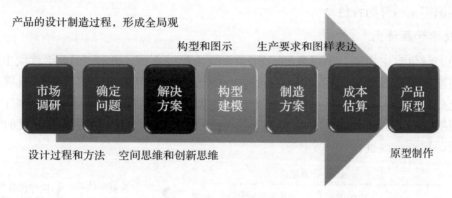

图3　项目式教学的过程

2. 混合式教学方法

针对课程的学习目标，可运用信息技术对课堂教学进行改革。尤其是难度高、个性化差异大的部分，通过课前、课中、课后一体化教学活动设计，引导学生参与，强化了师生、生生互动，激发学生探究知识、提升能力的主动性，如图4所示。

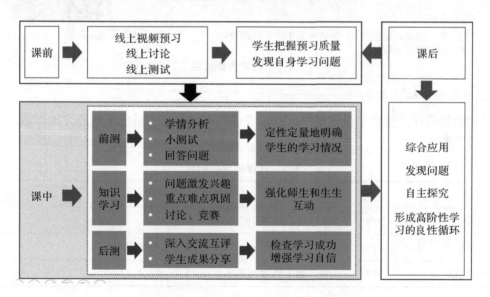

图4　课前、课中、课后一体化教学活动设计

课堂教学和项目设计"双轨并进"，互相配合，共同达成学习目标。

三、课程教学特色及创新

（一）课程教学特色

本课程经过多年的精品课程和一流课程建设，已形成了一整套制度和规范，在课程建设、课程改革、教学研究、课程评价和持续改进等方面，形成了理念先进、形式新颖、工作规范、资源丰富的鲜明特色。

1. 教学资源特色

为助力学生自主探究，个性发展，2013 年开始建设慕课，并于 2014 年首次上线。2018 年建成国家精品在线开放课程，同时完成"十二五"普通高等教育本科国家级规划教材的编写。充分利用线上线下优质资源，开发形式多样、目标明确的教学活动，并基于学生的学习效果开展教学研究，及时把握学情，为学生个性化学习、自主学习提供有效的策略和平台，确保课程持续改进，如图 5 所示。

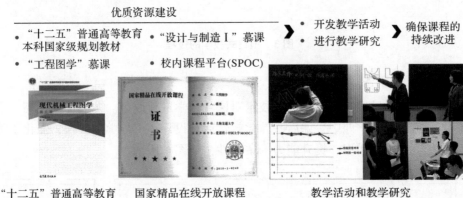

图 5　教学资源特色

2. 学习评价体系特色

课程的学习评价改变了以往平时作业＋考试的常规方法，形成了新的评价体系。课程的成绩构成见表 1。

表 1　课程的成绩构成

考核类别	比例	构成
项目评价	30%	过程检查 10%，最终评价 20%
平时练习	20%	线上学习测试 10%，线下学习练习 10%
理论测试	50%	基本概念与基本作图 15%，综合应用 35%

课程项目的过程性评价包含项目选题、方案确定、加工准备三个节点的检查和讨论，教材将结果直接反馈给学生，帮助学生及时改进设计，提高项目完成质量。项目成果最终通过答辩和项目展来展示，每年的课程项目展全校师生均可参加，并投票评选优秀项目。此外，

还会邀请专业工程师、校友和行业专家进行点评和选优。项目组员间还需进行互评，形成个人贡献因子，这影响着个人课程项目的最终成绩。

理论学习的评价策略引导学生在线上着重于基本概念的理解以及运用，而在课堂的学习训练中经常性引入学生互评，将引导学生相互学习，促进思维训练。理论考核以综合应用为主，兼顾基本概念的应用和基本作图，以检验学生对课程基本内容的学习情况。该考核着重理论知识的综合应用和举一反三。

各类考核均制订了明确的评分细则和标准，引导学生努力进步，同时为各方评价主体提供统一的量规，积极有效地进行评价，形成评价形式的规范化。

（二）课程的创新点

1. 在教学内容上，重构以产品设计制造过程为主线的知识体系

课程秉承产出导向的工程教育理念，重构以产品设计制造过程为主线的课程知识体系，将分散的知识点串成线，内容涵盖产品全生命周期，形成从产品设计到制造的全局观，建立工程的系统性思维。

2. 在教学设计上，构建"双轨并进"的项目式教学模式

课程努力构建课堂教学和项目设计"双轨并行"的项目式教学模式，学以致用，以做带学，充分体现知行合一。通过项目实践，启发学生对工程问题进行开放性求解，激发创新意识和团队精神。

3. 在教学过程和方法上，以学生发展为中心进行教学重构

课程注重以学生为中心进行教学形式的重构，通过线上线下混合式教学引导学生自主学习、积极探究。充分运用线上资源，进行课前、课中、课后一体化教学活动设计，开发形式多样、目标明确的教学活动，焕发课堂活力，提升学习兴趣，激发高阶性学习的动力。

4. 在教学评价上，引导学生以正确的价值观提升自我、追求卓越

课程以评价引导学生精益求精、追求卓越的信心。设计全面的评价体系，注重学习过程，及时反馈引导。重点考查学生的能力提升，激励学生自主探究、勇于实践。通过实际工程问题的成果导向，增强社会意识，提升个人的综合能力和专业素养。

四、推广应用效果

通过课程的教学创新，学生在学习动力、专业成就感、学习效果等方面均有普遍提高，有效解决了课程教学中的痛点问题。

（一）学生学习效果

学生的课程项目选题与社会需求、工程实际和生活应用相结合。针对本文第一部分提到的痛点问题，项目的完成使学生体验产品开发全流程，形成了工程的系统性思维，解决了课程痛点问题一；学生通过开放性课程项目设计的自主探究和创造性工作所收获的能力，解决了课程痛点问题二；项目的成果及展示（见图6）使学生体会到团队合作、交流沟通的重要性，获得劳动的成就感，坚定社会责任和专业认同，解决了课程痛点问题三。

图 6 课程项目展和学生项目作品

本课程在大学二年级为学生的专业学习打下了坚实的基础,有的学生还将学习成果转化为发明专利,并在各类学科竞赛中屡获大奖。

(二)课程教学质量

课程教师团队 15 位成员中每年有半数以上评教为 A,在学院和学校名列前茅,课程质量及教师水平得到了学生认可。学生的主观评价中,普遍表示通过课程对实际产品开发的全过程有了良好的体验,形成了工程逻辑思维,收获了创造性工作的成就感,体验到团队合作的意义,深刻领会了"大国工匠"精神。

(三)课程建设成果

课程在建设中取得了诸多成果,获得了包括首批国家精品课程、精品资源共享课程、教育部首批国家级一流本科课程(线上线下混合式一流课程)、上海市首批课程思政示范课程及示范团队、首届上海市课程思政教学设计展示活动自然科学组特等奖、首批上海高校示范性本科课堂在内的国家和省部级十余项课程荣誉,具体如图 7 所示。

图 7 国家级课程荣誉

(四)教师获奖

团队教师获得国家级教学成果一等奖 2 次、二等奖 2 次,6 次获上海市教学成果奖;主持了包含首批"新工科"项目在内的一批教学研究和改革项目,主编国家级规划教材;获得首届全国高校教师教学创新大赛部属高校正高组二等奖、上海市一等奖。多位教师获宝钢优秀教师奖、上海市育才奖、卓越教学奖、"教书育人"奖等。

近年来，教师受邀在教指委等机构组织的全国性大会上作报告，并进行了几十次校际交流，分享课程创新的经验和成果，得到同行极大的关注和认可。

五、典型教学案例

本课程以"双轨并进"为教学特色，课堂内以理论教学为主，课程主要知识点设计表达部分中的设计构型基础以及产品设计表达方法都是项目方案设计、结构设计、原型制作等阶段的重要技术支撑，其中比较有代表性的是绘图教学，如图8所示。

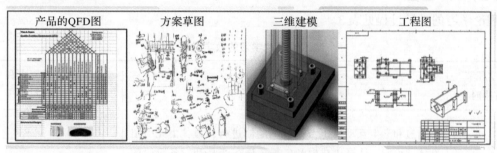

图8 绘图教学

（一）总体介绍

选择"轴测图绘制"（45 min）的设计和实施作为案例佐证，来反映教学创新设计及课程思政在教学中的融合，本节课的总体要求见表2。

表2 "轴测图绘制"的总体要求

课程名称：设计与制造 I	讲授内容：轴测图绘制
知识和能力目标： 1. 能理解轴测图的主要参数及形式，并能分辨轴测图的不同类型； 2. 能运用轴测图理论和绘图技术，正确绘制立体的轴测图，并训练徒手绘图的技能； 3. 能根据立体的形状特点，采用适当的轴测图类型进行表达，并评估表达方案的优劣。 情感和素质目标： 1. 能理解不同的绘图手段在产品开发全过程中的作用及重要性，重视草图绘制的训练； 2. 能做到勇于实践、突破自我	
本节课主要内容： 设计方案需要快速有效地绘制出来，轴测图是表达形体立体感的有效方法，尤其是轴测草图在需要快速交流的工程创新设计阶段使用最多，已成为工程师的必备技能之一。教学内容聚焦在轴测图的种类、参数、绘图过程和绘图方法，并需要在应用中做出正确的分析和选用	
重点难点： 徒手绘制立体的轴测草图。由于学生缺乏训练难以摆脱直尺、圆规等工具，不敢徒手绘制。本次教学设计主要针对这一问题	

用时安排：
课前：线上学习 25 min 视频；
课内：1 学时理论学习，1 学时项目方案讨论；
课后：轴测图形式的绘图习题，深化课程项目的方案设计

（二）教学过程

理论学习的教学过程见表 3。

表 3　理论学习的教学过程

教学环节及用时	教学活动	课程思政要点和教学设计
上节课回顾和问题导入（6 min）	通过和学生互动对上节课视图绘制进行回顾，由此引出立体图绘制、计算机建模和工程图样在产品开发各阶段的意义和作用。 导入：以 C919 大飞机研发体现表达技术的发展，同时导入本节课内容——立体的轴测图绘制 	家国情怀和社会责任感：以 C919 大飞机的研发和技术引导学生关注我国经济和技术的发展，体会技术创新的重要性。并通过不同表达方法在各设计阶段的应用，了解轴测图绘制的重要性，提升学生探究和实践的兴趣
项目案例和学习目标（4 min）	通过往年学生项目的案例分享，使学生建立起立体图绘制的形式，以及在课程项目现阶段如何使用的感性认知，体会表达交流和头脑风暴创新设计的关联，同时引出本节课的学习目标	创新意识：通过快速清晰地绘图，促进创新设计的发散性思维，产生大量创造性想法
前测线上的学习效果（5 min）	通过慕课等现代信息教育工具测试学生对基本概念及应用的理解（2 min 客观题答题测试），分析并找出学生自学时忽视的概念，在课堂上重点讲解	主动探究：养成自主探究、勤于思考的学习习惯

续表

教学环节及用时	教学活动	课程思政要点和教学设计
内容讲解和讨论（15 min）	讲解轴测图的分类、绘制的方法步骤以及应用分析。 进行正误表达案例分析、复杂形体绘图分析，运用学生自行发问、讨论分享等形式引导学生参与，重点关注学生不清楚的基本概念和绘图中容易忽视的规范要求和细节。评估表达方案，思考并发现问题 	精益求精：通过观察分析评估，养成认真细致、精益求精的工作精神
后测和互评（10 min）	发给每位学生一个不同的木模，学生当场根据其形状特点徒手绘制轴测草图（8 min 绘图），并在慕课课堂上提交分享。学生可浏览观摩同伴的作品，取长补短，并通过投票评选出优秀的模型草图（2 min 观摩互评）  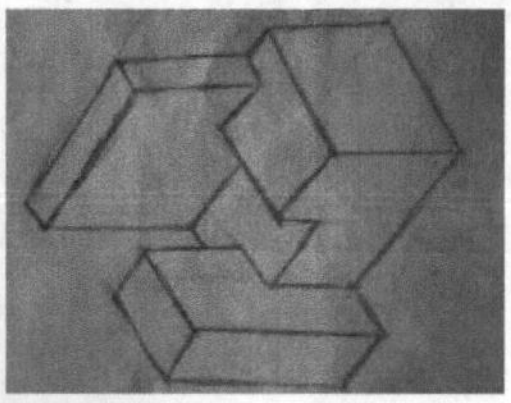 	敢于实践、突破自我：通过当堂徒手绘制轴测图，锻炼敢于实践、突破自我的能力，建立自信，并通过同伴互评，交流沟通、共同进步

续表

教学环节 及用时	教学活动	课程思政要点和 教学设计
点评和总结 （5 min）	分析学生作品。例如，对于高票的作品，分析其表达角度、图线运用、画图比例等重要关注点；同时让学生来发现问题，解决难点，并且鼓励学生多练习。 最后总结并布置作业，安排学生下节课进行设计方案的讨论，做到本节课内容和课程项目设计相结合。 以下为学生的设计图例 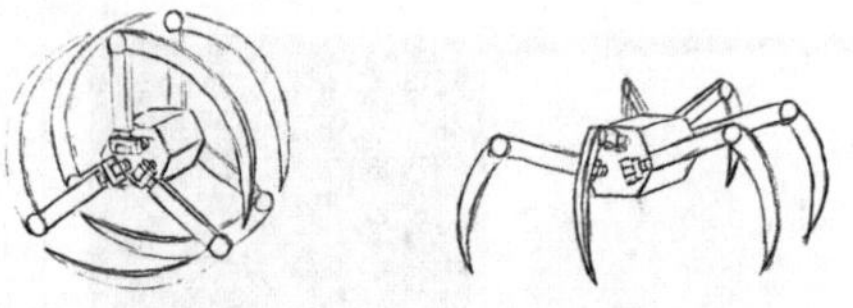 收起为轮　　　展开为足	知行合一：通过练习和课程项目的方案设计，做到学以致用，知行合一

本节课的教学设计和思政融合重在帮助学生跨出舒适区，进行徒手绘图，并在获得成果后，体会劳动的成就以及挑战成功的自信。

作者简介：

蒋丹，博士，上海交通大学机械与动力工程学院教授，博士生导师；教育部高等学校工程图学课程教学指导分委员会副主任，中国图学学会第八届理事会理事，图学教育专业委员会副主任委员，上海市图学学会理事长。主要研究方向：现代设计及理论、计算机图形学、数字化设计与制造技术；发表70余篇论文，出版教材等14本。两门国家级一流本科课程负责人，曾获得国家级教学成果一等奖2次、二等奖2次，获得首届高校教师教学创新大赛部属高校正高组上海赛区一等奖、全国赛二等奖，获宝钢优秀教师奖、上海市育才奖等荣誉。

新型数字化工程教育的探索与实践
——"工程图学"混合式课程建设

姜 杉　徐 健　喻宏波　丁伯慧　邢 元

天津大学

我国高等工程教育改革发展已经站在新的历史起点，围绕"新工科"教育的新理念、学科专业的新结构、人才培养的新模式、教育教学的新质量、分类发展的新体系等内容开展"工程图学"课程教育教学研究和实践势在必行。本研究将数字化技术、传统理论教学内容、实践教学重点相结合，将面授课程、在线课程、虚拟仿真实验及翻转课堂等教学手段应用于"工程图学"混合式教学，以学生为中心，实现课程内容丰富化、授课形式多样化、实践环节多元化、评价体系常态化，推进数字化技术与工程图学教育的深度融合，创新工程图学教育教学方法，提高教育效率和优化教育效果。

1. 案例简介及主要解决的教学问题

"工程图学"课程是一门通过讲授空间与平面之间的推理过程、空间分析方法以及表达工具应用，逐步培养学生具有空间思维能力的工程领域课程。国内外90%以上工科院校均开设该课程。多数院校培养计划后续课程的顺利完成也在很大程度上依赖"工程图学"课程的学习质量和效果。天津大学每年有近3 000名本科生学习该课程，在新型工程化人才培养方面，该课程起到举足轻重的作用。

2016年我校"工程图学"在线课程正式上线运行，并于2018年获得国家级精品在线课程认定。"面向机械结构创意设计的工程图学虚拟仿真实验"项目2018年获得国家级虚拟仿真实验的认定。"工程图学1A1B"课程于2022年获得国家级线上线下混合式一流课程的认定。我校通过一系列数字化资源的项目建设，让全国，特别是西部偏远和教学资源较少的院校能够共享优势教学资源，提高受众的空间思维能力，培养优秀工程人才。经过8年的运行，截至2024年，遍及东北、西南、西北等地共计近百所高校的7万余名学生学习了该课程并获得学分。

传统"工程图学"课程，缺乏灵活多样的评价反馈机制、严格的课程管理，也缺乏先进数字化技术和智能技术的应用。本课程通过应用先进的数字化技术及人工智能技术，建立严格的课程管理机制，提供多元化反馈及灵活多变的师生互动，让更多学生能通过"工程图学"在线课程的学习提高空间思维推理能力、表达能力和工程实践能力，提升"工程图学"课程的学习效果。本课程主要解决以下教学问题。

问题1：学生只能单向适应课程，课程无法适应不同能力水平学生的学习需求，不利于培养具有创新型人才。传统课程是千人一课，学生只能单向适应课程，最终结果是课堂成为组装车间，产品则是千篇一律的学生作品，学生缺乏自主创新的基础和灵感。

问题2：课程平台无法适应新时期、大数量、多层次人才对课程和知识的需求。本课程通过教学设计组织交互，合理地设计授课中、知识节点后、课后论坛的交互内容。同时，本课程利用现代化数字技术及人工智能技术，使高水平在线平台发挥师生、学生间的互动学习作用，提高学生的学习积极性和主动性。课程平台的利用是培养学生创新精神和能力、提升教学效果的重要手段。

问题3：课程评价指标单一，缺乏全程评价，良莠难分。本课程探索多元评价方法，在形成性和总结性评价相结合的基础上，探索出了一套与工程类课程相适应的，且便于互联网与移动通信实施的全程评价指标与体系。

2. 解决教学问题的方法、手段

（1）进行"工程图学"在线课程的设计与研发，建立灵活、分层的课程群及资源体系。

中国在线课程发展受到政府大力扶持，无论是课程的设计和开发，还是技术平台的搭建，乃至平台的运营等环节，都可以看到企业正逐渐深入地参与到中国在线课程的建设和发展中。为了提高我校校内各类优质课程资源的利用率，在促进高校人才培养提升的同时，也促进全社会的教育公平与自由学习，我校利用先进的在线课程平台与高品质的在线课堂拍摄制作方式，将"工程图学"在线课程进行了有规划、有选择地系统整理和设计，开发了面向多层次学生的学习课程，并免费向其他学校与社会进行推广与教学，力求做到以学生为中心，优化课程内容设计与管理，从在线学习者的学习动机、学习需求出发，科学分解知识，反映课程精髓，建立丰富的高水平在线课程资源。将学生单向适应课程转变为按需求学，分层教学。目前课程内已建立适合不同程度层次学生的"工程图学"课程群，满足不同需求学生的分层学习（见图1）。

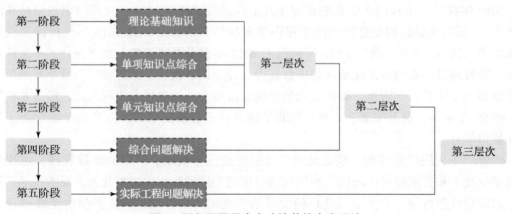

图1　面向不同层次人才培养的内容设计

（2）运用现代化数字技术及人工智能技术建立"工程图学"在线课程，建立有利于学生创新思维提高的数字化课程。

首先，"工程图学"课程有大量的知识点蕴含在教材的章和节中，因此，课程重点关注对教学有重要影响或者对学生的知识掌握有关键作用的几个要点，以重点、难点和易错点作为提取的对象，结合课程设计特点，采取主线串联知识点的方式建立教学，使教学重点突出，但不琐碎，并以视频讲授、面授课程和翻转课程相结合的形式进行。

其次，优质的教育资源并不能取代人与人之间的交流。在线课程主要的教学手段是人机对话，它缺少师生间的人际交流，难以实现教学相长。针对这点，"工程图学"在线课程通过数字技术、人工智能及"互联网+"的运用，开发移动式课程工具，内容包括讨论、交流、答疑、作业的批改等，提高了教学互动能力，如图2所示。

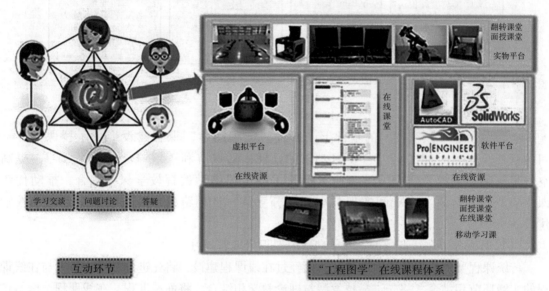

图2 "工程图学"在线课程教学体系

最后，建立面向"工程图学"在线课程的数字化实践环节。目前多数在线课程只是单一的内容教学，但新时期的人才需求不仅仅局限于知识的存储量，实践能力、动手能力同样是一个学生综合素质的体现。因此，如何运用在线课程，面向在线学习的学生建立针对"工程图学"课程需要的实践环节，让在线学习的学生同样掌握"工程图学"课程必备的实践能力，是本研究的一个重点和难点。针对该问题，本课程以几个实践教学环节为例，进行在线实践建设尝试，运用三维技术、仿真技术、虚拟现实技术等建立一套实践课程教学和体验内容，让广大学生体验更进一步的工程图学学习和实践。通过课程建设，可提高学生的学习积极性和主动性，逐步培养创新能力。

（3）建立有利于提高学习互动性、适应现代人才培育特点的评价反馈体系。

本课程评价体系中主要的评价类型包括随堂小测验、单元测验、单元作业、参与讨论、课件浏览、调查、线上期末考试等；形成性评价，如参与讨论、课件浏览和单元作业等比重有所增加；逐步进行探究型过程评价，同时，本课程建立学习进度反馈机制、测试题目难度及覆盖度的反馈机制，以及学生与教师之间的数字反馈机制。本课程通过对现授课的班级进行项目试点，在网络平台建立具体的评价模式和指标，完成具有"工程图学"在线课程特色的评价试验，促进课程的可持续发展，如图3所示。

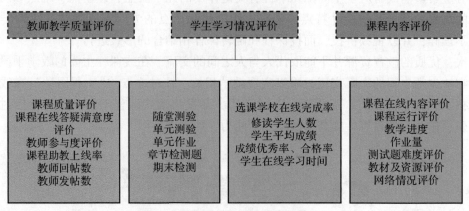

图 3 "工程图学"在线课程评价体系

3. 特色及创新点

本课程在运用数字技术的基础上,通过"工程图学"课程建设形成了授课内容空间的延伸、学习时间的延伸、学习对象的延伸,形成有利于培养学生自主学习、提高空间思维能力的教学平台。课程将数字技术与工程图学教育教学深度融合,推动优势课程资源在地区间、高校间实现共享和学分互认,带动跨校、跨地域的工程图学教学建设。

(1) 形成分层在线课程群,变单向适应课程为按需学习。

传统课程要求学生单向适应课程,而经过在线课程建设,将先进的数字化技术与在线课程的实践环节相结合,将先进科技发展与理论教学相结合,将面授课程、在线课程、虚拟仿真实验与翻转课程相结合,已打造出具有空间拓展能力的新型"工程图学"课程。学生可根据需要,以教学大纲为主线选学课程内容,做到按需求学、分层教学。教师对教学内容进行持续动态更新,将科研成果、科技发展动态融入教学内容,体现较高的科学性水平。实现由学生单向适应课程到按需学习、分层教学的转变。

(2) 运用先进的数字化技术及人工智能技术建立灵活、多样的课程内容,提高学生的主动性、积极性。

课程以教学大纲为主线,将知识点分解,优化重构课程内容,做到课程视频简短但不琐碎,不易产生上课疲劳。运用现代化数字技术,课程可在移动设备端进行随时随地的学习,为不同专业在校生,重修生和工作的社会学习者提供一个良好的学习机会。

将课程内容与先进人工智能技术结合开设机器人创意设计、虚拟现实组合体拼装实验、3D打印立体设计等实践环节,丰富课程内容,弥补一般在线课程只有视频授课的缺陷,提高学生创新意识的培养,有助于后续课程的衔接及课程学习质量的提高。

(3) 建立多元化评价及互动机制,做到教学相长。

灵活多变的反馈机制便于学生、教师之间相互监督,形成课程有机整体。一方面,学生可自由安排学习和答疑时间。另一方面,通过数字管理及学习进度的反馈,教师可及时掌握选课学校、学生数量,实时查看学习进度,提高学生学习的有效性和完整性。教师可通过检测题完成情况的数字反馈及时掌握学生的学习质量；题目错误率反馈可使教师了解试题设置对于学生的难易程度，并及时调整相应的教学计划和安排。此外，每章节的学习微互动环节可有效为学生答疑解惑，得到了学生的积极响应，效果良好，既提高学生自主学习能力，又有效促进师生间、学生间的交流。

本次建设的"工程图学"在线课程面向全国各个省市地区实行免费学习，从学生统计数据分析看出，不仅有来自工程学科的学生，也有来自医学、人文等学科的学生。课程对注册学生具有严格的管理制度，学生根据教学大纲要求完成课程设计的教学、考核、反馈环节，学习期满，成绩合格，授予正式学分认定证书。课程具有合理的检测和评分机制，对学生学习进行客观评价；同时也有对教师和课程的评价环节，以此促进课程持续改进，做到教学相长。

4. 推广应用效果

基于"让每一个学生都享有最好的课程"的初衷，天津大学"工程图学"在线课程自2015年9月始上线运行，截至2024年共完成多期运行。全国范围内共有百所学校，近7万名学生选学课程。在天津大学校内每学年有近3 000人选学该课程，并开展虚拟仿真实验、翻转课堂教学，效果良好。

（1）跨校共享优势教育资源，培养高质量人才。

从近3期选课学校地域分布上可以看出，东北、西北、西南等各省均有选学本课程的学校，偏远高校再也不用因为缺少工程图学学科类的师资力量而发愁，他们可以和沿海高校一样享有优值教育资源，为国家培育更多的高质量人才，真正体现了东西部高校共享联盟在线课程的建设初衷，让每个学生都享有最好的课程资源。

（2）提高学生自主管理、自主学习能力，真正做到以学生为中心。

首先，通过在线课程的学习训练，学生逐步培养了自主学习、自我管理的能力。学生在学习过程中，找到自己的难点、弱点，主动与教师互动交流，突破难点，提升了创新和自主学习的能力。

其次，学生可以利用便捷的网络资源和移动设备为自己创造最佳的学习情境，参与虚拟仿真实验和竞赛培训，全方位、多渠道地为自己提供终身学习条件，提高自己的综合素质和能力。

最后，学生可以根据自身需要选学更广更深层次专业知识，为后续课程、创新设计和参加竞赛等提供知识储备。

（3）课程建设经验分享及推广。

一门课程的建设不等于教育水平的提高，而推广一种有益的授课模式，分享课程建设的经验，让更多的教师参与到课程建设中来，建立更多更好的在线课程，才是天津大学"工程图学"课程团队更重要的职责。近年来，团队分别在中国图学会、天津市工程图学年会、混合式慕课（massive open online course，MOOC）课程教学管理研讨会、"工程图学"课程虚拟教研室主题报告会、天津大学在线课程推动会等进行课程建设的主题介绍，与业内各界人士一起共同推进数字技术与工程图学教育的深度融合，创新工程图学教育教学方法，提高教育效率和效果（见图4~图7）。

图4　学生获奖

图5　学生的创意机器人设计

图6　学生参加翻转课堂的学习

图7　在全国性会议上作关于"工程图学"课程建设的报告

5. 典型教学案例

案例：基于工业机器人的创意设计

（1）课程建设目标。

培养学生成为具有敬业精神、职业道德、适应时代发展的学习者；能通过网络学习途径增加知识和提升自学能力；在工程实践中探索与发现事物的本质联系和规律性，提高分析问题的能力；逐步成长为以创新性思维为核心，具有创造的动机、探索的兴趣、严谨的态度、顽强的意志和锲而不舍的精神等综合能力的人才，成为创新精神的实践者。

（2）课程学习目标。

通过学习，学生应达到以下基本要求。

①掌握用投影法表达空间几何形体和图解几何问题的基本原理和方法。

②具备绘制和阅读投影图的基本能力，掌握用仪器和徒手绘图的技能，熟练运用标注尺寸的基本方法。

③能够绘制和阅读一般复杂程度的零件图，了解装配图。

④培养绘制和阅读工程图样的能力；培养图解空间几何问题的初步能力；培养空间想象能力和空间分析能力；培养认真细致的工作作风。

⑤了解并掌握先进的计算机辅助设计方法及软件工具，了解与工程图学相关的科技发展前沿技术。

（3）课程形式与教学方法。

本课程基于国家精品在线开放课程"工程图学"，共享国家虚拟仿真教学实验项目"面向机械结构创意设计的工程图学虚拟仿真实验"，基于互联网、人工智能、虚拟现实等现代信息技术辅助支持课堂教学，实施翻转课堂、线上线下相结合的混合式教学模式，运用网络课程优势，让学生吸取更多知识精髓。以项目制为导向，注重启发式、发现式，以引导探索为主，注重培养学生的创造能力，打造在线课程与本校课堂教学相融相长的混合式一流课程。

针对机械类"工程图学"课程授课目标，围绕"机器人创意设计"主题，采用项目设计方式开展教学，包含草图绘制、零件设计、装配设计、工程图制作和仿真分析等部分，加强协同设计能力与合作精神的培养，创新设计思想的表达。学生以分组形式进行项目设计，要求学生在设计过程中学习并实践自上而下的设计理念，完成设计目标的确定、设计任务的分解、功能性分析、结构性设计等任务，实现以适当的方式表达自己的设计方案。在课程中，三维辅助设计软件是教学的核心内容，在整个过程中，各组成员既有分工又有合作，从而提高其团队合作精神、沟通能力和协调能力，如图 8 所示。

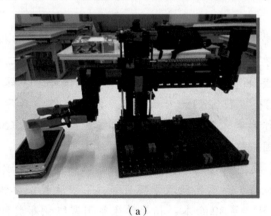 

(a)   (b)

图 8 基于工业机器人的创意设计

(a) 搭建机器人模型；(b) 测绘机器人模型

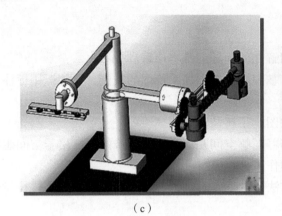 

(c) (d)

图8 基于工业机器人的创意设计（续）
(c) 机器人三维模型设计；(d) 展示机器人模型

(4) 课程评价。

课程采取过程性综合评价，主要包括平时作业20%（涵盖习题集纸质作业、面授课出勤、问题讨论），在线学习10%（涵盖章节检测、在线检测题、讨论区回答问题），设计作业10%（涵盖设计内容、完成度及正确率、答辩），期末成绩60%（知识点各环节大作业）。

(5) 课程教学资源。

纸质教材资源：《机械工程图学》上、下册，机械工业出版社，姜杉等主编；《机械工程图学习题集》，机械工业出版社，姜杉等主编；《机械制图习题集作业指导与解答》，天津大学出版社，喻宏波等主编；《机械制图实验指导》，天津大学出版社，姜杉等主编。

辅助数字化资源："工程图学"在线课程，"面向机械结构创意设计的工程图学虚拟仿真实验"项目，与课程相关知识的视频资源等。

作者简介：

姜杉，天津大学机械工程学院，教授，博士生导师，机械系副主任；教育部高等学校工程图学课程教学指导分委员会委员，中国图学学会图学教育专业委员会副主任委员，机械工业教育协会工程图学课程指导委员会副主任委员。主讲"工程图学""创新设计"等课程，长期从事"工程图学"课程的教育教学研究；曾获宝钢优秀教师奖，天津市教学名师奖，天津市教学成果一等奖、二等奖等多奖项。作为负责人主持建设教育部工程图学课程虚拟教研室，负责国家级精品在线开放课程1项，国家级虚拟仿真实验教学项目1项。

徐健，天津大学机械工程学院，副教授；负责并参与"工程图学"国家级线上线下混合式一流课程，国家精品在线开放课程，国家级虚拟仿真实验教学项目等建设；主编、参编高等教育"十一五"国家级规划教材《机械制图》等30余本；指导学生获国家级竞赛奖励60余项；曾获宝钢优秀教师奖，天津市青年教师教学基本功竞赛一等奖，天津市教学成果一等奖等荣誉。

喻宏波，天津大学机械工程学院，副教授；长期担任工程图学系列课程教学工作，参编高等教育"十一五"国家级规划教材，并主编和出版了相关配套教辅书籍，先后获校级优秀教学成果奖3项，指导本科生获全国大学生先进成图技术与产品信息建模创新大赛和全国机械创新设计大赛一等奖多项。

丁伯慧，女，天津大学机械工程学院，教授，"工程图学"课程负责人；提出"工程图学穿透式教学法"并进行多年教学实践，2021年获全国首届高校教师教学创新大赛三等奖；主要研究方向为教育机器人；承担国家自然科学基金项目3项，参与完成国家级，省部级纵向科研课题7项，发表相关领域研究论文20篇，已授权发明专利7项。

邢元，天津大学机械工程学院，副教授，工学博士，ACM高级会员，IEEE会员；IEEE P2730医疗机器人标准工作组成员，国家SAC/TC 10/SC5医疗器械产品标准工作组成员；参与本科生工程图学教学11年，为首批国家级线上线下混合式一流本科课程团队成员，获市级教学成果奖1项，CSC资助"创新型人才国际合作培养"1项，国家级教学竞赛二等奖1项。

从"一图胜千言"到"项目驱动"工程设计与表达能力提升

韩宝玲

北京理工大学

图、文字、语言是人类认识规律、表达信息、探索未知的重要交流工具。图也是工程交流的语言,图样是工程与产品信息的载体,是工程界表达与交流的语言。图样应如何绘制、如何理解?"一图胜千言"其原理、规则、表达应如何落地?面对教育数字化的新要求,以及高校生源质量的不断提升,应如何解决教育对象工程意识缺乏,以及课程学时少、信息更新快等诸多挑战?"工程图表达"这一传统技术基础课面临着使受教育者学到真谛,教学者教出新意,"教"与"学"都获得成功的更高期望。为此,为适应"新工科"建设对人才培养的需求,如何不断拓展课程基础知识的前沿性,提升课程的挑战度,是摆在每一位从事图学工作教育者面前的新命题。北京理工大学"设计与制造基础Ⅰ"教学团队,以提高学生的工程素养、实践能力、创新思维和自主探究学习能力为目标,开展了项目驱动问题导向教学模式的探索与实践,在提升学生工程素养方面获得了良好的效果。

一、案例简介

"新工科"建设是主动应对新一轮科技革命与产业变革的战略行动,旨在加快培养能够适应甚至引领未来工程需求的"新素质"工科人才。北京理工大学实施本科大类招生、大类培养的"寰宇+"计划,目前正向"课程内容改革与建设"的纵深推进。约翰·杜威曾经说过:"如果我们用昨天的教育方法教今天的学生,我们就剥夺了他们的未来。"课程组提出以项目为驱动,采取探究式教学,综合运用数理基础理论、专业核心知识,以学生学习为中心,重点培养学生系统性思维、解决工程问题能力、自主探究学习能力,对提升"新工科"人才培养质量具有重要意义。项目组自2019年秋季学期以来,在智能制造工程专业2019级、2020级、2021级和2022级四个年级的教学实践中,通过"设计与制造基础Ⅰ"(原机械制图等)课程,开展了项目引导式教学与实践,形成了以下课程实践。

1. 完善课程内容体系,建立基础性与前沿性有机融合的新课程体系

"设计与制造基础Ⅰ"(原机械制图)课程是宇航与机电大类、智能制造大类学生入学后接触的第一门具有工程特性的技术基础课(专业核心课),培养学生的优秀工程素养和工程能力是课程学习的重要目标。怎样解决"教什么"的问题?为此,课程组通过持续改进授课教学内容,将课程教学结构梳理为基础知识篇(点、线、面、体、组合体投影)、基本规范篇(国家标准、表示法)、案例分析篇(装配图、零件图等)和项目实践篇(自主设计作品并

完成工程表达），更新凝练课程内容体系，梳理知识谱系，并据此纲举目张。课程以项目驱动问题为引导，坚持夯实基本理论和基础知识，加大课程的含金量，提高课程的挑战度，为学生自主拓展相关知识打下基础，在解决工程设计问题过程中，开展工程表达理论学习与实践创新。从专业认知出发实现学科到技术、基础课到专业认知的发展，承担起学生在大一学习阶段工程素养和工程能力的引培任务。将计算机二维绘图和三维建模与设计表达传统内容深度融合，使工科传统课程的基本原理和方法与现代产品设计理念深度融合。这种融合式的教学体系，在提高效率的同时，使学生加深对课程内涵的理解，并在其中锻炼了在工程设计中分析问题、解决问题的能力，从会到懂到用，实现传统与现代、表达与交流的学用融合。

2. 改革教学方法，课程从讲授型教学向研究型项目式教学转变，从单纯"解题"向"解决问题"转变

课程通过设置具有挑战性的"智能小车"等实践项目，引导每位学生在"做中学"，使学生从被动听课、完成作业转变为主动思考、进行作品创作，以此培养学生自主拓展知识、独立解决问题的能力。结合课程内容特点，通过介绍我国机械工业发展中的案例，培养学生严谨认真、敬业奉献的责任心和使命感。从生产实践和科研成果中提炼适合基础课教学的素材，开阔学生的视野，激发学习的动力。在教学活动进行中，教师将自己的科技成果，如"仿生机器人"带上讲台，与学生一起互动和分享。学生对这些环节的设计普遍会存在较高的兴趣，在寓教于乐的氛围中教会学生理论知识，拓宽学生的认知视野，最重要的是激发学生对科研的兴趣和喜爱。通过选择与专业相关或科研项目中的实例，引导学生通过网络查阅资料，进行功能需求分析，比较结构设计方案，模拟进行运动件干涉分析，完成部件结构设计与建模等环节，将课程内容的应用表达融入新形态教学方法之中，实现从"讲教"向"研教"转变，使"怎样教"活起来。

3. 构建多元化评价，推进教育评价科学化和全面化

根据各项目制课程特点，以阶段小项目为训练方式，循序渐进推进学生的主动学习意识，将基础知识与工程设计实践相关联，并将重要知识点阶段测评与研讨交流分享结合，最终进行现场答辩，展现项目创作作品，并随机回答项目课程知识点问题。课程力求改变一张试卷评价一门课程的学习结果、以分数为主的结果导向评价机制、一次期终考试作为全过程学习评价的传统模式，使任务完成质量与平时表现相结合，教师评价与团队自评、互评相结合，通过平时阶段小项目、终期创作项目成果展示和答辩与验收的结合，构建多元化、全过程学习评价体系，提升学生工程综合素质。

二、主要内容及解决的问题

1. 主要内容

第一，实施"一年级工程"，构建逐年逐级递升贯通培养的项目课程体系。

遵循大学生的成长规律，从大一开始，以智能小车设计为研究对象，引领学生进入项目课程制学习，激发学生的求知欲，唤起学生的好奇心。建立"设计与制造基础Ⅰ（机械制图、几何规范）""工程力学（理论力学、材料力学）""设计与制造基础Ⅱ（机械原理、机械设计）"

等项目制课程循序渐进的学习主线。在学习过程中结合计算机、电子类、控制类课程学习进程，培养"新工科"人才需具有的跨时空思维能力、跨文化交流能力、跨学科终身学习能力。

第二，实行"课程项目驱动、学科竞赛引导"的"双轨合一"的创新能力培养机制。

结合"设计与制造基础Ⅰ（机械制图、几何规范）"项目课程，引导学生积极参与教育部全国大学生先进成图技术与产品信息建模创新大赛、全国三维数字化创新设计大赛等赛事，加强学生规范、严谨的建模与表达能力的培养。结合"工程力学（理论力学、材料力学）"课程内容，引导学生参与教育部全国周培源大学生力学竞赛、全国大学生结构设计竞赛等赛事，加强学生扎实力学基础能力的培养。结合"设计与制造基础Ⅱ（机械原理、机械设计）"课程内容，引导学生参与教育部全国大学生机械创新设计大赛、全国大学生创新创业训练计划年会、中国高校智能机器人创意大赛等赛事，进一步加强学生学科创新设计与创新能力的培养。通过对工程机械基础系列项目课程扎实、系统的学习，将原课程中像念珠一样散落的知识点串联起来，进而持续开展创新活动，达到知识与能力的提升，有望在中国国际"互联网+"大学生创新创业大赛、"挑战杯"中国大学生创业计划大赛等国家级更具影响力的赛事中获得历练。通过各学科竞赛的训练参赛，为"新工科"人才培养具有更强的原始创新能力和交叉学科整合能力（见图1）。

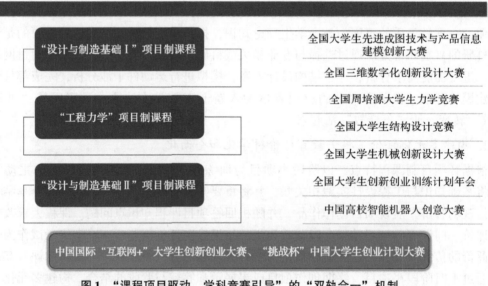

图1 "课程项目驱动、学科竞赛引导"的"双轨合一"机制

第三，建立书院学院协同、学院学科交叉的实践育人机制。

按照北京理工大学构建的价值塑造、知识养成、实践能力"三位一体"的人才培养体系，在实施本科大类招生、大类培养、书院制管理的人才培养改革过程中，聘请有专业背景的导师参与项目制课程，共同引导大学一年级新生坚定工程素养历练的信念，协助指导学生参与学校"世纪杯"等科技创新实践活动，扎实推进书院学院协同育人机制的落实，建立学院任课教师主导、书院学育导师助导的协同联动新生项目专项课程，推动"一年级工程"人才培养计划，促进不同专业学院间的交叉融合，共同提升学生的综合素质水平（见图2）。

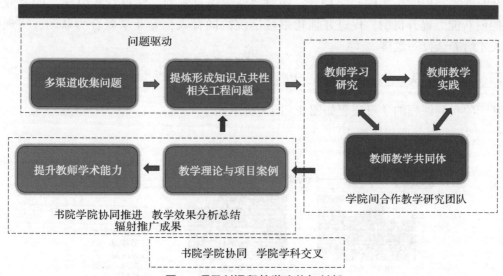

图 2 项目制课程教学改革与创新

2. 解决的问题

第一，低年级学生工程素养的形成较弱，进入角色较慢。

"设计与制造基础Ⅰ"是大学生入校接触的第一门工科项目制课程，它摆脱了"先知识、后实践"的传统教学模式，从新生入学开始就培养学生自主学习、自我设计、自我创造的习惯和能力。通过项目制课程学习，唤起学生好奇心、激发学习潜能，注意将项目课程内容与一年级新生的特点融合，推进具有北京理工大学特色"一年级工程"的实施，培养建立工科大学生的工程素养。同时，以项目驱动的方式在解决工程设计问题中开始工程表达理论的学习与实践创新。

第二，应用基础理论解决实际工程问题能力的不足。

通过项目制课程教学，以项目驱动问题为引导，坚持夯实基本理论和基础知识，适度增加工程基础课程的内容，提高课程的挑战度，为学生自主拓展相关知识，应用基础理论解决实际工程问题，以及学会如何在工程中提炼科学问题打下宽厚的基础。

第三，创新思维、探索精神、实践能力培养动力不足。

面向真实工程世界，将基于项目的学习贯穿本科四年全过程，构建"课程项目驱动、学科竞赛引导"的"双轨合一"的创新能力培养机制。通过项目制课程的不断完善，结合高年级大学生参加创新创业活动和竞赛，进一步历练学生们做到"干中学，学中练，练中创，创中长"。

三、主要创新点

面向真实工程世界，围绕机械类、近机械类"新工科"人才培养目标，重新梳理知识构架和课程体系，将基于项目的学习贯穿学生本科全过程。

实施"一年级工程"，进一步提升科研与教学融合，构建逐年逐级递升，贯通培养高质量项目课程体系，将北京理工大学科研优势转化为科教融合本科人才培养的优势。

全面落实"以学生为中心"理念,构建"课程项目驱动、学科竞赛引导"的"双轨合一"的创新能力提升机制,促进并强化书院学院协同育人,专业学院合力联动,实现拔尖创新人才培养全校一盘棋。

四、案例分享

基于项目制课程的学习流程如图3~图7所示。

1. 设计背景——功能需求

图3 设计背景

2. 方案拟定——原理与三维装配图

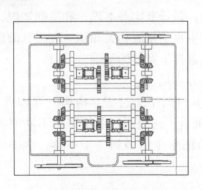
山地车原理示意图

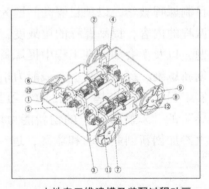
山地车三维建模及装配过程动画

图4 方案拟定

3. 部分零件有限元分析

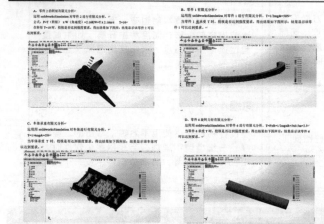

图 5　部分零件有限元分析

4. 收获与问题剖析

图 6　收获

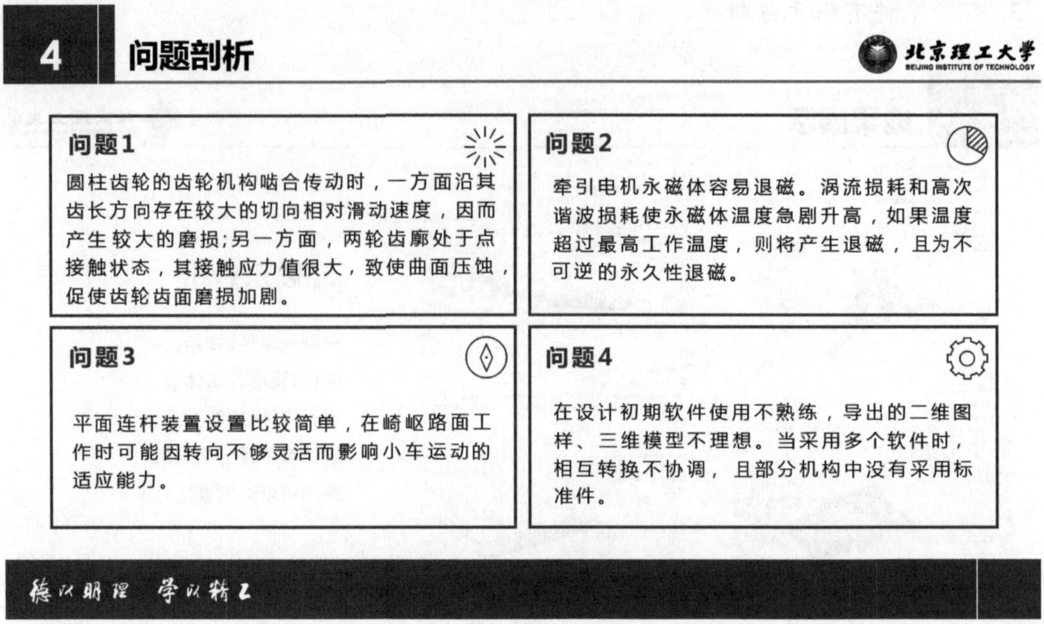
4
问题剖析
北京理工大学
BEIJING INSTITUTE OF TECHNOLOGY
问题1
圆柱齿轮的齿轮机构啮合传动时，一方面沿其齿长方向存在较大的切向相对滑动速度，因而产生较大的磨损;另一方面，两轮齿廓处于点接触状态，其接触应力值很大，致使曲面压蚀，促使齿轮齿面磨损加剧。
问题2
牵引电机永磁体容易退磁。涡流损耗和高次谐波损耗使永磁体温度急剧升高，如果温度超过最高工作温度，则将产生退磁，且为不可逆的永久性退磁。
问题3
平面连杆装置设置比较简单，在崎岖路面工作时可能因转向不够灵活而影响小车运动的适应能力。
问题4
在设计初期软件使用不熟练，导出的二维图样、三维模型不理想。当采用多个软件时，相互转换不协调，且部分机构中没有采用标准件。
德以明理 学以精工

图7 问题剖析

通过科学的项目设计、扎实的教学实践，不断进行总结提高，围绕机械类、近机械类“新工科”人才培养目标，重新梳理知识构架和课程体系，将基于项目的学习贯穿学生本科学习全过程，形成可供全国“工程机械技术基础课群建设”借鉴的经验，并产生示范效应。

作者简介：

韩宝玲，北京理工大学教授，博士生导师；中国图学学会副理事长，国际几何与图学学会常务理事，原教育部教学指导委员会委员，兼任中国机械工业教育协会工程图学专业委员会主任委员，北京市高等教育学会理事等。主要研究方向：智能机器人、光机电一体化技术等；发表学术论文90余篇，出版学术专著（教材）10余部，其中《智能作战机器人》获国家第五届中华优秀出版物奖。获省部级科研教学奖一等奖2项、二等奖5项；授权发明专利20余项。荣获北京市“首都教育先锋”、广东省“师德建设标兵”、北京理工大学“育人标兵”“最受欢迎的专业课老师”等荣誉称号。

基于数字化设计的工程图学教学案例选择

宋洪侠

大连理工大学

一、人才培养与案例教学的关系

众所周知,大学的核心任务之一是本科人才的培养。无论是工程认证还是学科评估,本科生的培养质量是最重要的衡量因素。毕业要求达成度可量化人才培养质量,课程培养目标依托教学实践支撑,每门课程培养目标实现与否是衡量毕业要求达成度的最直接体现,而案例教学在教学实践中起主导作用。案例可大可小、可简可繁,可跨越课程,也可跨越专业,可综合章节阶段或一门课的大部分知识点,也可综合多门课程的知识点。学习范围越广,案例的信息量就越大、价值就越大、贯彻的时间就越长。对于初学"工程图学"课程的学生,案例的选择应根据课程内容、每节课程教学重点、教学进展、学生的接受程度来设定。

二、与"工程图学"课程相关联的毕业要求

毕业要求中有 5 点与"工程图学"课程学习直接相关,分别是:1-3. 掌握机械工程基础知识,具有将其用于解决复杂机械工程问题的能力;5-2. 能够开发、选择与使用机械工程实践中所需的现代工程技术、方法和工具;6-1. 了解与机械工程相关的技术标准、知识产权、产业政策、法律法规;9-2. 能够在团队中独立承担任务,合作开展针对复杂工程问题的工作,并能够组织、协调和指挥团队完成特定任务;12-1. 能够认识不断探索和学习的重要性,具有自主学习和终身学习的意识,掌握自主学习的方法,了解拓展知识和能力的途径。诚然,这 5 点毕业要求无法通过"工程图学"一门课程的学习达到,必须通过多门课程综合支撑才可达成。但"工程图学"课程作为技术基础课决定了该课程无须先修其他课程,而且它可作为对后续课程的支撑,使学生具备一定的专业课知识,从而将多门课程串并关联。

三、"工程图学"课程教学目标

"工程图学"课程基本培养目标可简单总结为如下 5 点。

(1) 掌握投影规则,会正确识图、制图。

(2) 掌握三维建模软件的基本建模及成图功能。

(3) 了解国家最基本的制图标准及规范。

(4) 善于团队合作。

(5) 能够自主学习提高。

达到以上5点仅培养了学生的基本能力。改革开放以来，"工程图学"课程的培养目标与时俱进，经过多次修改，面对当今制造强国、智能制造的发展对工程人才的要求急剧提高的趋势，这些基本能力已无法满足现在和未来对工程人才能力的要求，必须追求更高阶的培养目标。因此本课程的强化学习目标可总结为如下4点。

(1) 掌握常用的先进三维数字化设计方法。
(2) 能够解决常见机械结构设计问题并进行改进设计。
(3) 善于用图学思维发现并解决工程设计问题。
(4) 能够从产品或工程的角度思考结构设计问题。

通过本课程的学习达成以上9点培养目标，即可实现本课程的强化目标，进而等同于达到上述5点毕业要求。

四、工程图学实践教学案例应具备的特性

(1) 基础性+专业性。"工程图学"是工科学生最重要的基础课之一，也是机械类、近机械类的专业课。案例选择必须有目的地与专业对接，兼顾基础性和专业性，为后续专业课的学习提供强力图学基础与数字化设计能力支撑。

(2) 趣味性+实用性。为激发学生的学习热情，案例必须从设计意图上既有趣又实用，使学生更愿意迎接挑战，有创造和突破的空间，并以此充分引导学生理解"工程图学"课程的教学目标，更清楚往哪个方向努力，深入理解设计是关键这个核心的教学思想。

(3) 知识性+技能性。案例数量不在多，而在于是否具有代表性和综合性，是否能涵盖更多的教学内容和知识点，是否能通过少量案例将产品设计所涵盖的问题尽可能多地全面考虑到位，同时利用最先进的高效设计方法和过程予以实现，并使学生从中体会知识密集型与高技能型案例带来的激励效果。

(4) 设计性+研究性。具备以上3点的案例实践教学只能实现课程的基本培养目标，为实现课程培养的高阶目标，在选择案例时必须包括设计和研究价值，还要能够开阔视野，将已学的基础知识、设计方法融入其中，并应涵盖设计理论支撑下的数字化建模，同时充分利用工具书、科技文献等支撑案例的设计与改进，提高学生发现问题、分析问题、解决问题的能力。

(5) 高阶性+创新性。案例和教学都应尽可能多地具有以上特性，即从产品的功能、性能、强度、刚度、重量、质量、制造、造价、美观、标准等出发，引导学生体会视图表达与制图标准都是为表达产品结构及制造信息服务的，设计是灵魂，创新是关键。含设计创新的图样才更具有表达和存在的价值，教与学的过程才能体现高阶性。

下面用不同的案例说明案例选择在教学目标达成及人才培养上的重要性。

五、案例选择详解

众所周知，零部件逆向设计建模与成图是"工程图学"课程教学中最重要的内容。逆向设计方式有三种，其中根据已有图纸、实物参考进行逆向设计，是学习图学及数字化设计知识中常用的两种方式。而根据功能、需求作为目标的设计，是将设计理论、设计标准、建

模方法、动力学分析、技术图纸等相关内容融会贯通的方式,既可实现设计过程创新,又能激发学生挑战真实工程设计的勇气。教学中,学生完成逆向设计项目结果共有四个层次:(1) 照葫芦画非葫芦(结构、图形错误超出原有提供资料);(2) 照葫芦画葫芦(照搬照抄原资料中的问题);(3) 照葫芦画瓢(理解原设计,从功能的角度改进设计);(4) 照猫画虎(对原设计进行大幅度改进)。接下来对设计案例进行较详细的分解说明。

1. 复杂组合体案例

基于基本体素(拉伸、旋转、扫掠、放样)通过布尔运算构成的复杂组合体,考虑加工工艺与装配工艺结构,就可转化为机件;若再考虑满足互换性要求的公差问题,则机件就转化为可在设备上互换使用的零件,由此学生即懂得零件的作用和由来。将工程设计过程融入简单且具有特定功能的产品设计中,引导学生从"工程图学"课程学习之初就深刻体会到应该有意识地思考与设计相关的问题,如"我设计的结构有用吗?""怎么做能改进得更好?"以便提高学习的针对性和目的性。从实际设计出发,引导学生逐渐从产品的可用性、实用性、可持续性设计等方面培养设计意识和提高设计能力。参看图1所示3个具有特定功能的产品可知,3个产品都是基于拉伸、回转、扫掠等基本特征,并根据具体功能和产品外观的需要创建而成的。例如,在讲解玻璃杯构型设计时,可结合容积大小、空杯质量、材料选择、手握舒适度、视图表达方法、尺寸标注、设计改进等问题进行扩展讨论。同时,自然融入我军在抗日战争和解放战争期间用简易、轻便、耐用的搪瓷茶缸度过艰苦战争岁月的经历以展示我军将士英勇顽强、艰苦奋斗、不畏强敌、保家卫国、艰苦卓绝的英雄事迹,引导大学生珍惜今天来之不易的幸福生活,做到自强不息、博学笃行、知行合一、奋发向上。

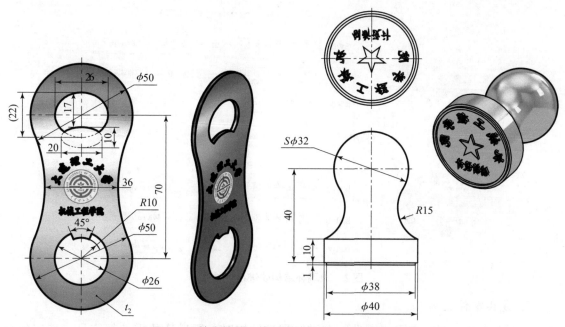

图1 用基本简单立体创建的具有一定功能的产品

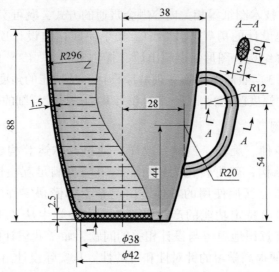

图1　用基本简单立体创建的具有一定功能的产品（续）

2. 结构改进设计案例

结构设计由简到繁、由易到难，逐步引导学生学会发现设计缺陷、改进设计。以玻璃茶杯改进设计为例，其具有底部厚、侧壁薄的设计优点，但底部内圆角太小，不宜清洁。设计中增大茶杯圆角半径，由 0.5 mm 增至 5.0 mm，质量基本不增加，但重心位置下移，使茶杯更稳，更容易清理，如图2所示。

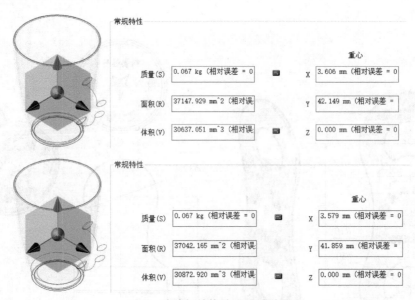

图2　玻璃杯结构改进设计结果

3. 复杂零件案例

零件是部件的最小单元，因此，在讲解零件结构时，所讨论的零件都应具有特定的功能，而功能与结构一一对应。通过对不同功能零件的学习，深刻体会形体分析方法，几何约束、工作面、点、轴的创建，视图表达方案选择等基础性问题。同时结合零件在特定部件中的作用，说明结构与功能的关系。由图 3 所列举的部分零件模型可知每个模型都具有特定的功能。

图 3　部分零件案例模型

4. 部件案例

（1）通用基础型部件设计案例。无论是手动工具还是自动化设备，绝大部分都是以部件的形式出现的。相较于单个零件，在指导学生进行简单部件设计时，要先考虑功能问题，只有实现了需要的功能，才能考虑性能提升等其他问题。但对于刚接触"工程图学"课程的新生而言，功能设计知识甚少。案例选择应该从学生常接触、易使用、喜欢玩的设备中挑选（见图 4），这样既能调动学生的兴趣点，又能激发学生找出产品设计的不足并提出改进设计的办法等。通过多个小案例设计实践，逐渐培养学生的设计兴趣，累积设计经验，同时能自然嵌入自顶向下、参数关联、零件配合、标准件应用等知识。

（2）专业性设计案例。以学生为中心，基于能力培养为目标的混合式教学是当下一流人才培养最值得推广的教学模式。"工程图学"课程作为各工科专业的必修课，其部件设计案例应与各专业人才培养目标完全对接，并为后续专业课学习提供坚实的图学思辨能力与数字化设计能力支撑；这也与学生的职业发展及国家对高技术人才的需求相统一。例如，化工相近专业，建议尽量选用焊接压力容器设计案例；光电仪器与轻工食品专业，优选钣金部件设计案例；机械、汽车、运载等专业，优选减速器设计案例。部分与专业对接设计案例，如图 5 所示。

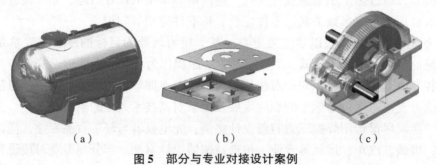

图 4 部分通用基础型趣味设计案例

图 5 部分与专业对接设计案例

(a) 储罐；(b) 仪表箱；(c) 减速器

5. 基于目标需求进行设计的案例。

课程内引入基于目标需求设计的高阶性、创新性、挑战度高的教学案例，在考虑功能与性能设计时，可将最前沿的多种数字化设计方法、设计理论、标准等融入零部件设计中，不仅能提前引导学生了解真实的工程设计过程，又能将机械、近机械类专业主要课程所学知识综合运用到特定案例中，真正将所学知识用于解决设计问题，提高解决复杂工程问题的能力。例如，墙壁挂钩设计案例，需要满足水平方向伸出长度至少 5 cm，载重至少 5 kg。根据这两个条件可以设计任何形式的墙壁挂钩。教师给出的案例如图 6 所示，包括初始设计、基于参数优化的设计、基于有限元分析的设计、基于衍生的设计 4 个结果。

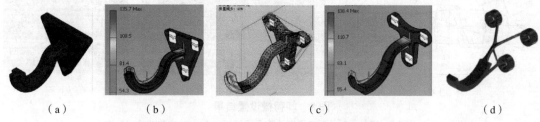

图 6　基于目标需求的单个零件设计案例

（a）初始设计；（b）基于参数优化的设计；（c）基于有限元分析的设计；（d）基于衍生的设计

再如，设计一台三片式、流量为 12 L/min、压力为 2.5 MPa 的低压齿轮泵。

(1) 齿轮基本参数与流量计算。

低压齿轮泵齿数 z 一般为 13~19，选择 $z = 16$，查找中低压齿轮泵流量与模数表格，选择 $m = 2.5$ mm，中心距 $a = 40$ mm，齿宽 $b = 27$~28 mm；根据齿轮参数，由设计加速器获得一对直齿圆柱齿轮，再导出真实渐开线齿形，以获得齿轮的单转排量（见图 7），取转速 $n = 750$ r/min，容积效率 $\eta_V = 0.85$，计算得到实际流量达到 12.17 L/min，流量差 1.4% < 5%，设计合格。

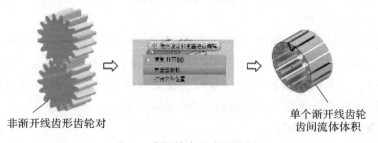

图 7　齿轮轮齿间容积获得

(2) 齿轮泵功率计算。

$$N = \frac{pQ}{60 \times 10^6 \eta}$$

式中　p——齿轮泵压力，MPa；

　　　Q——齿轮泵输出流量，L/min；

η——齿轮泵总效率,一般取 $\eta = 0.75 \sim 0.90$,本案例中取 $\eta = 0.80$。

代入各参量数值,获得 $N \approx 0.625$ kW,可选择 0.65 kW 或 0.70 kW 的电机。根据功率、转速、齿轮的基本参数,校验直齿圆柱齿轮、主动轴和从动轴,即进行由内而外、自顶向下的设计。然后对衍生齿轮参数进行参数关联,完成齿轮泵基本结构设计。

(3) 齿轮泵卸荷槽尺寸设计。

为了提高容积效率、降低噪声、提高总效率,齿轮泵必须设置卸荷槽。为了保证较好的卸荷效果,并避免吸油、排油腔连通,将两卸荷槽向吸油区偏移。卸荷槽的尺寸应采用非对称方式布置,如图 8 所示。

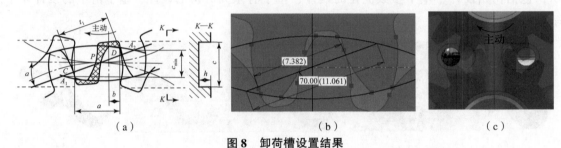

图 8 卸荷槽设置结果

(a) 齿轮困油区;(b) 无变位齿轮啮合区域;(c) 向吸油腔偏移卸荷槽

其中,m 是齿轮模数,$m = 2.5$ mm;$h = 2.25m$。

$$a = 7.38 \text{ mm} \times \cos 20° \approx 7 \text{ mm}$$

$$b = 0.8m$$

$$c_{\min} = 11.061 \text{ mm} \times \sin 20° \approx 4 \text{ mm}$$

或根据

$$c = h/\cos 20° = 2.25m/\cos 20° \approx 6 \text{ mm},$$

因此,取

$$c = 6 \text{ mm}$$

$$h \geqslant 0.8m = 2 \text{ mm}$$

(4) 齿轮泵安全阀设计。

安全阀是齿轮泵另一个必须设计的子部件,其作用为防止执行机构卡死后内部压力增高而破坏齿轮泵。根据卸荷槽尺寸,初步确定安全阀液流孔直径为 5 mm。当出口压力超过上限值 2.5 MPa 时,安全阀弹簧被压缩,即可实现泵体内自循环,此时弹簧受压力近 32 N,利用设计加速器获得安全阀压缩弹簧规格为 YA 1×7×25。

(5) 齿轮泵进/出口径设计。

根据齿轮节圆许用线速度公式计算可得 $v_H = 1.57$ m/s < 1.6 m/s,对应油的运动黏度低于 530 mm²/s 即可(查齿轮泵节圆极限速度和油的黏度关系表获得)。根据流量与流速及截面积关系,并对应 1.6 m/s 流速,可知齿轮泵进/出口径应为 12.6 mm,若油的黏度更低,流速更快,则可选择非密封管螺纹,直径为 1/2 in[①] 或 3/8 in 均可。为降低齿轮泵自重,泵

---

① 1 in = 25.4 mm。

外壳为铝合金材料，泵体部分壁厚 15 mm，其他各部分参数根据齿轮泵设计标准选择。据此，可获得一个由内而外、自顶向下设计的全参数关联齿轮泵，如图 9 所示。

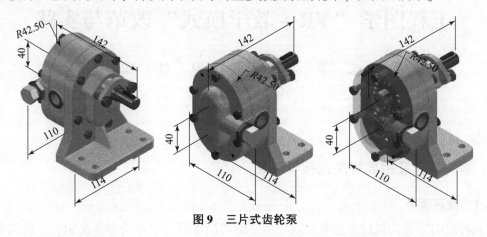

图 9　三片式齿轮泵

六、案例教学效果

根据学时、专业大类挑选典型性和代表性案例进行针对性的案例教学。对于通用基础型案例，由学生自学，并规定每周完成规定数量的软件作业；对于专业性、高阶性、创新性、挑战性设计类案例，由教师课上指导，学生课下组内研讨完成。通过多年的案例教学，学生的制图、识图、数字化设计能力都有了显著提高，从产品设计的角度打牢了工程图学基础。

作者简介：

宋洪侠，大连理工大学教授、辽宁省教学名师、宝钢教学优秀奖获得者、校教学名师。作为课程建设负责人先后负责完成"国家级双语示范课""国家留学英语授课品牌课""国家一流课"等项目。自 2007 年起指导本科生参加省、全国及亚太地区科技竞赛，共获得国际、国家级一等奖、特等奖 33 项，各类国赛奖项合计近百项。所教过和指导过的学生最深刻的感受是从宋老师那里能学到真东西，学生图学思辨能力、数字化设计能力、结构设计与改进能力都有明显提升，受益匪浅。

工程图学"VR+教学模式"改革与实践

陈清奎 张 莹 李 坤 杨璐慧 殷 振 齐 康
山东建筑大学

1. 案例简介及主要解决的教学问题

1.1 改革背景

"机械制图"作为机械专业重要的技术基础理论课程,重在培养学生识图、读图和绘图能力,是一门兼顾理论性和实践性的重要传统课程。由于课程对学生自身的思维方式要求很高,因此,需要学生具备一定的抽象思维能力、空间想象能力、逻辑思维能力。但现实教学却以多媒体教学为主,对学生进行相关能力的培养是非常困难的。而VR技术在"机械制图"课程的教学中有不可比拟的优越性,VR教学资源特征明显,类型丰富,能解决机械制图中学习难想象、难坚持、难以进行实践操作的难题。如何将VR技术恰当运用是提高教学质量的关键。近几年,新出版的机械制图类教材中,增加了相应立体的VR教学资源,学生可通过扫描二维码等,在手机上获得零件三维结构,并可以交互操作学习。VR技术在"机械制图"课程教学中的另一典型应用体现在基于大量的VR教学资源建设了虚拟仿真实验,学生可在虚拟交互平台,实现体验式学习。

"机械制图"课程与教学改革解决的重点问题如下。

1.1.1 学习目标"明确"与"模糊"的失衡

学生对"机械制图"课程认识少,缺乏工程意识的熏陶,对课程在专业领域中的地位与作用认同感不足,造成学习目标不够明确。

1.1.2 课内教学"教"与"学"的失衡

传统课堂教学,PPT课件"统治"课堂,教师使用普通文字、图片讲解教授内容,绘图过程也以多媒体展示,直观性不足,学生参与度低,缺少思考的时间与空间,导致学生理解慢;以动画方式无法全方位展示机械零部件内外部结构,不能有效培养学生的空间思维及造型能力。

1.1.3 课外学习"主动"与"被动"的失衡

课外学习设计整体性不足,适合学生课外回顾、复习、练习的线上共享教学资源匮乏,课外学习未形成与课内教学的有效衔接和优势互补,学生的课下学习积极性不高。

1.2 教学目标

我校是以工科为主、多学科协调发展的综合性大学。机械工程学科旨在培养能从事机械工程设计、制造、组织管理的高级工程技术人才，本课程是该学科的专业基础课。

1.2.1 知识目标

（1）学生能够以投影理论为基础构思形体和绘制视图。

（2）学生能够掌握工程表达相关的国家标准和规范。

（3）学生能够识读和绘制机械工程图样。

1.2.2 能力目标

（1）学生具备以图形为基础的构型创新思维能力。

（2）学生能够具备沟通协作的制图实践能力。

（3）学生能够初步具备机械学科的制图服务能力。

1.2.3 素质目标

（1）通过信息技术融入教学，培养学生精益、博学、与时俱进的学习态度。

（2）学习专业知识的同时，使学生提高对职业的认同感和归属感。

（3）使学生初步具备工程意识，树立服务社会的理念。

2. 解决教学问题的方法、手段

本课程紧紧围绕课程目标，以教师引导、学生发展为中心，进行教学理念探索，开发丰富 VR 教学资源，完善教学环境建设，打造"VR + 工程图学"教学模式，构建"课前预习—课堂教学—课外实践—线上提高"的宏观教学内容组织形式，形成"VR 教学资源自练习—VR'实验小品'自开发在线课程自学习"的自学习模式，塑造学生高阶专业素养。本课程教学体系框架如图 1 所示。

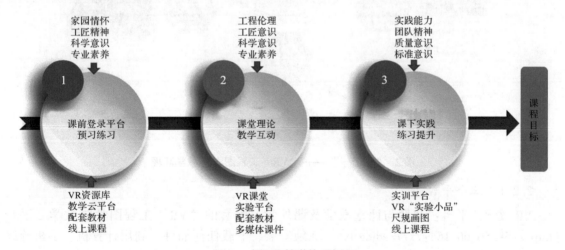

图 1　本课程教学体系框架

2.1 教学理念探索

（1）创建"理—实—虚—用"四位一体的"VR +"教学设计思想。

利用"虚"拟现实技术，将教学内容的"理"论知识、"实"践能力、知识点的应

"用"形态进行有机融合,形成"理—实—虚—用"四位一体的教学设计思想,开发 VR 教学资源,将知识点"学以致'用'"的应用场景,呈现到课堂上,展现在教师、学生眼前,如螺纹加工、倒角等。

(2) 引入课程思政,激发学生学习动力。

从历史角度看待课程知识,在 VR 教学中导入典型的"大国工匠"案例、瓶颈技术案例、行业发展案例、前沿发展案例,激发学生的使命担当精神、爱岗敬业精神、工匠精神及专业认同感,实现价值塑造、知识传授和能力培养"三位一体",如组合体知识—团队协作精神、螺纹知识—与大国重器有关的爱国情怀等。

2.2 教学环境建设

改革教育教学环境,创建"七个一"——"VR + 工程图学"教学环境,包含三个平台、三类资源、一种教室(见图 2)。

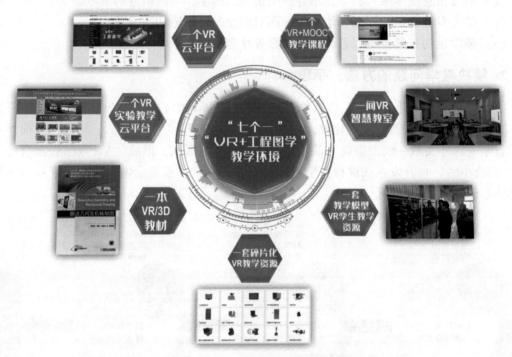

图 2 "七个一"——"VR + 工程图学"教学环境

2.2.1 三个平台

VR 教学云平台:开发与课堂教学及课外学习配套的"VR + 工程图学"教学云平台(http://58.56.66.164:7777/sdjdgctx),无须安装、下载任何插件,利用计算机、手机等终端,即可完成课前预习与在线考核(见图 3)。

VR 实验教学云平台:开发了供学生综合练习的 VR "实验小品"平台(www.vrlab-mech.cn),激发学生主动创造实验素材(见图 4)。

"VR + MOOC"课程学习平台:在"智慧树"慕课(massive open online course,MOOC)平台上,建设了基于 VR "黑板"录制的在线课程,全面支持不限时空的课程在线学习。

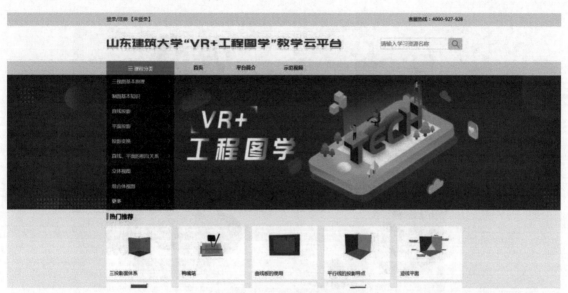

图3 VR教学云平台

图4 VR实验教学云平台

2.2.2 三类资源

碎片化 VR 教学资源：按照教学大纲要求，碎片化知识点，把知识点"学以致用"的应用场景，借助 VR 技术再现，开发相应 VR 教学资源 120 个（见图5）。

滑动轴承座装配图

齿轮泵装配图

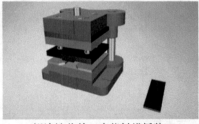
识读铁芯单工序落料模拆装

铣刀头部件装配图

图 5　部分 VR 教学资源

教学模型 VR 孪生教学资源：开发教学实物模型的 VR 孪生教学资源，使学生在手机上、黑板上看到"3D + 互动"的模型。

VR/3D 教材：选用本课程团队策划出版的"十三五"国家重点出版物出版规划项目教材《画法几何及机械制图（3D 版）》（见图 6）。

新形态教材

图 6　《画法几何及机械制图（3D 版）》教材

2.2.3　一种教室

VR 智慧教室：开发了由 1 块 150 in VR "黑板"、3 块 82 in VR "黑板"、学生手机、课堂管理系统等组成的"VR 智慧课堂"。教师使用嵌套碎片化 VR 教学资源的 PPT，通过 VR "黑板"手绘视图、轴测图，利用虚拟三角板、圆规等绘图工具，示范引导绘图过程。学生佩戴便携式 3D 眼镜，可即时观看 3D 沉浸体验交互形象的教学资源（见图 7）。

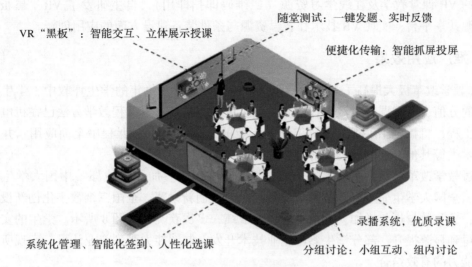

图 7 　 VR 智慧教室

2.3　教学模式应用

用 VR 智慧教室、VR 教学资源、VR 教学云平台等全方位打造"VR + 工程图学"教学模式,在校内机械工程、材料工程等专业得到广泛应用,并已推广到全国院校。

3. 特色及创新点

3.1　课程特色

将 VR 技术与教学过程深度融合,利用 VR"黑板"、VR 教学资源、网上虚拟仿真实验及"智慧树"MOOC 平台在线课程等教学资源,实现教师"边导边教"、学生"边学边练",培养学生"自主探究""协作学习""分析归纳"的创新能力,达到"教师易教、学生易学"的目的。

3.2　教学改革创新点

3.2.1　教学理念创新

"理—实—虚—用"四位一体的"VR +"教学设计思想。以学习动机理论为指导,利用"虚"拟现实技术进行学习动机激励,形成"理—实—虚—用"四位一体的教学设计思想,充分调动"教—学"双向激励,实现学生由"要我学"到"我要学"的转变。

3.2.2　"教""学"模式创新

创建了三维可视、师生互动、生生互动的"VR + 教学模式"充分利用 VR 技术的沉浸性、交互性、构想性,在"雨课堂"、VR"黑板"、互联网、手机构建的教学环境下,形成了教师"示范引导"+ 学生"沉浸体验""手脑并用"的"动起来"的课堂形态,让学生"头抬起来、脑转起来、手动起来"。

3.2.3　教育技术应用创新

系统化创建了"七个一"——"VR + 工程图学"教学环境,包括 3D 版教材和多终端、多版本的 VR 课堂教学及在线学习资源（二维码即扫即用），自主研发了 VR "黑板"、VR 教学资源共享平台，实现 VR 技术在教学资源与条件装备建设方面的应用创新。

4. 推广应用效果

VR 教学改革极大提高了学生对专业学习的积极性，在每年的学生评教中，学生均给出了很高的分值，后续课程对本课程的教学认可度逐年增高。本课程教学方法已在机电工程学院机械工程、机械电子工程、车辆工程等专业的"机械制图"课程中全面应用，并向材料类、土木类等其他专业的课程辐射推广。

通过教学改革，激发了学生的学习热情，学生积极参加"挑战杯"中国大学生创业计划竞赛、全国大学生先进成图技术与产品信息建模创新大赛、全国三维数字化创新设计大赛等赛项，参与数量逐年增加，并取得了优异成绩，多次获奖，如图 8 所示。学生的实践和创新能力得到显著提升，部分学生参与企业技术开发，制图能力受到企业认可，实现所学知识与工作能力的有效结合。

图 8 各赛事获奖证书

以本课程为支撑的"机械工程学科'VR+'教学模式创新构建与实践"获得山东省省级教学成果一等奖。2022 年课程团队参与的"基于'VR 云平台'的装备制造类专业全时空教学模式应用实践共同体"项目通过验收，本课程被选为典型案例，成果向全国高校共享推广。

本课程教学模式被众多高校借鉴，成果主持人陈清奎先后受邀在西安交通大学、西北工业大学、合肥工业大学等50余所高校进行工程图学"VR+教学模式"交流报告。VR教学资源、3D版教材、VR"黑板"、VR教学资源共享平台等，被华中科技大学、哈尔滨工业大学、天津大学、山东大学等110余所高校使用。

2020年3月7日人民日报社人民数字版对陈清奎的"机械制图"课程做了专题报道，"VR+教学模式"极大提高了学生的参与度和浓厚兴趣。

在2019年中国工程图学年会上，陈清奎受邀作了"应用VR/AR技术的工程图学教学改革"报告（见图9），中国图学学会理事长孙家广院士给予了很高的评价："通过你们的教学改革，使我们的学生从'要我学'变成'我要学'，这就是天壤之别的变化，这就是人才培养'质'的变化……我很兴奋，我都恨不能跟你们一起教这个课了"。

图9　2019年图学大会报告现场

2023年中国图学学会主办的第九届中国图学大会上，陈清奎受邀出席并在大会分论坛作题为《工程图学"VR+教学模式"改革与实践》的主题报告，深刻剖析了虚拟现实技术赋能图学发展的积极作用，并宣传推广了工程图学"VR+教学模式"（见图10）。

图10　2023年第九届中国图学大会报告现场

5. 典型教学案例

《三视图的基本原理》教案见表1。

表1 《三视图的基本原理》教案

一、教学基本信息			
课程名称	机械制图	授课教师	
授课班级	机械工程专业	授课时数	45 min
二、教学分析			
教学内容	三视图的形成及投影规律		
学情分析	1. 学生群体特征分析 　学生空间想象能力欠缺，对投影法及视图形成不熟练，这要求任课教师将知识用更形象和多样化的教学方法进行阐述，并在课堂内外调动学生的学习主动性及参与度。 2. 学生知识经验分析 　学生在高中阶段已经学习了简单立体的投影，但没有系统学习投影法及三视图的形成，本节课学习三面投影体系的建立，以及三视图的形成和投影规律。三视图展开在一个平面上，读图难度增加，这要求任课教师选取合适的教学方式和教学资源，引导学生熟练掌握三视图的形成和投影规律，并能熟练应用在读图、绘图中，为以后学习打下良好的基础		
三、教学目标确定			
教学目标	知识目标	掌握三视图的形成	
	能力目标	具备三视图投影规律的分析能力	
	素质目标	养成认真、严谨、负责的科学工作作风	
教学重点	三视图的形成		
教学难点	三视图的投影规律		
四、教学策略			
设计思路	将教学过程分为"课前线上学习—课堂教学—课后延伸"三步走。 　第1步，课前教师发布课前预习任务，组织学生进行线上慕课和翻转课堂的学习，通过 VR 教学资源及慕课视频展示三投影体系的建立，示范引导三视图的形成和投影规律，完成预习作业。 　第2步，课堂教师借助 PPT、VR 教学资源和 VR 课堂等组织教学讲解三视图的投影规律，引发学生思考、讨论和总结，组织识图互动、在线测试，检验学习效果。 　第3步，课下引导学生通过实训平台虚拟实验、进阶练习，教师在线答疑，完成综合性、高阶性练习		

	四、教学策略
教学流程	1. 课前线上学习 利用线上翻转课堂布置学习任务，引导学生登录"VR+工程图学"教学云平台，学习基本概念，并引发学生提出问题，教师在线解答。 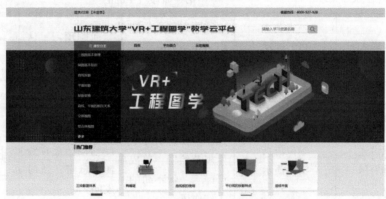 "VR+"工程图学教学云平台登录界面 2. 课堂教学 课堂依托"因材施教，寓教于乐"教育理念，用 VR 教学云平台、3D 版教材、VR"黑板"等全方位打造"VR+混合式教学模式"，通过知识讲解、课堂互动、随堂测验、上机实践、徒手绘图，提高学生的参与度，并使学生产生浓厚兴趣。 （1）引入思政教育，价值引领。 工匠精神在工程图样中表现为遵守规范、精益求精，力求用一丝不苟、严谨认真、追求卓越的态度去完成工作。在利用 VR 教学资源的讲解过程中，教师利用 VR"黑板"徒手绘图，生动展示制图标准在工程图样中的具体应用和绘图的正确步骤，要让学生在体会到图样表达要严格遵守国家制图标准相关规定的同时，明白绘图要科学、严谨、一丝不苟。 （2）登录虚拟仿真实验平台，实验教学。 教师在 VR"黑板"上通过虚拟仿真实验平台展示三维投影体系的建立，示范引导三视图的形成和投影规律。利用翻转课堂，随机抽取学生上讲台讲解三视图的投影规律在绘图和读图中的具体运用。 （3）总结归纳，工程实训，布置作业。 总结三视图的形成及投影规律，将学生分成几组，发布实训题目，学生扫描二维码，进入实训实验，进行分组讨论、独立绘图、教师指导及共同评价。课下引导学生利用在线课程，完成作业。 3. 课后延伸 （1）引入平台虚拟仿真实验，增强实践。 通过高等学校机械工程学科虚拟仿真实验教学共享平台，完成三视图仿真实验考核。 （2）登录 MOOC 在线课程，随时"上课"。 引导学生课下登录"智慧树"MOOC 平台已建在线课程平台，进行课下回顾、复习及随时的"上课"学习

续表

教学环节	教学形式	教学活动		教学与信息化
		教师	学生	
五、课堂教学过程				
第一阶段（5 min）				
课程导入	PPT 讲授	回顾先前所学知识，引出本节课内容	回顾预习，认真听讲	PPT 展示教学
第二阶段（20 min）				
知识讲述案例展示	虚拟仿真实验演示	讲解视频及实验操作步骤。引导学生规范绘图，养成严谨、一丝不苟的工作作风	选择要点，做好笔记；查看资源，思考，适时发问	用 VR 教学资源展示三视图的形成及展开，演示三视图的投影规律
第三阶段（20 min）				
归纳总结实训练习发布作业	归纳与实训	总结归纳，发布题目，组织讨论，评价总结，布置作业	对题目进行分组讨论，完成实训，结果展示	

六、教学考核

课程的考核体系分为课上、课下两个部分，课上考核主要指教师根据学生互动和在线答题进行评价，思维缜密、可提出建设性意见的学生给予高分，并且应加入学生自评、互评的形式，激发学生参与热情。课下考核考虑课上布置作业完成情况和在线课程预习时间、在线答题完成正确率，可参考在线课程系统自动得分。各环节分值比例如下。

成绩评定：平时成绩 50% + 期末成绩 50%；

平时成绩 = 课前预习 10% + 课堂答题 10% + 课堂测验 10% + 课下作业 20%

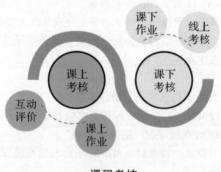

课程考核

六、教学考核

课堂现场图片

教师讲解

课堂现场

课堂测试

续表

六、教学考核
 学生徒手绘图  虚拟仿真实验

三视图基本原理（一）课堂教学视频（片段）。

三视图基本原理（一）

国家级一流本科课程"机械制图"课程授课视频。

陈清奎授课视频

作者简介：

陈清奎，教授，博士；教育部高等学校工程图学课程教学指导分委员会委员，山东省本科机械类专业及机械基础课程教学指导委员会委员，国家级建筑工程及装备虚拟仿真实验教学中心主任。获国家级教学成果二等奖2项，山东省优秀教学成果奖7项，山东省科技进步二等奖1项；主持国家级一流本科课程1门（机械制图），山东省一流本科课程3门，山东省优秀教材1本；完成国家863计划等项目70余项；出版专著1本，主编教材7本；获国家专利14项，软件著作权42项，发表论文70余篇。

张莹，副教授，博士；山东省工程图学学会理事；参与国家级一流本科课程1门，主编教材5本，获国家专利5项。

李坤，副教授，博士；主持山东省自然科学基金1项，发表论文20余篇。

杨璐慧，副教授，博士；主持国家青年自然科学基金1项，发表论文5篇。

殷振，讲师，博士，"机械制图"课程主讲教师。

齐康，讲师，博士，"机械制图"课程主讲教师。

数字技术深度融入的工程图学教学方法转型

邱龙辉

青岛科技大学

1. 案例简介及主要解决的教学问题

"工程图学"是实践性很强的课程,原课程中指导学生完成知识内化、深化和能力提高的辅导课因各种原因被逐步取消,课程学时也被大幅压缩,导致教学体系、模式与课程特点的不匹配,影响了课程能力培养目标的达成。

我校一直在探索解决问题的路径。2000年前后,虚拟现实(VR)技术的快速发展,2009年以后移动智能设备(智能手机)的快速普及,给培养学生空间想象能力的资源发展打开了新空间,为新教学体系和模式的构建找到了突破口。2013年起,慕课作为新型课程为课程教学提供了创建新教学体系和模式、打破教学被动局面的可能。

本案例以上述资源和技术为基础,深入挖掘"工程图学"课程学习的内涵,以提高学生能力水平为目标。依托2005年山东省高等学校实验技术研究立项,我校从2006年开始开发智能手机VR教学软件,并于2010年完成第一版,2012年的第二版于2014年获全国多媒体课件大赛一等奖,2016年的第三版与教材融合形成新形态教材,该教材于2021年、2023年2次获山东省一流普通高等教育教材;2016年,我校开始制作在线开放课程,于2018年开始基于在线开放课程的混合式教学方法创新改革,并于2020年获得首批国家级线上线下混合式一流本科课程,之后持续建设至今。

本案例创新的教学方法主要解决了以下教学问题。

(1) 传统教学在学生能力培养方面,教师作用不足。知识本位教学理念根深蒂固,对学生的高阶思维发展和核心能力培育关注不足。

(2) 课堂教学中,"满堂灌"教学模式占据主流,无法支持学生的学习个体差异所需求的个性化学习。

2. 解决教学问题的方法、手段

针对教学问题,我校采用了数字化转型实现课程的学习生态环境进化升级的方法。学习生态环境是指与学生学习有关的生态和环境组合。学习生态是与学习有关的硬件、软件,学习环境则是基于这些硬件和软件所采用的运行模式(即教学模式)。课程教学的数字化转型就是从传统转型到数字化新形态的学习生态环境。

2.1 新形态学习生态环境建设

新形态是指以数字化为基础的新的教育教学形态,图1所示为课程教学新形态学习生态环境的基本架构。其中，经过信息化或数字化升级的新形态教材和在线课程成为课程养分的主要载体；学生成为学习环境运行的中心；传授知识的教师从个人变成一个群体，不再局限于校内的课程主讲教师，也包括在互联网上能够找到的、可提供帮助的所有教师；课程主讲教师成为环境运行的引导者和组织者，不再是教学设计的中心。

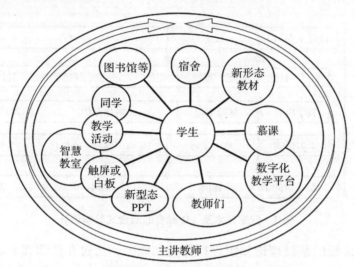

图 1　课程教学新形态学习生态环境的基本架构

我校建设的"工程图学"课程新形态学习生态环境软件生态框架如图 2 所示。整体设计基于建构主义学习理论和布鲁姆学习目标，采用"VR+"新形态课件制作的在线开放课程、智能手机"VR+交互学习软件"、新形态教材、二维码+新形态课件和特色教学活动，对课程的高低阶目标、建构主义四要素实现了系统性的支持。

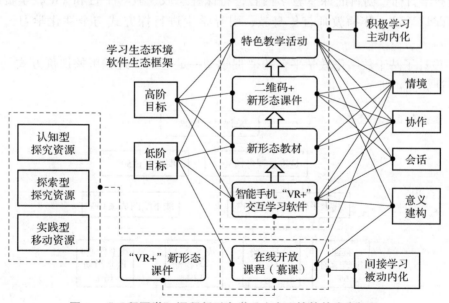

图 2　"工程图学"课程新形态学习生态环境软件生态框架

2.2 学习生态环境运行模式设计

在上述生态建设的基础上,我校在新环境中设计了基于线上线下混合式教学的环境运行模式。教学设计以学生能力培养为核心,重视学生的个性化学习,采取了线上线下一体化的教学设计,如图 3 所示。

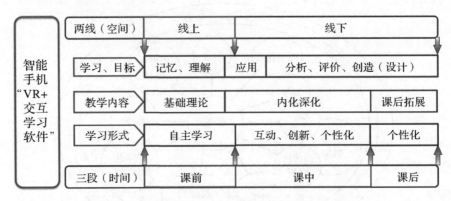

图 3　数字技术及 VR 融合的混合式教学设计

(1) 原课堂讲授的基础理论知识传授翻转到线上,通过在线课程来完成,并辅以 VR 3D 新形态教材和"VR + 交互学习软件"等,在"学习任务单"的引导下,由学生自主学习。在线课程教学能够实现对学生个性化听课的支持,学生可以对自己不易理解的课程内容反复学习。

(2) 原课后学生难以完成的知识深化翻转到课堂,课堂教学通过深度融入数字技术将传统课堂转型为智慧课堂。课堂教学以学生能力培育为核心,通过基于数字化的教学活动组合来实现教学目标。创新的课堂教学内容,将课程思政、教学平台和 VR 教学资源深度融合,通过课堂活动,穿插教师言传身教,引导学生进行探究式与个性化学习,实现高阶目标。

(3) 设计了基于数字化教学平台的"促学型—足迹式"过程考核评价方式。该考核评价方式设计如图 4 所示。

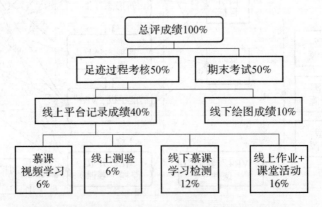

图 4　"促学型—足迹式"过程考核评价方式设计

3. 特色及创新点

本案例突出了"以学生为中心"的教学理念，在教学方法、技术应用等方面具有的特色和创新点如下。

3.1 教学体系和模式成功地完成数字化转型

本案例成功构建了数字化转型的新形态学习生态环境，教学体系和模式都与数字技术实现了深度融合，原本学生课后难以完成的知识内化和深化环节，与课堂易于接受的基础理论学习时空翻转；在线课程帮助学生完成线上基础理论学习；线下课堂中数字技术深度融合的"选人答题、课堂实践、思维引导、自主探究、小组讨论、代表阐述"等互动特色活动，水到渠成地完成知识的内化、深化。本案例实现了以学生为中心的自主性、创新性和个性化学习，教学效果显著提升。

3.2 "VR融合式"教学设计和"促学型—足迹式"过程考核评价

在线上线下一体化的"VR融合式"教学设计中，学生线上自主学习和线下课堂各种活动中均有信息化资源的深度参与。所设计的线上线下教学活动，可引导学生掌握知识和提高能力。"促学型—足迹式"过程考核评价，打破了以往的"一锤定音"结果式评价方式。50%的过程考核成绩，需要学生在学习的过程中点滴积累。足迹式计分方式将知识点细化为小足迹点，避免了知识的遗漏，对促进学生的学习可行有效。

3.3 课程资源的创新呈现

在新形态资源中，选用了合适的信息化技术与表现手段，可全面、立体地呈现资源的内涵和交互性特征，能够有效支持学生开展独立探究。

（1）智能手机助学系列软件。

该系列软件具有全面、系统的助学助教功能，包括想象力强化训练、触屏绘图、装配体交互拆装等多个应用模块；并有二、三维同屏对照显示、透明显示等多种实用功能。

（2）VR 3D新形态教材。

在教材中嵌入了智能手机助学系列软件，扫描书中二维码即可快速打开相应资源（见图5），给予学生实时的、个性化的有效帮助。

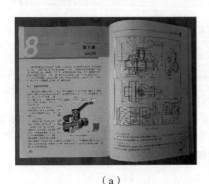

（a） （b）

图5 VR 3D新形态教材

（a）教材插入二维码；（b）扫码打开VR模型和学习界面

4. 推广应用效果

创新的教学方法将学生课后难以完成的知识内化和深化环节与课堂易于接受的基础理论学习时空大翻转，基础理论由学生线上完成，线下通过师生互动特色活动，开展创新性和个性化学习，教学质量全面提升。

4.1 有效促进学生的学习投入

图6所示为学生学习慕课视频的时长散点图，该课程的视频总时长为609 min，由图6可知，学生的视频学习总时长基本上都超过了课程总时长，有的学生甚至达到了2倍以上，这说明新形态的学习生态环境中学生学习时长投入的增加明显，而慕课给予了学生个性化的学习选择。由图7所示的过程考核成绩与试卷成绩对比可知，学生的过程考核成绩与试卷成绩基本正相关，这表明"促学型—足迹式"过程考核评价促进了学生的学习。

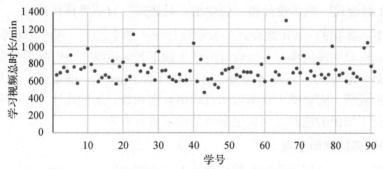

图6 学生学习慕课视频的时长散点图

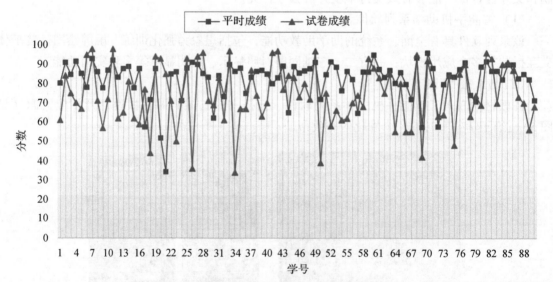

图7 学生的过程考核成绩与试卷成绩对比

4.2 有效促进学生的学习效果

图8所示为新形态学习生态环境（简称新形态）下与传统学习生态环境（简称传统）

下班级的试卷成绩每 10 分一段人数分布折线图。可以看出，试卷成绩在 60～100 分的人数分布中新形态相对平均，而传统在 60～69 分的人数有明显峰值，90～100 分人数明显较低；在 49 分以下的低分段，新形态人数明显低于传统学生人数。

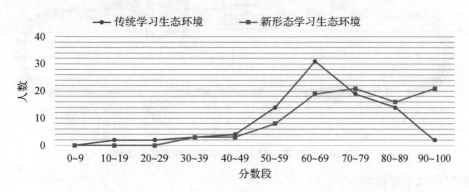

图 8　新形态与传统学习生态环境的试卷成绩每 10 分一段人数分布折线图

图 9 所示为新形态加入 50% 过程考核，传统加入 30% 平时成绩后，总评成绩每 10 分一段人数分布折线图。可以看出，新形态有部分学生成绩从 90～100 分段降到了 80～89 分数段，人数减少了，而传统的在 90～100 分数段的学生人数有增加。70～79 分的人数新形态的增加明显，这是由于 80～89 和 60～69 分数段的学生都有因为计入过程考核成绩而进入到 70～79 分数段，而传统的 60～69 分数段人数增加明显。从总评成绩看，新形态的成绩峰值在 70～79，传统在 60～69，说明新形态有效促进了学生学习成绩的提升。

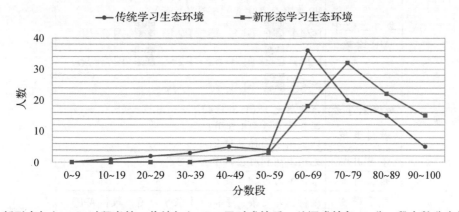

图 9　新形态加入 50% 过程考核，传统加入 30% 平时成绩后，总评成绩每 10 分一段人数分布折线图

5. 典型教学案例

下面以"任务 4 机件常用表达方法"为例，展示我校建设的新形态学习生态环境最基本的运行模式。根据图 3 所示教学设计实现的教学流程包括课前、课中、课后三段。

5.1　课前线上自主学习

学生课前线上自主学习的基本实施流程如图 10 所示。

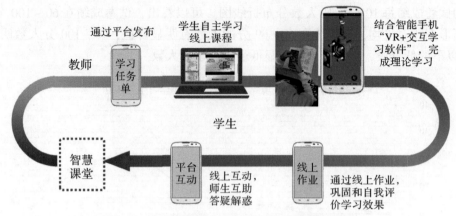

图10 学生课前线上自主学习的基本实施流程

课程设计基本流程如下。

（1）教师通过数字教学平台发布学习任务单（见图11）。

《画法几何与机械制图2》
学习任务单

任务 4	
学习内容	断面图、局部放大图、过渡线的画法、简化画法、表达方法应用
学习过程中VR实验	根据视频学习进度，扫描学习任务单或教材相应二维码，打开虚拟模型，与视图对照，做智能手机VR观察分析实验：5个（教材） P244 图8-45、P245 图8-50、 P247 图8-53、P256 图8-76、 P258 图8-77
知识点序号	慕课单元1（1.3~1.4）
教材章节	第8章8.3~8.5节； 线上阅读国标资料2
学习目标	见线上课程对应章节"导学"
线上作业	慕课学习检测"任务4"
线下课堂资料准备	教材、习题集、手机（安装学习通、教材APP）、绘图工具（三角板、圆规、分规、方格纸等）
线下课堂活动安排	本讲的活动安排："学习通签到""慕课学习检测3分钟""选人答题""线上答题""重难点强调""课堂实践""小组讨论（单班，代表发言）""交头接耳（大班，摇一摇选人发言）""重点分析总结"等

图11 学习任务单

（2）学生根据学习任务单，结合智能手机"VR+交互学习软件"，自主完成理论学习，并作为学习足迹，按比例计入过程考核成绩。

(3) 每次任务都有对应的线上作业，用于巩固和自我评价学习效果，并作为学习足迹，按比例计入过程考核成绩。

在线课程视频学习和线上作业要求在线下课堂之前限时完成。

5.2 翻转课堂的个性化学习实现能力培育目标

课中采用基于数字化资源和数字平台的翻转课堂，在个性化学习设计的基础上，着重设计实现知识内化、深化和能力培育的教学活动。其基本实施流程如图12所示。

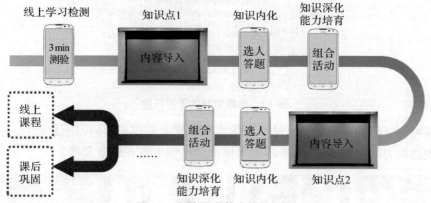

图12 翻转课堂基本实施流程

(1) 3 min 测验，完成对线上学习情况的检测评价，并作为学习足迹，按比例计入过程考核成绩，其目的是督促学生完成线上学习。

(2) 循环重复：完成知识点内容导入、知识内化、知识深化、能力培育的各种课堂教学活动，达成本节课内容的学习目标、部分活动内容作为学习足迹，按比例计入过程考核成绩。

图13所示为一个实现高阶目标的组合活动实例。其中，知识点对应表达方法的综合应用，活动内容是设计机件表达方案，目标是培养机件表达方案设计能力。该实例是由思维引导、自主探究、代表阐述、课堂实践、拍照提交组成的组合活动。

图13 实现高阶目标的组合活动实例

注：数字序号为活动顺序

其中自主探究是学生的主要活动，探究内容是设计机件的表达方案，其中机件是扫描二维码所获得的 VR 资源。在自主探究中，通过给出思考问题的形式，给予学生思维方向的引导（见图 13、图 14）。活动期间允许交流讨论，学生能够在引导中积极思考讨论，提高设计表达方案的能力（见图 13）。

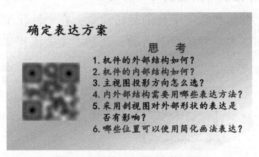

图 14　思维引导的思考问题

自主探究完成后的课堂实践，是要求学生在课堂上完成指定的习题集题目，这是对于方案设计和表达能力的巩固。图 15 所示为大班课堂的学生正在课堂实践。

图 15　大班课堂的学生正在课堂实践

这个课堂活动的设计深度融合智能手机"VR + 交互学习软件"、新形态教材、二维码 + 新形态课件等数字化资源的应用，以及数字化教学平台的纽带能力，赋能课堂教学。

5.3　按需要安排课后巩固的内容

新形态学习生态环境中的课后不再需要布置大量的课后作业，只要根据教学内容需要，选择布置少量课后巩固的实践练习即可。

作者简介：

邱龙辉，青岛科技大学机电工程学院教授，图学教研室主任，青岛市教学名师。研究方向为图学教育、虚拟现实和嵌入式系统等；主讲的"画法几何与机械制图 1"课程获首批国家级线上线下混合式一流本科课程。以首位完成人的身份获山东省省级教学成果二等奖 2 项，山东省普通高等教育一流教材奖 2 项，山东高校课程思政示范课 1 项，全国多媒体课件大赛一等奖 1 项等省级教学奖项 19 项；以主要完成人的身份获国家级教学成果二等奖、山东省省级教学成果二等奖等多项奖项。

基于"图感理论—交互资源—教学模式"创新，破解工程制图"难学、难想、难用"问题

张宗波 伊 鹏 牛文杰 王 珉 曹清园 刘衍聪

中国石油大学（华东）

1. 案例简介及主要解决的教学问题

"工程制图"是高校工科类专业重要的基础必修课程，主要面向大一新生开设，学时为48/64学时（3/4学分），我校每年约有35个专业，80余个班级，2 500余名学生学习该课程，课程涉及的学生量大面广。"工程制图"课程主要研究工程与产品信息的表达与传递，被誉为工程界交流的语言课。

1.1 教学目标

（1）知识目标：掌握投影原理、立体构型、机件表达、典型工程图样绘制与阅读的方法，能够了解并贯彻制图规范及相关标准。

（2）能力目标：具备二维图样与三维立体转换的思维与构型设计能力；具备综合运用图学知识解决复杂工程问题的分析、表达、设计与创新能力；具备自主学习和团队协作能力。

（3）素养目标：具备工程思维与创新意识，在学生的价值观中融入家国情怀、科学素养和工匠精神等，支撑"新工科"人才的培养。

1.2 教学中的"痛点"问题

（1）对图学知识"难学"问题的内因是认识不足，缺乏知识内化的有效途径。

本课程作为技术交流的语言课，除具有工科类课程逻辑性强的特点外，还表现出与语言类课程相似的建构性，大部分知识点需多练多用才能内化。在绘图练习耗时长、课时压缩和内容扩充的背景下，学生难以快速实现图学知识的内化，这会严重影响课程的学习效果。

（2）立体构型"难想"问题的教学内容与资源发展滞后，难以支撑空间思维能力与现代制图能力的培养。

课程中图形信息的交互性及教学内容与产业需求的关联度对培养空间思维与图学应用能力至关重要。然而，传统教学内容与资源，不管在现代制图技术应用方面，还是在图形信息展示方面，都难以满足信息时代泛在化学习和现代制图能力培养的需求。

（3）缺乏针对高阶能力的培养举措，难以支撑"新工科"人才培养目标。

与中学目标明确的监督式学习相比，大学课程节奏快，自主学习能力要求高。此外，本

课程以空间思维为主的特点也加大了学习的难度,"重知识、轻能力"的传统教学导致学生高阶能力和学习自驱力不足,影响后续课程的学习,无法达成人才培养的目标。

2. 解决教学问题的方法、手段

课程组从知识、能力、素质三个维度出发,强调现代技术与教学各环节的深度融合,突出学生的"中心"地位和教师的"领航员"作用,构建了"线上+线下"融合式工程图学教学体系,如图1所示。课程教学过程中的主要创新举措具体如下。

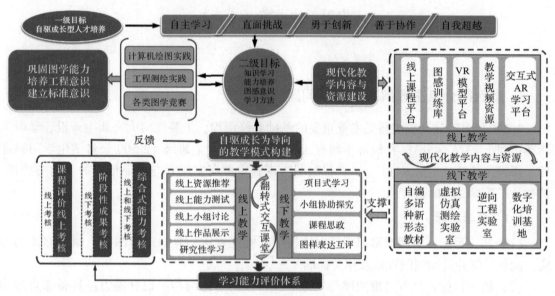

图1 "线上+线下"融合式工程图学教学体系

2.1 深研图形认知机理,构建知识点图感谱系,开辟图感培养新途径

为解决图学知识内化困难导致的图学"难学"的问题,本课程梳理各知识点经常出现的典型错误,抽取知识要素,形成知识点训练题目,利用计算机技术对课程中的知识点进行了系统的图感刺激-响应敏感度测试,建立了整门课程的图感知识点谱系。此外,本课程还利用典型题目与知识图谱相关联,形成知识点训练题库(见图2),并通过短时间内的高频率重复刺激实现知识点的快速掌握。

2.2 重塑课程内容体系,建设丰富的信息化教学资源,提升现代制图能力

(1)构建以富媒体教学资源为支撑的内容体系,拓展课程深度与广度,提高图样表达与应用能力。

为解决教学内容滞后于行业需求的问题,课程组构建了以现代制图能力培养为目标的课程群内容体系(见图3)。教学内容体系突出"三个转变",即由二维向三维转变、由绘图技巧向构型能力转变、由工程图样向数字图样转变,尤其在"工程制图"课程中引入CAD方法及原理、计算机辅助造型、逆向工程等前沿技术,引导学生在理论学习的过程中,利用现代化工具辅助提升数字化制图与三维构型能力。

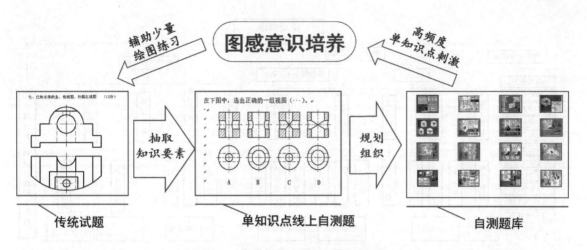

图 2　基于单知识点学习的训练题库

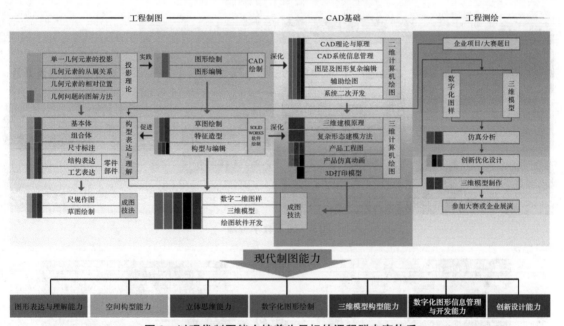

图 3　以现代制图能力培养为目标的课程群内容体系

为支撑该内容体系，本课程组进一步建设了以富媒体为特色的线上与线下教学资源（见图 4、图 5）。学生利用手机即可实时调用视频、模型库、文本等丰富的教学资源（见图 6），实现了教学资源"时时处处可用"，有效支撑学生的泛在化学习。富媒体资源集图、文、声、像多重刺激于一体，可有效帮助学生记忆、理解和思考，促进了图形表达与空间分析能力的培养。

（2）研制虚拟现实模型平台，打通图物转换壁垒，增强空间理解与推理能力。

课程以图形为主的特点对教学资源提出了更高的要求。2015 年开始，课程组自主研发出虚拟现实模型平台（见图 7），用于课堂教学和作业辅助，使模型"时时可用，处处可测"，有效支撑了学生空间思维能力的培养。

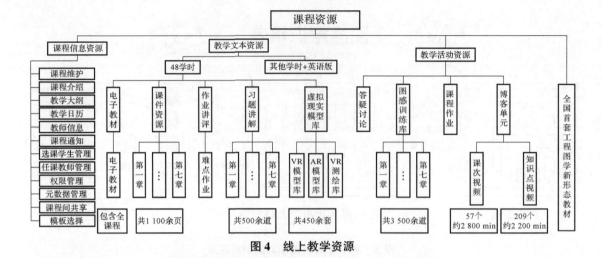

图 4　线上教学资源

图 5　线下教学资源

图 6　富媒体资源的应用

图7 虚拟现实模型平台

2.3 明确自驱成长型人才培养导向，打造"双核四翼"工程图学教学模式，提升学生高阶能力

课程组针对新生学习策略转换的需要和课程难度大的特点，以"育才"和"育德"为核心，整合交互课堂、项目教学、课程思政和以评促学，构建了以自驱成长型人格塑造为导向，高阶图学能力培养为目标的"双核四翼"式工程图学教学模式（见图8）。

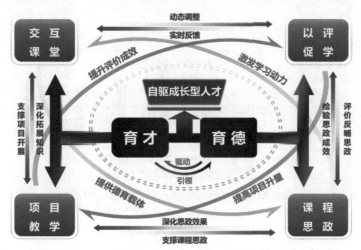

图8 "双核四翼"式工程图学教学模式

3. 特色及创新点

（1）德才双育，构建"双驱四翼"素质培养体系，实现教学理念创新。

将知识学习、能力培养与素质养成相统一，构建以学生为中心的"双驱四翼"式素质培养体系，将课程从"教学"提升到"教育"的新境界，营造基础课程教学育人的新生态。

（2）科学教研引领教学实践，理论与方法研究齐头并进，实现教学理论创新。

基于现代计算机技术，课程组深入研究了以图感为核心的教学理论以及图感培养的方法，建设了基于图感培养的自测训练库，开辟了以图感意识训练为基础的图学思维能力培养新途径。

（3）内容改革与资源建设呼应，打破课程壁垒分享科技红利，实现教学内容与资源创新。

课程内容紧跟行业发展和企业需求，建设了适应自主学习、不受时空制约的丰富课程内容与资源，有效支撑了自主学习能力的培养。利用虚拟现实等先进技术，解决课程在图形展示与交互方面的难题。

（4）教学模式多元化，在学习方法养成过程中深嵌德育基因，实现教学模式创新。

课程形成了以"交互式敏捷课堂"和"小任务与大项目相结合"为特色的多元化教学模式，将思政理论、人物、精神与教学过程有机结合，实现了从"观光式"学习向"漫步式"学习的转变，提升课程的高阶性与挑战度。

4. 推广应用效果

4.1 线上线下相融合，有效解决教学痛点

通过本课程的学习，学生图学基础知识掌握水平显著提高，在标准化考试中的成绩表现突出，如图9所示。课程项目转化为学科竞赛的比例逐年提升，学生获奖情况见表1。学生图学应用能力和创新能力稳步提高，近4年内，在与课程直接相关的竞赛中获国家级奖励70余项，授权专利32项。

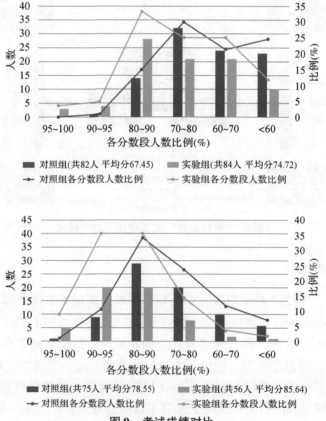

图9 考试成绩对比

表1 学生获奖情况

年份	竞赛名称	数量
2018—2019 年	第十二届全国大学生先进成图技术与产品信息建模创新大赛（一、二、三等奖）	7
	第十一、十二届全国三维数字化创新设计大赛（二、三等奖）	8
	第八届全国大学生机械创新设计大赛（二等奖）	1
2020 年	第十三届全国大学生先进成图技术与产品信息建模创新大赛（一、二、三等奖）	18
	第十三届全国三维数字化创新设计大赛（一、二等奖）	4
2021 年	第十四届全国大学生先进成图技术与产品信息建模创新大赛（一、二等奖）	12
	第十四届全国三维数字化创新设计大赛（一、二等奖）	4
	第十二届全国大学生过程装备实践与创新赛（二等奖）	1
2022 年	第十五届全国大学生先进成图技术与产品信息建模创新大赛（一、二、三等奖）	13
	第十五届全国三维数字化创新设计大赛（一、三等奖）	4
	第十届全国大学生机械创新设计大赛（一、二、三等奖）	4

4.2 教学相长效应显著，教学成果成绩斐然

本课程主讲教师获首批国家级一流本科课程、第三届全国高校教师教学创新大赛基础课程正高组一等奖等成果（见图10），获省部级教学成果奖6项，课程组团队教师受到学生、同行专家的高度好评。

图10 奖励证书

4.3 教学资源新颖，辐射范围广

知识点训练库及虚拟现实模型平台等教学资源已在全国9省份30余所高校中得到推广和应用，得到了国内同行的高度认可。课程组团队在"智慧树"平台开设优质课程（见图11），已有318所学校2.5万余人选课。

工程图学类课程教学方法创新优秀案例

图 11　线上课程应用情况

5. 典型教学案例

剖视图教学设计案例见表 2。

表 2　剖视图教学设计案例

一、教学基本信息			
课程名称	工程制图	总课时数	48
课程性质	必修	学分	3
授课对象	新能源专业大一学生	本节内容	剖视图
二、教学分析			
学习内容	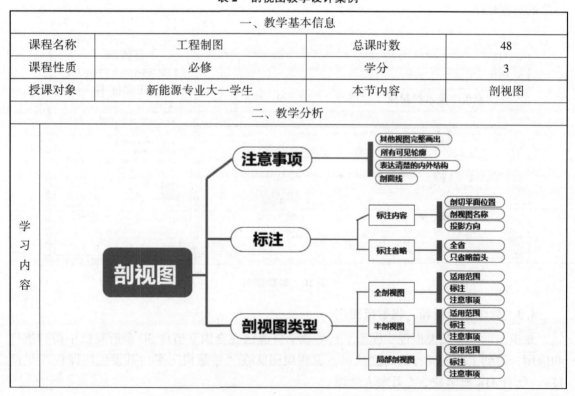		

— 76 —

续表

	二、教学分析
学情分析	（1）在本节课程开始之前，学生已经学习了点线面的投影、基本体、组合体三视图、轴测图、机件外形表达方法等内容，具备了视图绘制和阅读能力，初步培养了空间构型与视图之间转换的空间思维能力，为本节课内容的学习打下了基础。 （2）剖视图采用"假剖"画法表达物体的内部结构，对学生的空间想象力提出较高要求。剖视图的表达兼顾内外结构，不仅考验学生的看图能力，而且检验学生对本节课前述知识的学习效果；若前述内容掌握不好，空间想象力不强，则会导致畏难情绪，很难调动学习积极性。 （3）课程采取线上线下混合式教学模式，课前学生通过任务驱动在线上的学习平台自主学习教学视频，完成剖视图的概念、画法、标注等知识的学习，并完成相关练习。但由于本节课内容抽象且变化多样，学生很难深入理解这些内容，因此，需要通过例题讲解配合不同难度的习题实现知识的内化。线上学习数据显示，多数学生的学习态度较认真，大部分学生都可以看完视频内容；但作业情况显示，学生对本部分的掌握不足，且仍有少部分学生学习意愿不强烈。教师可通过学习平台进行督促，并单独沟通了解具体情况，引导学生改善其学习态度；并可针对学习能力不强的学生，开展个性化教学

	三、教学目标	
学习目标	知识目标	掌握剖视图的概念，理解剖视图的画法、标注
	能力目标	能够正确绘制和识读剖视图，能够灵活运用剖视图表达零部件结构
	素质目标	遵守行业规范，具有民族自豪感和科学精神

重难点分析	重点：剖视图的画法、标注。 难点：选择合适的剖视图类型进行内外结构的表达。 难点分析如下。 （1）本节课剖视图采用"假剖"画法表达物体的内部结构。"假剖"画法对于学生是一种全新的表达方法，需要注意的细节较多，比较容易出错，因此，本部分通过图感训练环节，快速构建学生对剖视图的基本认知。

续表

重难点分析	（2）剖视图表达的机件内部结构一般都比较复杂，需选择合适的剖切面位置，并选用合适的剖切方法进行表达，这对初学者有一定难度；学生需要深刻理解机件的视图或结构特征，才能选用合适的表达方法，准确、清晰、完整地表达出机件的内外结构。剖视图的表达方法灵活，尽管教材通过图例介绍了剖视图的概念，但仍有部分读图能力和空间想象力欠佳的学生难以快速掌握。针对此问题，课程可通过小组讨论、头脑风暴、开放式作业配合虚拟现实模型等沉浸式教学开展该部分教学工作。 （3）"剖面区域"随着剖视图类型和剖切面位置的变化而不同，这对学生的读图、绘图及设计能力提出了较高要求，利用虚拟现实互动模型可以更直观地进行教学		
教学流程安排	环节设置	教学内容（剖视图）	预计时长
	课程导入开展思政教学	（1）简要回顾已学知识，引出本节课的主题——剖视图 （2）引入思政案例——地动仪，以地动仪的结构表达说明本节课中剖视图的作用，既引导学生民族自豪感和科学精神的树立，又暗示剖视图的重要性。 （3）提出问题：什么是剖视图，它的画图步骤分几步 	4 min

续表

环节设置		教学内容（剖视图）	预计时长
教学流程安排	问题导向	基于工程问题导向（problem based learning，PBL）教学法打造"智慧课堂"：绘制剖视图的三个步骤是什么？ 互动环节：随机提问 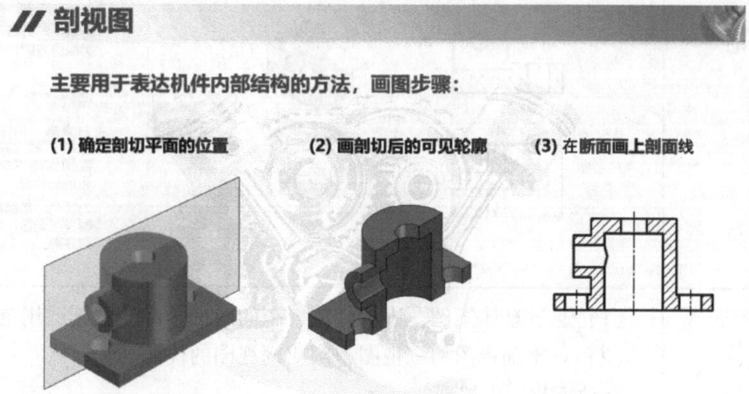 **// 剖视图** 主要用于表达机件内部结构的方法，画图步骤： (1) 确定剖切平面的位置　(2) 画剖切后的可见轮廓　(3) 在断面画上剖面线	4 min
	剖视图的注意事项	利用"找错误"的方式，以学生为中心，引导学生总结归纳剖视图绘制过程的注意事项。 互动环节：学生讲课 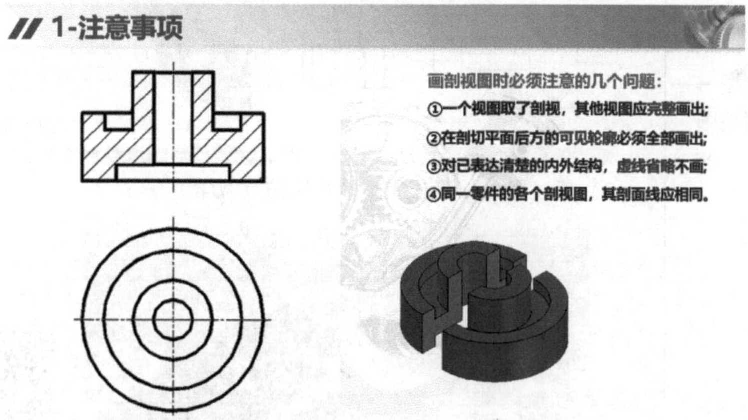 **// 1-注意事项** 画剖视图时必须注意的几个问题： ①一个视图取了剖视，其他视图应完整画出； ②在剖切平面后方的可见轮廓必须全部画出； ③对已表达清楚的内外结构，虚线省略不画； ④同一零件的各个剖视图，其剖面线应相同。	5 min

续表

环节设置		教学内容（剖视图）	预计时长
教学流程安排	标注	（1）标注的三个内容是什么？ （2）什么时候可以省略，什么情况可以简化？ 互动环节：集体回答 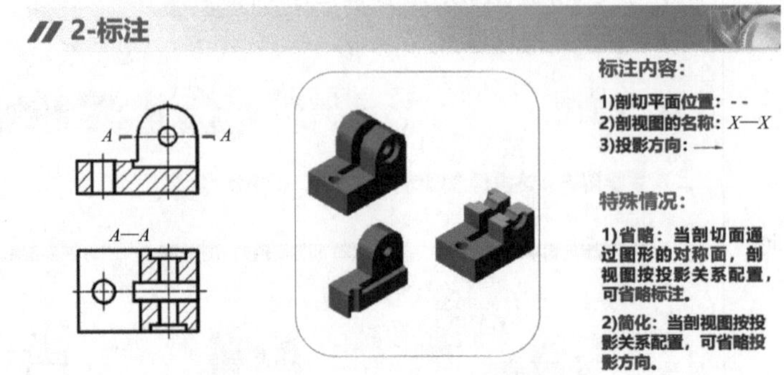 **2-标注** 标注内容： 1）剖切平面位置：- - 2）剖视图的名称：X—X 3）投影方向：—— 特殊情况： 1）省略：当剖切面通过图形的对称面，剖视图按投影关系配置，可省略标注。 2）简化：当剖视图按投影关系配置，可省略投影方向。	5 min
	视图类型——全剖视图	（1）通过具体案例，讲解全剖视图的画法、标注及其适用范围。 （2）对比剖视图和三视图，阐明剖视图的优势。 互动环节：虚拟现实展示。 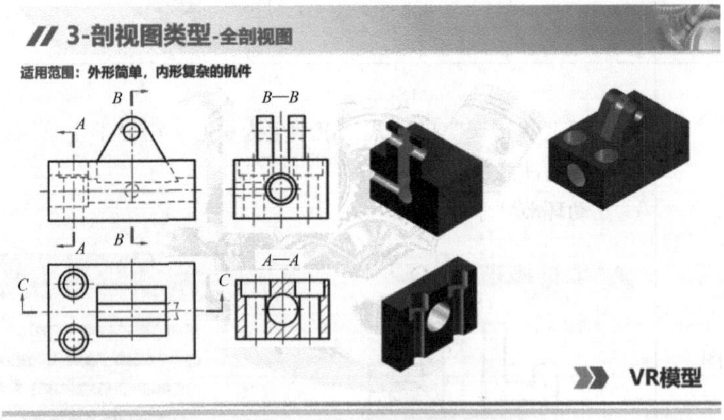 **3-剖视图类型-全剖视图** 适用范围：外形简单，内形复杂的机件 VR模型 （3）通过微信扫码开展虚拟现实仿真教学 	7 min

续表

环节设置	教学内容（剖视图）	预计时长
教学流程安排 视图类型——半剖视图	（1）通过具体案例，讲解半剖视图的画法，总结全剖与半剖视图的区别，特别是两者适用范围的不同。可通过微信扫码开展虚拟现实仿真教学。 互动环节：VR展示、图感训练、"智慧树"平台抢答	7 min
	（2）图感测试：抢答，讲解半剖视图绘制时的注意事项，并布置图感训练作业	4 min

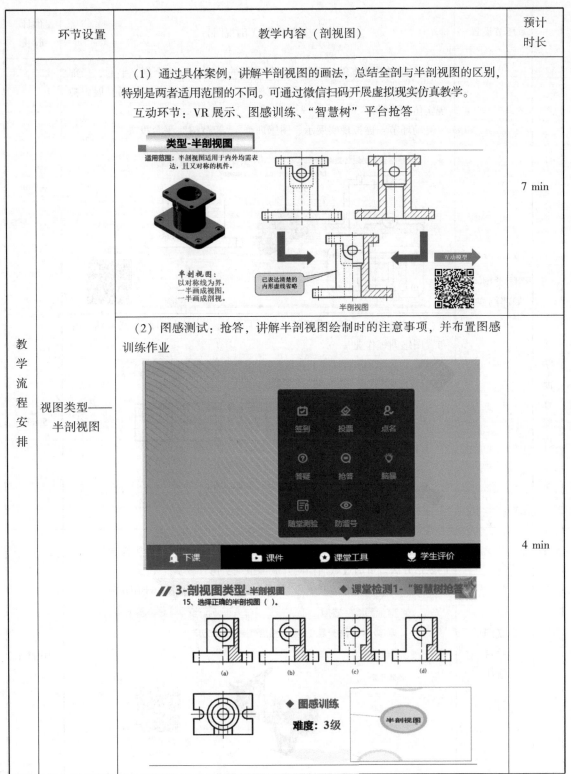

续表

环节设置		教学内容（剖视图）	预计时长
教学流程安排	视图类型——局部剖视图	（1）通过具体案例，讲解局部剖视图的画法，总结全剖、半剖、局部剖视图的区别，特别是三者适用范围的不同。可通过微信扫码开展虚拟现实仿真教学。 互动环节：虚拟现实展示、图感训练、"智慧树"平台投票 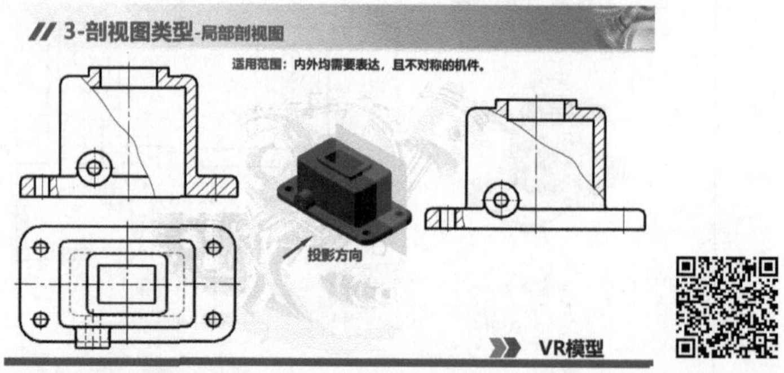	4 min
		（2）图感测试：不定项投票，讲解局部剖视图绘制时的注意事项，并布置图感训练作业 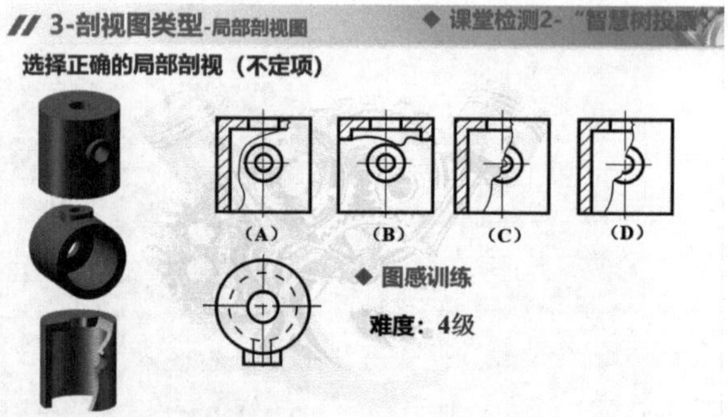	5 min
	视图综合应用	（1）通过典型案例，考查学生是否掌握本节课难点：为机件选择合适的表达方法。可通过微信扫码开展虚拟现实仿真教学。 互动环节：虚拟现实展示、"智慧树"平台头脑风暴、小组讲解 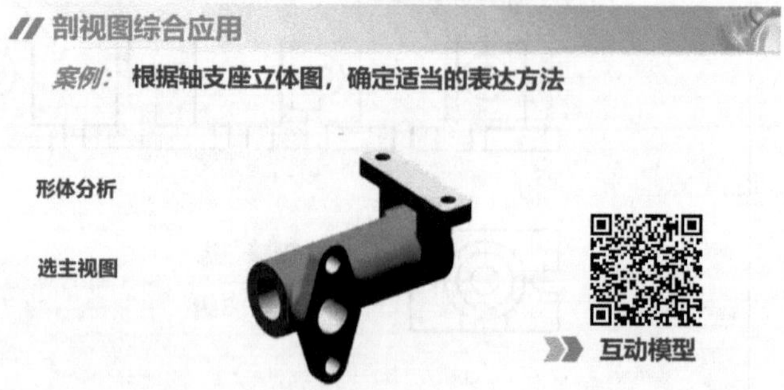	10 min

续表

环节设置	教学内容（剖视图）	预计时长
教学流程安排	（2）"智慧树"平台头脑风暴辅助了解学生情况。  （3）学生分组讨论绘制表达方案，小组答辩。  （4）教师进行点评	25 min
开放作业	小组思政开放作业，延伸至科技前沿（声学），实现思政目标并与"机械CAD基础"课程互动 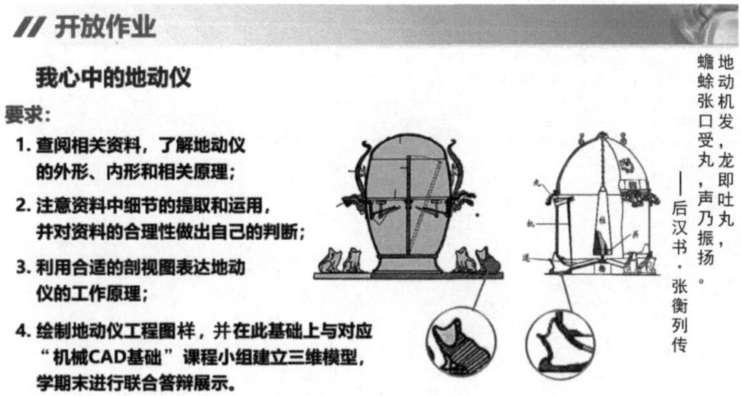 **开放作业** **我心中的地动仪** 要求： 1. 查阅相关资料，了解地动仪的外形、内形和相关原理； 2. 注意资料中细节的提取和运用，并对资料的合理性做出自己的判断； 3. 利用合适的剖视图表达地动仪的工作原理； 4. 绘制地动仪工程图样，并在此基础上与对应"机械CAD基础"课程小组建立三维模型，学期末进行联合答辩展示。 地动机发，龙即吐丸，蟾蜍张口受丸，声乃振扬。——后汉书·张衡列传	5 min

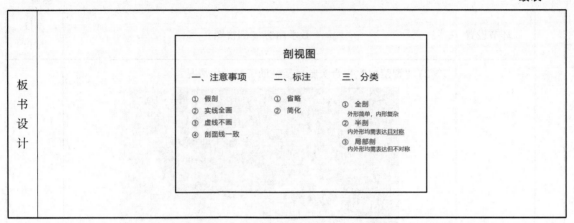

作者简介：

张宗波，中国石油大学（华东）教授，"工程制图"首批国家级一流本科课程负责人，曾获第三届全国高校教师教学创新大赛基础课程正高组一等奖。主持山东省重点本科教改项目3项、山东省思政教改项目1项、校级教改项目12项；曾获山东省省级教学成果一等奖、山东省高校教师教学创新大赛一等奖、石油高等教育教学成果二等奖、中国石油大学（华东）优秀教学成果特等奖等教学奖励20余项。兼任教育部工程图学教指委华东地区工作委员会副秘书长、中国图学学会图学教育专业委员会委员、山东省图学学会理事等。

基于云协同的机械制图过程化考核实践案例

陈 亮[1] 黄宪明[2] 陈婧婧[3]

1. 华南理工大学；2. 广东工业大学；3. 广州城市理工学院

一、案例的背景和目标

"机械制图"是面向工科大学生普遍开设的一门专业基础课程，内容包括国家标准、投影理论、空间构型、机械结构表达等知识，目标在于培养学生阅读和绘制工程图样的能力，课程具有抽象与具体并存、理论与实践并重的特点。"新工科"人才培养目标明确提出，创新意识、实践技能、社会责任、领导能力、国际视野等是未来工程技术人才必备的重要素养，这对"机械制图"课程的体系、内容、方法和评价手段等都提出了新的要求。

以合适的方式进行考核是检验教学效果和评价人才培养质量的重要手段，但在现有的"机械制图"课程考核体系中，普遍采用期末考试或大作业等终结性考试方式，存在考查覆盖面窄、评价形式单一、实践考核缺失、能力考核不足等问题。为此，众多图学教育工作者提出了过程化评价和形成性评价的方法。其中，过程化评价是一种对学习动机、学习过程和学习效果三位一体的评价方式，在强调评价主客体融合和互动的同时，对学生的学习方式、过程性成果，以及其他非智力因素等都能进行有效的评价。因此，过程性评价更加符合"机械制图"课程人才培养目标和课程特色，我国工程教育专业认证标准也对过程性评价的实施提出了相关要求。

然而，过程化评价方式在推广过程中也产生了一系列问题，如缺少高效的评价工具、数字化和信息化手段不高、系统化的实证案例匮乏、作业评阅工作量大、资料存档和检索困难等。云协同是一种基于互联网云端在线平台的多人协作办公模式，可在分散办公情境下发挥重要作用。将云协同扩展到教育技术领域，实现师生多人协作和云端资料共享，特别是与"机械制图"课程过程化评价相结合，是一种有益的尝试。

本案例提出并实践了一种基于云协同理念的机械制图过程化考核的方法和策略，重新梳理了教学内容和考核体系关系架构，构建了面向不同学习阶段的过程化考核云协同实施方案，给出了具体的实现途径和实践案例。通过与传统的考核模式对比发现，云协同支持下的机械制图过程化考核在评价内容的完整性、手段多样性、学习效率、学习体验以及考核档案信息化管理等方面具有明显的优势。

二、解决教学问题的方法和手段

（一）重构机械制图过程化考核关系架构

根据过程化考核的特点和要求，课程重构了新的教学内容与考核体系关系架构，如图1所示。

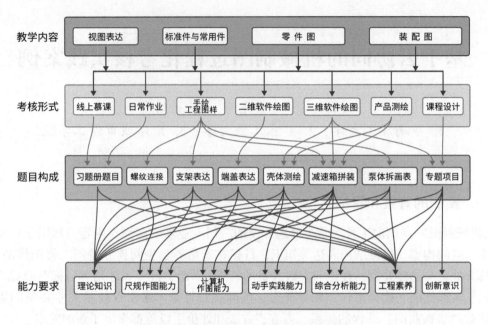

图 1　新的教学内容与考核体系关系架构

该架构包含教学内容、考核形式、题目构成和能力要求四个维度。教学内容以"机械制图"课程中的视图表达、标准件与常用件、零件图、装配图为主，是整个体系的核心。由教学内容导出相应的考核形式，涵盖了线上与线下、手绘与软件、建模与出图、测绘与设计等多个方面，具有多样性、过程性和渐进性。题目构成与考核形式相匹配，但部分较综合的题目可以涵盖多个子任务，包含多种考核形式，如减速箱拼装包含手绘工程图样、三维软件绘图和产品测绘三个子任务。能力要求与工程教育专业认证和"新工科"人才培养要求相适应，在保持原有理论知识和绘图能力的基础上，也明确了综合分析能力、创新意识、工程素养等高阶方面的要求。

在考核形式中，工作量和完成度要求较高的产品测绘与课程设计需要以 3~4 人的团队形式进行，提交的成果为实验报告、模型文件和工程图样等。产品测绘包含独立实物零件测绘和减速箱拆装测绘两部分。课程设计以开放性专题项目的形式开展，要求针对某一特定的功能需求进行机械结构设计，或对已有的机械结构进行改进，团队成员通过头脑风暴确定方案，合理分工，分阶段、按步骤有序实施。两种团队考核形式中涉及的社会责任、团队意识、领导能力等可通过工程素养这一能力要求子项得以体现。

（二）制订过程化考核中的师生云协同策略

过程化考核是一种分阶段、全过程、多形式的考核模式，其产生的多种考核结果迫切需要一种省时、省力、易操作、全覆盖的方式加以收集、评价和留存，而云协同正是一种基于互联网"分散+集中"的多人协作办公模式，其具有的跨设备、跨区域、跨平台的特点刚好能有效满足过程化考核的需要。目前能够实现云协同的办公平台较多，如金山云文档、腾讯文档、QQ 群作业、钉钉、企业微信等。与其他几个平台相比，金山云文档具有操作简洁、图片嵌入方便和文档兼容性好的优点，因此，经过技术对比和教学实践，课程最终选择金山云文档作为教学实践的云协同平台。

根据所提出的过程化考核内容和形式要求，并结合"机械制图"课程作业形式多样的特点，可将教学过程分为题目分发、云文档生成和教学资料整合三个阶段，从学生学习行为和教师教学行为两条主线实现过程化考核的云协同，其实施方案与流程如图2所示。

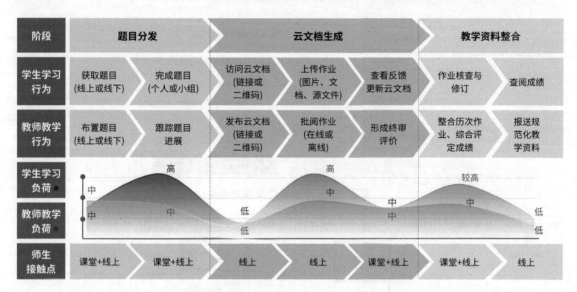

图2 师生云协同过程化考核实施方案与流程

云文档在三个阶段的师生互动过程中扮演了重要的信息载体和沟通平台的角色，很好地解决了多人、异地、分时和统计等问题。在云文档生成这一核心环节，学生通过教师发布的作业访问云文档链接或二维码，分阶段以个人或小组形式将完成后的作业资料上传至云平台，系统在后台自动生成汇总表和相应的教学资料，仅教师具有查阅和公开的权限。

三、云协同支持下的教学案例实践

（一）日常教学中的云协同

在"机械制图"课程的过程化考核中，需要学生提交的作业电子文件可以分为三种类型，即图片、文档和源文件。图片文件主要是较大幅面和较高清晰度的工程图样作业，如手绘工程图样照片、计算机二维工程图样和三维模型截图等；文档文件主要是文字类的报告和说明文件，如专题项目的设计说明文档等；源文件主要是特定格式的原始文件，如工程图样设计文件和三维模型原始文件等，需要用特定软件打开，通常以压缩包的形式提交。

传统的以课代表作为班级作业收发负责人的方式，容易出现沟通滞后、反馈不及时、作业形式不规范等问题。归一化的云协作平台为日常教学中的作业收集和教学资料汇总提供了便利，在各考核阶段，学生通过手机扫二维码或计算机访问教师发布的上传链接，通过网络提交作业文件。学生手机端作业提交表单如图3所示，学生作业云文档汇总表如图4所示。

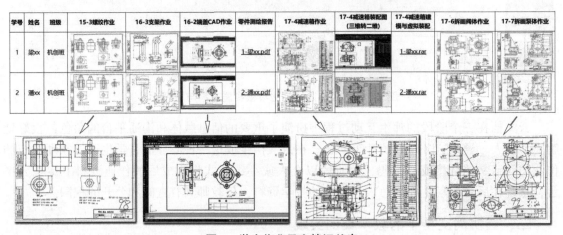

图3 学生手机端作业提交表单

图4 学生作业云文档汇总表

该云文档汇总表由云平台自动生成，纵列按学生学号排序，横行记录了同一学生多种形式的过程化考核作业成果。其中，图片类作业直接嵌入单元格，以直观的缩略图显示，也可放大查看细节；文档类作业以文件形式呈现，支持在线浏览和下载后查看；压缩包类文件也以文件形式嵌入单元格，需要下载后解压缩查看。

教师对于该云文档具有绝对的控制权，可以在创建作业提交表单时，锁定某些作业的文件类型、文件名称、上传时限、题目开放时间等条件。学生仅可查阅自己的记录，若需修改或查看全部云文档汇总表，则必须向教师申请权限。此外，云文档汇总表还具有数据统计和图表自动生成功能，方便教师可视化地查看作业提交进度和资料完整性。教师还可以将该汇总表及其内嵌文件批量下载，以进一步离线编辑和批阅。

（二）实验环节的云协同

"机械制图"课程中的实验环节包括零件测绘、装配体测绘和装配体拆装等实践内容，学生可根据教师下发的任务指导书,在实验室完成测绘和拆装实验,并撰写实验报告。整个过程不仅锻炼学生的知识综合运用能力、动手实践能力,还培养其团队协作能力和基本的工程素养。但该实验环节在实施过程中存在一系列管理上的问题,如零部件管理困难,实验完成后零件和工具处于零散状态,需要消耗大量的人力进行复原,才能保证下次实验顺利进行;多次实验后,零件和工具的损坏或缺失情况难以及时清点和统计;无法对实验器材的使用者进行记录。鉴于这些情况,基于云协同理念,提出了人人参与、师生互助、协作监督的实验方案,并进行了教学实践,具体流程如图5所示。

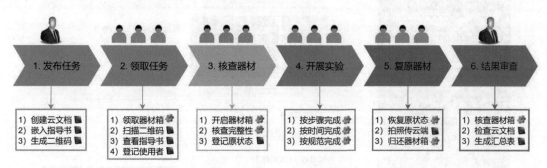

图 5　实验环节云协同具体流程

为了使师生协同能有效展开,在每个器材箱上都贴有二维码,该二维码与教师创建的云端实验登记表实现关联。学生在开始实验时,需要扫描二维码登记个人信息、器材箱编号、实验材料完整性等信息,在完成实验后,还需将复原后的器材箱进行拍照,上传至云文档。教师通过汇总后的云文档核查实验开展情况和器材的当前状态。

实验室为开放式自助实验室,学生按预约时间开展实验。在整个实验过程中,与器材箱有关的操作在实验室中以线下方式进行,其他关于指导书查阅、信息记录、汇总等工作均通过云文档以线上方式进行,使用的设备可以是计算机、手机、平板计算机等跨平台互联网终端。所有教师和学生可以共用一个登记二维码和汇总表格,且可多个学年重复使用,以便从整体上掌握器材的使用情况和收集实验室长期使用数据。图6(a)所示为减速箱拆装实验过程中的器材箱;图6(b)所示为学生扫描二维码后呈现的在线实验登记表单,内嵌实验说明。图7所示为自动生成的实验记录云文档汇总表。

在这种模式下,学生既是实验器材的操作者,也是实验室的监督者和建设者,学生登记的器材损耗和缺失情况能够第一时间反馈给教师和管理人员,并能精确定位到使用者,以便进一步了解详细情况。学生在参与过程中,综合锻炼了实践技能、社会责任和工程素养等多方面能力。

四、推广与效果评价

本案例所提出的基于云协同的过程化考核改革方案,近三年在多所学校进行了多轮次的教学实践和迭代优化,覆盖学生超过3 000人。课题组还对任课教师、学生、教务人员开展了问卷调查和访谈,与采用传统考核模式的班级进行了对比,从多个维度对教学效果进行了定性和定量分析,如图8所示。

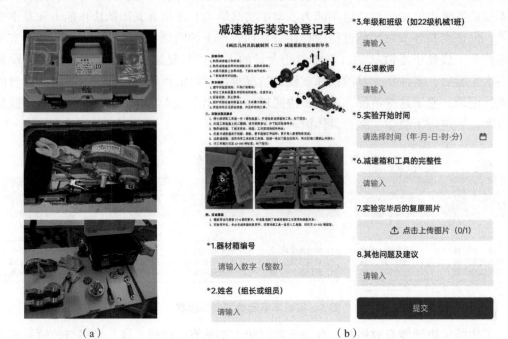

图6 实验环节云协同支持材料
（a）器材箱；（b）在线实验登记表单

序号	器材箱编号	姓名	班级	任课教师	实验开始时间	器材完整性	复原后照片	其他问题及建议
1	2	王××	21机械6班	刘××	2022/4/28 14:40:00	缺少手套		零件有磨损
2	13	蒋××	22级机械9班	孙××	2023/4/17 14:41:00	缺少内卡钳		无
3	13	洪××	22级机械11班	陈××	2023/4/18 15:49:00	缺少内卡钳		零件有磨损
4	20	薛××	22机械12班	熊××	2023/4/18 15:06:00	缺少钳子		无
5	12	江××	22级机械12班	黄××	2023/4/18 15:56:00	完整		无
6	14	赵××	22级机械11班	孙××	2023/4/18 15:05:00	完整		轴承有卡死现象

图7 实验记录云文档汇总表

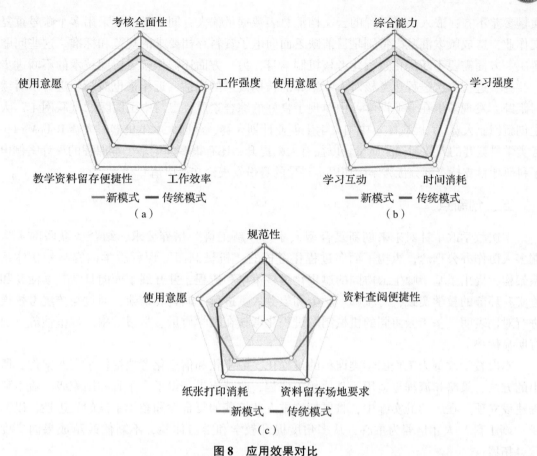

图8 应用效果对比
(a) 任课老师评价；(b) 学生评价；(c) 教务人员评价

教师对新模式的总体评价明显优于传统模式。在考核全面性方面，新模式较传统模式有大幅提升，这应该是由于新模式下的教学体系与教学目标的对应关系更加明确、过程化考核形式更加多样等原因促成的。在教学资料留存便捷性和工作效率方面，新模式也得到了较高的评价，这是由于采用云协同方式后，跨平台、无纸化和良好的操作体验减少了过多的空间和时间消耗。在工作强度方面，新模式略高于传统模式，这应该是由于教师在学习新技术过程中需要额外消耗更多的时间和精力，相信随着云协同方式的普及，教师的学习负荷会逐渐降低。在使用意愿方面，教师都比较倾向于新模式。

学生普遍认为新模式下的综合能力较传统模式有显著提升，并且具有更多的学习互动。在学习强度和时间消耗上，新模式略高于传统模式，这应该是由于新模式下的教学要求、教学节奏和教学手段有所变化所引起的。在使用意愿方面，学生都普遍倾向于新模式。

从教务人员给出的对比结果来看，新模式具有更好的规范性和资料查阅便捷性，且在资料留存的场地要求和纸张打印消耗方面，新模式明显低于传统模式。在使用意愿方面，教务人员也更倾向于新模式。

在教学实践中也发现了一些不足。例如，现有的在线作业批阅工具功能单一；教师不能精准面向某个学生单独反馈评阅信息，而只能公开整个云文档汇总表；学生上传的作业图片质量参差不齐；嵌入大量图片的云文档汇总表数据量偏大；同一身份可采用多个账号重复提交作业，造成版本混乱。特别是目前缺乏面向电子资料存档要求的规范和标准。这些问题的解决一方面需要不断优化过程化考核机制本身，另一方面还需依赖云协同技术的不断进步。

为了进行本次过程化考核对人才培养的长期效果的评估，近年来也对学生进行了后续学习跟踪，发现学生在专业课学习中体现了良好的综合素质，参与中国国际"互联网+"大学生创新创业大赛、"挑战杯"中国大学生创业计划大赛、全国大学生机器人大赛RoboMaster等各类学科竞赛的人数和作品质量较以往有大幅提升，还有很多学生基于本课程的设计案例申请了科研项目支持，部分优秀学生还以本科生的身份发表论文、申请专利。

五、创新点

本次教学改革针对未来创新复合型人才的"新工科"培养要求，结合"互联网+"云端多人协作办公理念，重构了面向过程化考核的"机械制图"课程教学内容与考核体系关系架构，提出了基于师生云协同的过程化考核策略和流程，并开展了面向日常教学活动和测绘实验环节的教学实践，对教师、学生和教务人员进行了调查和访谈，通过与传统考核模式进行对比表明，基于云协同的机械制图过程化考核在教学质量、学习效率、规范性等方面具有明显优势。

本次教学改革为工程图学类课程的过程化、数字化和信息化考核提供了实践案例，所提出的方法、策略和流程也适用于其他相关课程，改革成果获得了广东省和国家级一流本科课程建设立项。在后续的实施中，将更加注重人才培养的复合性和教学手段的先进性，以高质量"新工科"人才培养为重心，从多角度提升教学和学习体验，不断使改革成果向广度和深度拓展。

作者简介：

陈亮，男，博士，华南理工大学设计学院教授，硕士研究生导师，广东省工程图学学会副理事长，中国图学学会图学教育专业委员会委员。长期在高校从事教育和科研工作，主要研究方向包括计算机辅助设计、信息与交互设计、虚拟现实、数据可视化、数字孪生等，获国家级教学成果二等奖，广东省教育教学成果一等奖，编写制图类教材8本，发表论文40余篇，授权专利20余项。

黄宪明，男，硕士，广东工业大学艺术与设计学院讲师，从事机械制图、CAD、计算机三维造型等课程的教学工作。近三年承担教改项目2项，编写教材3本，指导学生获得国家级学科竞赛一等奖3项、二等奖5项、三等奖2项。

陈婧婧，女，博士，广州城市理工学院讲师，主要从事工程制图、计算机辅助设计、机械设计、工业设计课程的教学和科研工作，近年来完成教研教改项目2项，编写制图类教材1部，发表论文多篇，申请专利多项。

制图能力与工程意识的培养在项目式教学中的实现

刘 瑛 李功一

北方工业大学

1. 案例简介及主要解决的教学问题

"工程制图"是工程类专业重要的专业基础课,通过长期教学积累了很多经验,但目前"工程制图"课程教学中仍普遍存在以下几个问题。

问题1:教学重点与企业要求的错配。

"工程制图"课程中一般会花大量时间练习手绘投影,而工程图样的训练时间不多,在考核上也是厚前薄后。2000年以后,企业的设计方式基本上已完成了由手工设计绘图→二维CAD设计绘图→三维CAD设计绘图的转变,目前工程图样的图形部分基本由三维模型直接投影生成,因此,企业希望学生能够熟练建模,且在尺寸标注、公差及表面粗糙度的确定等方面有更多的训练,从而具备更强的工程意识。两相对比可以发现,"工程制图"课程的教学重点与企业需求产生了错配。

问题2:孤立分散的规则、知识讲得多,学生难以将其整合消化。

比如,在图样画法中会学习基本视图、向视图、斜视图、局部视图、全剖图、半剖图、局部剖图、端面图等多种表达方式;又如,标准件的画法和标注方法林林总总;再如,零件的配合及公差的概念,表面粗糙度的选择等相关知识较为繁杂。学生学了很多碎片化的知识,但在面对具体的零件时,却难以将各种知识整合,绘制出符合国标的工程图样。

2. 解决教学问题的方法、手段

针对以上问题,课题组采用一箭双雕的解决方案,即选择一个或几个典型案例贯穿教学始终,并在具体的案例中解构其工程内涵。贯穿始终的工程项目不但将零散孤立的知识串成了串(解决问题2),更使工程概念有了依托(解决问题1),有效帮助学生理解工程要求的内在逻辑。

典型案例的难度可以分初、中、高三档,循序渐进。如果课时不允许,则可以按学生的学习水平选择一套案例深入研究。例如,以低速滑轮装置作为初级案例,其中仅有滑轮、衬套、芯轴和托架4个非标零件以及螺栓、螺母2种标准件,但它浓缩了盘类零件、轴类和支架类零件的多种三维建模方式、二维表达方式、典型工艺结构以及表面粗糙度、公差配合等工程制图的核心概念。由于滑轮装置结构简单,学生很容易理解各个零件在其中的作用及相互配合关系,因此,各零件特征的表面粗糙度、公差要求显得自然而清晰。相比以难以洞悉其工程背景的多个独立零件为练习对象，这种吃透一套案例的方法更容易将知识固化。

中级案例可以选择球阀，其中包括 9 种非标零件和 4 种标准件。高级案例可以选择一级圆柱齿轮减速器，其中包括 20 个非标零件和 10 余种标准件，基本囊括了"工程制图"课程要求的所有知识点。

3. 特色及创新点

"工程制图"是一门专业基础课程，在该课程上学习的是一种工程表达语言，这种语言承载的是机械设计、制造工艺、材料及热处理等知识内涵。

如何衡量是否掌握了一种语言？对于普通人而言标准十分简单，即能准确理解他人的表达，同时自己的表达也能让他人明白。当然也有人将语言作为研究对象，如英美文学、比较文学等，可以从中挖掘出历史、文化、审美等更深层的内涵，但这毕竟是小众话题，而对于每天都在使用语言交流的各行各业普通人而言，无须提出这样的要求。

如果认可工程图样本质上是一种工程表达语言，那么"工程制图"课程的教学目标也会变得简单明了，既能读懂工程图样，也能用图纸表达自己的设计及制造思想（中等复杂程度）。随着时代的发展，企业已普遍使用三维软件进行机械设计，工程图样也不再是一条线一条线绘制出来的，而是直接采用软件将三维模型投影为二维图纸，因此，设计者花在图形表达上的时间精力大幅减少，从而可以聚焦在结构设计以及公差配合、技术要求等制造相关信息的确定上。近年来，教委不断要求高校缩减学时，"工程制图"课程的课时削减得尤为剧烈。在这种背景下，如果在课程中仍旧花大半的时间做手绘投影练习，则势必导致学生没有充分的时间训练和内化图纸中工程信息的表达方法。显然，这样的教学安排与时代发展、企业需求都存在错配问题。

对于以培养应用型人才为己任的大学而言，尤其要避免培养与应用脱节，应提倡怎么用就怎么学（教）。因此，课题组提出了新的教学方式。在内容上，削减手工投影练习，取而代之的是三维软件建模以及工程图样的生成训练。在方法上，采用案例驱动方式，将零散的知识点附着在具体案例上，在一个个零件的建模，以及零件图、装配图的绘制过程中，掌握零件的常用表达方式，并熟悉标注尺寸、公差与配合、表面粗糙度的原则和方法。

在考核上，也应尽量贴近应用方式。企业对新毕业大学生的期望是能够画出比较合格的零件图，对于装配图一般要求能正确理解即可。因此，考核时可以给出一张装配图，要求学生利用软件对关键零件进行建模并绘制完整的零件图。由于二维图纸是直接由三维模型投影生成的，因此，这种考核方法会让学生更加注重学习视图表达方式、尺寸标注、公差配合、表面粗糙度等体现工程内涵的内容，从而与企业需求同频共振。

4. 推广应用效果

以项目为依托的案例教学法自实施以来，大幅提高了学生的学习兴趣和课堂效率，克服了知识的碎片化，增强了工程意识，使学生在后续机械设计课程设计和毕业设计中体现出更强的制图能力。

2020 年 12 月，在由教育部高等学校机械类专业教学指导委员会（以下简称教指委）指导，由清华大学机械工程系、清华大学出版社举办的机械类课程典型教学案例征集及优秀案例展示、交流的活动中，本案例获最佳展示案例（见图1），案例宣讲和展板展示在教指委专家和几十家高校专业教师中获得广泛好评，天津理工大学副校长郑清春教授高度肯定了这种案例驱动、学以致用的教学方式，认为这种方式可复制可推广。

图 1　最佳展示案例获奖证书及颁奖现场

5. 典型教学案例

5.1　典型案例的选择

为了将碎片化知识串在一起，同时又便于制图能力及工程意识的培养，需要精心选择典型案例。本节采用球阀（见图 2）作为值得推荐的教学案例，主要原因如下。

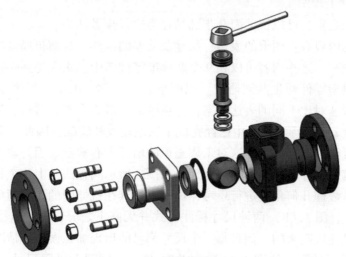

图 2　球阀爆炸图

（1）球阀包含 13 个零件，其中标准件 4 个，非标准件 9 个。非标准件中包含轴套类零件、轮盘类零件以及箱体类零件，具有很强的代表性，且球阀的工作原理易于理解。

（2）球阀各零件的三维实体创建过程涵盖了多种典型特征创建及编辑方法，如拉伸、旋转、异形孔向导、阵列特征、装配约束，同时也涉及常用的评估方法，如干涉检查、测量、质量属性查询等。

（3）球阀的零件设计和工艺中有一些精妙之处，有利于工程意识的培养。

5.2 教学安排

本案例的教学主要分为以下五大部分，其中挑战性强的部分（如理解装配图）通常安排在课堂上，师生共同研究探讨；对于操作性强的部分（如三维建模），可以安排在课下进行。案例教学从阅读球阀装配图开始，当然，装配图中有很多内容学生还不能完全理解，如H7/f6之类标注的含义，开始只需要告诉学生这定义了配合的松紧程度即可，随着学习的持续推进，学生自然会逐渐深刻地理解装配图中各部分的含义。

（1）理解装配图。

师生共同研究装配图，了解球阀的构成和基本工作原理。教师可以准备一些问题，引导学生注意到一些关键点。作为辅助，教师还可以提供一些原理的动图以及复杂零件的三维模型，促进学生对图纸的理解。

（2）根据装配图用软件完成非标准件的三维建模。

要完成三维建模，必须读懂装配图中的每个细节，有时还需要自己确定一些未标注的尺寸。如果学生感觉困难太大，则教师可以提供一些指导视频进行辅助，将挑战控制在可控范围之内，避免打击学生积极性。

（3）在三维模型的基础上完成球阀的装配。

这一步的价值在于，确保学生对各零件的装配关系了然于胸。此外，装配中必然涉及标准件的选用，这有助于加强学生认识标准件的作用、分类和型号。

（4）绘制零件工程图。

这一步是重中之重，可以说前面几步都是在为这一步做铺垫。

零件图包含的内容有：图形的表达、尺寸及公差的标注、表面粗糙度标注、文字技术要求以及标题栏的填写。这些内容可以在9个非标准零件图中一次次得到强化。

可以找几个典型零件师生共同研究。以图形表达为例，由于三维模型生成投影十分方便，因此，可以快速对比不同的表达方案，并从中确定最为合理、清晰、简洁的方案。

由于在步骤（2）、步骤（3）中已经完成了三维建模和装配，因此，学生应对零件在机器中的作用和位置已经十分熟悉，这对工程意识的培养大有裨益。因为缺乏工程背景，所以学生往往难以理解什么样的尺寸标注才合理。以图3所示阀盖法兰上4个孔的定位尺寸标注为例，学生习惯从数理几何角度进行思考，如果不知其在机器中的作用而单独考虑这一个零件，那么图3（a）、图3（b）两种尺寸标注方式并无高下之分，而一旦了解阀体和阀盖是通过这些孔的螺栓连接起来的，而且每一个尺寸都可能出现加工误差，情况就会不同。可以让学生根据表1进行计算，使图3（a）中总宽82 mm做到上极限尺寸，而两个定位尺寸12 mm做到下极限尺寸时，孔距的误差范围。学生很自然就能理解，明确标注出尺寸58 mm（见图3（b））显然更有利于安装的顺利达成，因为它避免了误差的累积。经过多次这样的分析，在标注尺寸时，学生就会思考某个特征在机器中起什么作用，以及如果加工出现误差会导致什么结果，这就是工程意识的雏形。

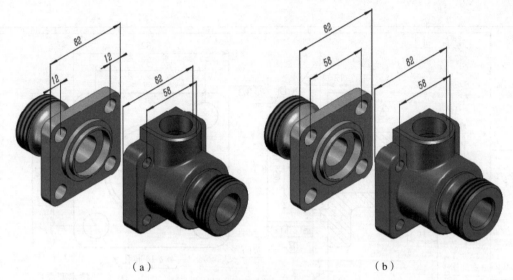

(a) (b)

图3 尺寸标注中工程理念的体现

表1 未注尺寸公差（GB/T 1804—2000，中等 m 等级）

公称尺寸/mm	公差/mm	上极限尺寸/mm	下极限尺寸/mm
82	±0.3	82.3	81.7
12	±0.2	12.2	11.8
58	±0.3	58.3	57.7

　　同样，由于熟悉各零件在机器中的作用和相对关系，装配图中的配合尺寸就易于理解，再将其投射到两个配合的零件尺寸中，零件尺寸公差的标注就顺理成章，尺寸标注时的设计基准也就容易确定，各个表面的表面粗糙度也可根据其作用一一确定。

　　从上面这个过程不难看出，每张零件图中设计与制造细节信息的确定，都是围绕确保整个球阀可稳定、高效、经济地运转而展开的，因此，一个完整的案例很自然地附着了"工程制图"课程的各个知识点。学生每画一个零件图，教师都要明确地要求学生重复类似的思考和绘制过程：确定零件的作用及位置→确定零件的图形表达方案→确定零件的设计基准及工艺基准→根据装配图确定零件的关键尺寸及其配合公差，并完成所有定形和定位尺寸标注→标注表面粗糙度并填写技术要求。通过这种重复实践，在提升制图能力的同时，工程意识也会逐渐被强化、内化。

　　此外，还要注重对零件图的全面解析，提升学生对工程制图的认识高度。以图4所示零件图为例，它所表达的零件结构、表面粗糙度、公差等内容，体现了机械设计、机械工艺、互换性等课程的内涵；它所表达的零件的粗细薄厚、材料及热处理则与力学、材料、热处理等课程紧密相关。只有认识到这一点，学生对图纸才能更多一份敬畏之心，有利于培养其严谨、负责的工作作风。

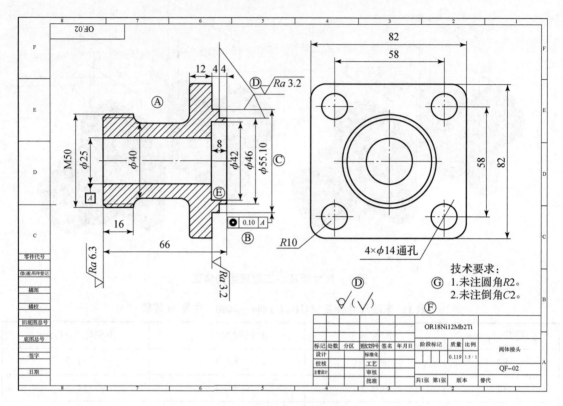

图 4　零件图的全面解析

Ⓐ—图形表达：视图、尺寸、注写规范性——制图课；Ⓑ、Ⓒ—几何公差、尺寸公差——互换性与测量技术课；Ⓓ—表面粗糙度——机械制造工艺课；Ⓔ—粗细薄厚——力学课＋工艺课＋材料课；Ⓕ—材料与热处理——工程材料课；Ⓖ—文字技术要求——综合各课程

（5）绘制装配图。

在三维装配体的基础上绘制装配图。

虽然整个案例练习是从装配图开始的，但脱离给定的图纸让学生亲自再绘制一遍装配图仍旧会使学生获益良多。装配图的图样表达通常更具综合性和多样性，其尺寸标注与零件图不同，只需要标注五大类，尤其是配合尺寸的标注，非常考验公差配合等基本概念的掌握程度。

最终要求学生提交整套图纸，包括所有非标准零件三维模型及工程图样、球阀装配体和装配图。完成这种案例驱动的整套作业，学生也能获得更强的成就感。如果有条件，则可举办图纸展示会，这将进一步激发学生的学习积极性。

作者简介：

刘瑛，北方工业大学机械与材料工程学院，副教授，硕士生导师；中国图学学会第八届图学教育专业委员会委员，北京市精品课程（工程制图）负责人；获得省级教学成果二等奖2项。北方工业大学教学名师，20年丰富的教学经验，多年来一直积极探索提升学生工程应用能力及促进其个人成长的教学和育人模式。

李功一，北方工业大学机械与材料工程学院，讲师；主编和参编教材2部，"工程制图"课程主讲教师；获首届全国高等学校教师图学与机械课程示范教学与创新教学法观摩竞赛一等奖。

部件测绘与创新设计

张 俐

华中科技大学

一、案例背景与教学目标

（一）案例背景

零部件测绘是学习正确表达设计构思的全面实践过程，也是创新设计思维能力培养训练的启蒙阶段，包含多种课程思政元素。一方面，零部件测绘对关键核心零部件国产化设计具有重要意义，能够培养学生的爱国精神。另一方面，从零部件测绘中可以引出图学历史、测量工具的变迁等，如赵学田老教授提出的工程制图9字口诀，倡导为工农群众服务，培养科学精神与家国情怀。除此之外，"工程图学"课程主要面向大一学生，此时学生普遍缺乏工程经验与创新能力，需要培养学生的工程素养，锻炼学生的思辨能力与实践创新能力。

本案例通过零部件测绘与改进创新实验引导学生明确设计概念，了解设计过程，培养训练初步的零件构型能力和部件的设计能力，以提高学生的创新思维能力，为后续课程奠定良好基础。

（二）教学目标

围绕零部件测绘方法，进行理论联系实际的实践工作，掌握制图的基本技能、基本的测绘方法，以及分析问题和解决问题的能力，树立正确的工作态度，培养独立的工作能力和严谨的工作作风。

1. 知识目标

理解零部件测绘是实现设备改造和创新设计过程中的重要技术方法；了解和掌握拆装工具、测量工具的使用方法，认识测量误差；了解零件加工表面与非加工表面的区别；了解和掌握零件的工艺结构；了解零件图的内容和作用；掌握零件表达方案的选择方法和步骤；掌握零件图的尺寸标注原则。

2. 能力目标

掌握零部件测绘的方法步骤。通过观察和动手操作分析各零件之间的相对位置关系、装配关系以及连接的方式；按装配干线顺序拆解零部件，拆卸过程中学习测量工具的使用；从装配核心干线开始，选择合理的视图表达方案，绘制装配图的结构简图。

使用零件草图表达结构。零件草图是绘制装配图的依据，需要认真测量、仔细绘制。

通过拆装和改进设计实验培养学生动手实践和创新设计的能力。通过引导学生观察并发现问题，主动思考改进方案，进而解决问题，完成关键零件的改进设计。

3. 价值目标

通过动手实践过程，端正学生对待工程测量和工程图样绘制标准的态度，树立严谨求实的科学精神；结合业界案例"关键重要零部件的自主创新设计"，阐明创新设计对于破除技术垄断封锁和突破"卡脖子"技术的必要性和重要意义；引入加工过程仿真和面向制造的设计技术，将设计与制造数据高度关联，培养学生的工程素养，建立大工程观。

二、解决教学问题的方法、手段

（一）结合信息化技术，开展基于翻转课堂的线上线下混合式教学

建设与新媒体、互联网技术相适应的、特色鲜明的、开放共享的优质课程教学资源，开展基于翻转课堂的线上线下混合式教学，实现教师指导下的以学生为中心的教育。教师引导和帮助学生总结、综合、应用知识，检验已学知识，鼓励学生自主学习和深度学习。

本课程在"爱课程"和"学习强国"平台上建设了慕课（massive open online course，MOOC）线上课程，在每学期开学准备周发布公告，上传工程图学历史成就及计算机绘图操作视频，提升学生关注度。开课后每次提前1周发布教学内容供学生自主学习，利用单元测验题考查基本知识点的掌握情况，利用主观作业题发现学习难点和问题。线下课堂设置了课堂讨论、学生互评等多元化教学手段，增加了课内学时的趣味性，锻炼了学生的交流合作能力，引导学生使用辩证思维方法分析问题，在讨论中集思广益、促进反思，提高思辨能力。由各班学习委员收集问题并反馈给教师，教师再根据学生的问题进行个性化备课，帮助学生构建和深化新知识。

（二）问题驱动、项目任务引导教学

本课程采用项目任务引导的教学方式，设计了与大一新生实际能力相适应的实践性环节——零件测绘、部件拆装与改进实验，指导学生观察工艺结构和装配连接关系，通过实践检验学生灵活运用知识的能力。在实验过程中设置思考题，促进学生主动发现问题、分析思考和解决问题，训练学生思维的全面性和严密性。组织学生分组讨论关键零件的改进方案，再对各方案进行评估论证，形成最优方案，引导学生全面理解创新的含义，消除创新神秘感，提升解决问题的成就感。

（三）引入前沿技术，拓展课程内涵

将新理论、新技术与传统工程图学知识融合，构建适应经济发展需求、具有时代特征的教学内容。

引入"基于模型的定义（model based definition，MBD）表达方法""面向制造的设计（design for manufacturing，DFM）"等学科前沿知识，有利于学生把握学科的发展方向和持续学习。

本课程建立了基于增强现实技术的教材、习题虚拟模型交互平台，实现模型虚拟交互，帮助学生提升空间思维能力。在讲解过程中采用虚拟拆装实验、典型零件加工过程的仿真视

频等，阐述工艺结构和加工尺寸基准等设计难点，解决新生缺乏工程经验的问题，引导学生结合制造要求，将前沿技术和制图基础知识融会贯通，解决实际工程问题。

三、特色及创新点

（一）以业界实际案例为引导，教学过程有机融合思政元素

将我国首台F级50 MW重型燃气轮机国产化的示例作为开篇，引出核心零部件国产化的必要性，即打破国外技术封锁、实现核心零部件国产化要从结构设计以及创造和革新设计开始，培养学生的爱国情怀，使学生建立大工程观；结合齿轮泵测绘实践，强调创新思维和创新设计方法，进一步引导学生思考如何准确绘制零件图，并根据现有零部件装配问题进行创新设计，使学生能够自然而然地达成知识、能力与价值目标的全方位提升。

（二）革新教学方法和技术手段

采用翻转课堂进行线上线下结合教学，运用BOPPPS①教学设计方法，结合现代化数字信息技术，将思政元素融入教学全过程，并通过学生参与式学习、独立思考，配合师生互动、动手实践、学生互评等多种教学方式，以一种春风化雨、润物无声的方式，保证价值目标的实现。

四、推广应用效果

本课程教学效果良好，获2020年首批国家级一流本科课程，国家级教学成果一等奖等奖项。本课程通过多种方式考查和体现教学效果：一是课程调研问卷，调查学生对于授课方式、内容、教学手段和价值目标教学情况的评价；二是期末试卷，目的是考查学生对知识的掌握程度、运用知识解决实际问题的能力，以及从学生解决问题的方案中考查价值目标教学的效果；三是"学习强国"平台上慕课"3D工程图学"的关注度和学习数据，从课程思政素材的受欢迎情况来体现学习效果；四是课程相关竞赛的获奖数据，从拔尖人才培养方面体现课程思政对学习目标的引导意义。

（1）学生调研问卷反馈意见。总体而言，通过课程的教学实施，学生普遍能理解机械核心零部件结构的创新设计必要性，理解零部件测绘是创新设计思维能力培养训练的启蒙，明确机械工程师崇高的职业责任。通过系列思政案例的日积月累，达到价值目标，逐步培养学生成为具有坚定理想信念、爱国爱党情怀、高尚品德修养、过硬专业素质的社会主义建设者、党和国家事业的接班人（见图1）。

（2）试卷试题完成情况的分析和对比。本课程的课程目标4（具有获取与运用《技术制图》《机械制图》相关标准、规范、手册、图册等有关技术资料的能力；突出严谨细致的工作作风和认真负责的工作态度的培养；具有基本的工程职业道德和规范）达成情况近年来有显著提升，2016级与2015级相比，由0.69提升至0.76，提升10.14%（见图2）。说

---

① BOPPPS表示导入（bridge – in）、学习目标（objective）、前测（pre – assessment）、参与式学习（participatory learning）、后测（post – assessment）、总结（summary）。

明通过课程培养，学生对于产业政策、领域动向和技术标准等方面的知识掌握程度提高，并且有较高的学习积极性。

图1　机械本硕博班缪其乐同学课后感

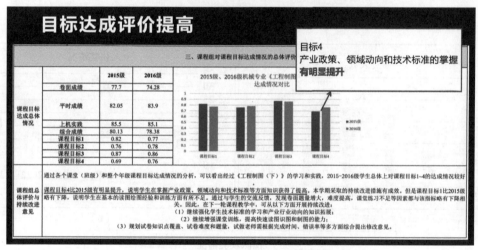

图2　基于毕业要求的课程目标完成情况评价

（3）"3D工程图学"是我校首批入选"学习强国"平台的慕课课程之一（见图3），通过课程思政素材的播放数据，可体现思政内容的受欢迎程度。截至2024年6月，课程思政素材播放量达171 884次，工程图学历史知识体现在课程的首章节。

（4）"高教杯"全国大学生先进成图技术与产品信息建模创新大赛是一项由原教育部高等学校工程图学课程教学指导委员会、中国图学学会制图技术专业委员会和中国图学学会产品信息建模专业委员会联合主办的图学类课程最高级别的国家级赛事。本课程组通过课堂训练、平时课余时间和寒暑假集中时间辅导学生，选送优秀人才参加全国比赛。近五年成图大赛参赛人数持续上升，并在个人组和团体组竞赛均取得良好成绩，其中2021年和2023年总获奖数为全国第一名（见图4）。竞赛方式已成为培养学生工匠精神，激发学生创新意识，探索图学发展新方向，创新成图载体的方法与手段。

图3 "学习强国"平台上的"3D 工程图学"课程

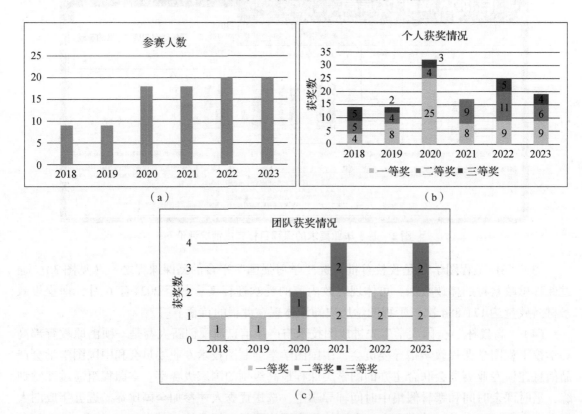

（a）

（c）

图4 近五年本科生参加"高教杯"成图大赛获奖情况

（a）参赛人数；（b）个人获奖情况；（c）团体获奖情况

五、典型教学案例

（一）课程导入

1. 问题导入

通过我国在 F 级 50 MW 重型燃气轮机透平叶片等零部件设计上的成功攻克、打破国外技术封锁的实例，引出关键"卡脖子"技术仍受制于人，要打破国外技术封锁，实现核心零部件国产化，必须从关键核心零件的设计开始，从创造和革新设计开始。

2. 教学目的

教学目的应指出零部件测绘是学习正确表达设计构思的全面实践过程，也是创新设计思维能力培养训练的启蒙阶段。本节课将通过测绘实验引导学生明确设计概念，了解设计过程，培养训练初步的零件构型能力和部件设计能力，以提高学生的创新思维能力，为后续课程奠定良好的基础。

（二）授课过程

1. 课程内容简述

（1）简述单元学习目标。

单元学习目标如图 5 所示。围绕零部件的测绘方法，进行理论联系实际的实践工作，掌握制图的基本技能、基本的测绘方法，以及分析问题和解决问题的能力，树立正确的工作态度，培养独立的工作能力和严谨的工作作风。

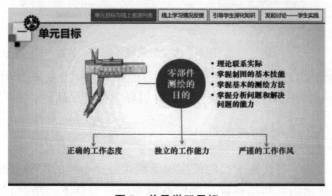

图 5　单元学习目标

（2）简述教学内容。

了解拆装工具、测量工具的使用方法；了解零件加工表面与非加工表面的区别；了解零件的工艺结构；了解零件图的内容和作用；了解和掌握零件的工艺结构，并进行结构分析；掌握零件表达方案的选择方法和步骤；正确绘制不太复杂的零件图，视图数量不少于 3 个，做到正确选择视图；掌握零件图的尺寸标注原则，尺寸标注应完全、清晰。

2. 翻转课堂串讲部件测绘知识点

解答使用线上资源预习后发现的主要问题。

部分学生依据线上资源预习情况和思考，提出了以下若干问题。问题 1，零部件测绘的应用都有哪些？问题 2，如何认识测量误差？问题 3，如何根据零件工艺结构确定表达方案？问题 4，如何进行尺寸标注和公差选择？

针对问题 1 和问题 2，主要进行知识性解答，如图 6、图 7 所示。

图 6　零部件测绘的主要应用

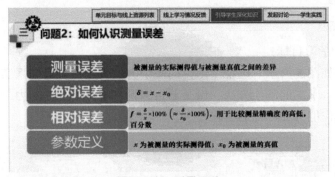

图 7　认识测量误差

针对问题 3 和问题 4，学生在本课程前已学习过相关知识点，将在后续的教学过程中对照齿轮泵的实物进一步阐述相关理论及方法，并引导学生进行研讨，在实践中加深理解、强化学习。

3. 零部件测绘工具的使用

（1）引入思政元素：古代铜卡尺的使用早于现代游标卡尺的发明 1 600 多年。

（2）零部件测绘是仿制和创新设计部件或机器的重要技术，掌握科学的实验方法有助于实现设计创新。

（3）零部件测绘的工具及其使用方法简介，引导学生实际使用并掌握游标卡尺、内卡钳、外卡钳的用法。

（4）零部件测绘的步骤，重点讲述部件拆卸的过程和注意事项。

4. 齿轮泵组成及工作原理

（1）通过视频介绍齿轮泵的拆装过程。

（2）通过扫描课程中的二维码，让学生采用增强现实技术进行齿轮泵的虚拟拆装和测绘（见图 8），详细介绍零件间的连接关系、定位和装拆方式，建立感性认识。

图8 扫描二维码进行齿轮泵的虚拟拆装和测绘

（3）通过视频介绍齿轮泵的工作原理。

5. 拆装齿轮泵实验

（1）引入问题：为什么要用两种有区别的齿轮泵进行拆装并对比分析？提出实验要求，列出实验任务，理解对比分析两种齿轮泵的意义。

（2）分组领取两种齿轮泵和拆装工具进行实际操作实验，拆装过程中注意引导学生观察零件间的装配连接关系、定位和各零件的工艺结构，指导学生正确拆装和绘制装配图等。

6. 齿轮泵结构的改进创新设计

（1）对拆装实验进行小结，通过课堂互动邀请学生回答相关思考题，包括齿轮泵泵体与泵盖之间的定位和连接方式、多种销和螺钉的不同功能等，进一步梳理齿轮泵零件之间的关系和不同零件结构的功能。

（2）引导式提问（见图9），通过引导学生在拆装实验中的细心观察，可发现齿轮泵拆装过程中连接泵体和泵盖的圆柱销难以拆卸或过于松动。

图9 引导学生发现问题解决问题

（3）引发学生共同讨论和思考解决问题的方法，随后分组回答，通过分析和对比，选用两种较常见的解决方法。

（4）围绕改进方法进一步提出改进后的工艺结构是否还存在拆装难的问题？引出进一步深入探讨，为学生在绘制装配图和零件图时的工艺结构再设计提出详细解决方案（见图10）。

7. 创新设计结构采用基于DFM的设计准则进行三维建模

（1）DFM的含义。

图 10 学生阐述创新解决方案

DFM 技术是全生命周期设计的重要研究内容之一，也是产品设计与后继加工制造并行设计的方法。其关键在于集成产品设计和工艺设计，以达到设计的产品易于制造，易于装配，并可在满足用户要求的前提下降低产品成本，缩短产品开发周期（见图 11）的目的。

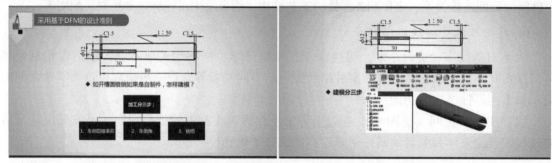

图 11 引导学生理解什么是采用基于 DFM 的设计准则进行三维建模

（2）基于 DFM 的建模方法。

采用 Autodesk Inventor 软件进行开槽圆锥销的三维建模。在建模过程中，依据基于 DFM 的设计准则，将建模过程按加工工序分为三步，即先建立圆锥销整体，再进行倒角特征建模，最后采用特征建模建立开槽（见图 12）。

图 12 开槽圆锥销基于 DFM 设计准则的建模方法

8. 课堂小结

本节课以齿轮泵零件之间的关系、功能和结构的问题为导向，通过动手实践和对比分析，共同发现问题、解决问题，实现了零件结构的创新设计和可持续性学习。

9. 布置作业

（1）鼓励学生继续动手实践，围绕问题进行进一步的改进设计。

（2）将创新设计的结构进行三维建模，然后在工程实训中心预约 3D 打印机进行打印。

（3）布置线上 MOOC 单元测验和单元主观题作业。

作者简介：

张俐，华中科技大学公共基础教学实验中心主任，副教授，中国图学学会理事，教育部高等学校工程图学课程教学指导分委会中南地区委员，湖北省工程图学学会常务理事。负责"工程制图"课程群建设工作，主编出版教材《3D 工程制图》，获校级"十四五"规划教材。近三年主持省级教研项目 1 项并完成，主持教育部产学合作协同育人项目 4 项，获高校产学研创新基金 1 项，发表教学论文 2 篇，教学改革成果荣获国家级教学成果一等奖。

以项目驱动深度学习的机械类制图课程混合式教学案例

杨 薇 佟献英 张京英 赵杰亮 荣 辉

北京理工大学

一、案例简介及主要解决的教学问题

"设计与制造基础 I"（原"机械制图"）是面向机械类专业大一学生开设的主干技术基础课程，既有理论又有实践，其教学目标是在理论知识支持下实践能力和工程素养的养成，对工科学习起步所需的工程意识、表达能力、实践能力和创新思维的培养举足轻重。智能动力与新能源特色班归属于北京理工大学徐特立学院，学生可在录取入校后自愿申请该专业，全校择优选拔。该班学生具有学习兴趣高、学习习惯好、自我管理能力强、专业认知度高的特点，并且班级容量小（20人），非常适合混合式教学。班内学生的劣势也非常明显，主要表现为高分学生不敢动手实践、应试投喂思想严重、交流协作能力欠缺等。因此，课程组针对特色班高素质拔尖创新人才的培养目标，在课程大纲要求的基础上拓宽了课程的广度和深度，以成果导向教育（outcome based education，OBE）理念引领教学设计，确定该课程采用完全翻转课堂教学模式，增加测绘组装实践动手环节，通过小组协作方式共同完成相对高难度但是具有吸引力的实践项目。该项目与所学专业相关，对后续课程的教学具有连贯支撑作用。

"机械制图"课程改革十余年来，不断完善课程总体教学目标，强化从"会画图"向"善表达"过渡，加强使用现代成图技术进行设计表达能力的培养，力求培养高素质、创新型卓越工程师；帮助学生建立工程概念，养成工程意识、标准化意识以及社会责任感，转变学习习惯、思维习惯，培养分析问题、解决问题、开拓创新的能力；培养团结协作的全局观念、自主学习的工匠精神，以及沟通表达能力和组织领导力。

本课程线上资源为自建的"工程图基础及数字化构型"和"机械制图及数字化表达"慕课，2020年被认定为首批国家级线上一流本科课程。课程深入贯彻以学生为中心的个性化教学理念，以项目为主线，采用混合式、案例式和研讨式教学，创造活跃的体验式课堂，持续激发学生学习热情，使学生了解制图表达的国标规范，认知零件的构型、设计和表达，初步了解零件的加工过程，并最终掌握用三维建模软件设计创建虚拟样机的模型、图纸和产品展示动画。

为培养学生学会学习、掌握现代成图技术、用高阶思维解决复杂问题的创新能力，重点需解决以下问题。

问题1：工程概念未建立，国标规范多且杂，学时调整减不停。
问题2：理论知识纸上兵，空间想象烧脑筋，兴趣保持难持续。
问题3：传统案例同质化，脱离实际欠吸力，拔高创新没难度。

二、解决教学问题的方法、手段

（一）混合式教学设计

针对以上问题，课程以学生的学习为中心，基于OBE理念，顶层设计课程总体目标，借助自建的2门国家级线上一流本科课程创建私播课（small private online course，SPOC）课程，开展"线上线下混合、理论实践耦合、团队项目掰合"的制图教学模式改革与实践，将课程重构为线上20学时、课堂64学时、实践16学时的多元立体化模式。该教学设计如图1所示。

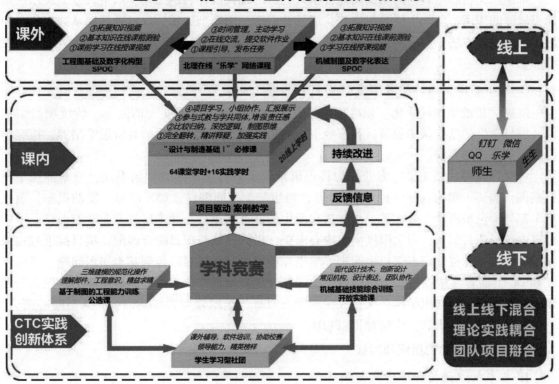

图1 基于OBE"三合"立体化制图教学新体系

1. 教学内容：线上线下混合，精讲建思维

解决"工程概念未建立，国标规范多且杂，学时调整减不停"的问题。大一学生普遍没有工程经历，不明白工科专业的真正含义。对于头脑里没有概念的学生来说，第一步就是建立概念，否则无法对话，而制图课程又以标准化为原则，因此，制图学习入门之难可想而知。

虽然学时减少了，但针对特色班的特点，课程团队精构了教学内容，适当取舍，增加了后续课程机械原理的机构介绍，有助于项目的理解和开展，并在其中融会贯通前后课程的知识。通过线上 SPOC 课程讲解以及拓展资源，可以帮助学生初步了解每节课内容的基本概念、方法、适用范围等，在线下教学时才能对教师讲的"话"有明确定位。课堂上，教师梳理重点难点，精讲多练，帮助学生把碎片化的知识用逻辑串联起来，并将该知识点建构在已学知识网络上，引导学生往广度和深度上思考，提升全局思维能力。

2. 教学手段：理论实践耦合，建模展成就

解决"理论知识纸上兵，空间想象烧脑筋，兴趣保持难持续"的问题。制图是工科的技术表达学科，后续学习的成果展示都是需要表达出来的。所以制图既有独立的标准和理论，又需要掌握实践手段和技能。传统的制图教学太过重知识轻实践，导致学时不断缩减，学生的实际表达能力打折扣；同时，制图学习需要理论联系实际，一味地学习理论，既难懂又枯燥还易忘，慢慢地学生就没有了学习热情。

本课程抓住制图表达的本质功能，引入先进的现代设计表达工具，以案例教学展示三维建模软件的应用，使学生们热情高涨，成就感立现。用模型展示，反过来帮助掌握想象空间形体和读图的方法。实践展示了理论，理论支撑了实践，以成就引导学习，教学效果亮度叠加。

3. 教学方法：团队项目辫合，创新育品质

解决"传统案例同质化，脱离实际欠吸力，拔高创新没难度"的问题。传统项目案例单一，与学生的已有认知脱节，没有吸引力，也不能满足优秀学生的高阶思维培养、探究学习和团队协作的要求。

本课程面向"新工科"专业，为特色班量身定做打造实践教学新模式，重新筛选了项目案例，购买了实物教具（也可当玩具），每组分配不同部件，如发动机、发动机车、蒸汽机车都与特色班所学专业相关，更能激起学生的好奇和热情，并为后续专业学习引路。学生可自由选择项目组队，最大限度满足内心渴望，做到团队与项目辫合匹配。项目推进过程像一条线索，把课程知识点有机串起来。学生在项目进展任何时段遇到基本知识问题，都可以在 SPOC 上回看（或提前）学习，以解决问题。遇到项目专业问题，通过小组研讨探究、搜索资源，既拓展了知识结构，又达成深度学习目标，组织领导力得到训练，队员凝心聚力，攻关克难，团队意识和协作精神得以初成。

（二）教学活动的组织和实施

1. 基本知识讲授和课堂解题训练

基本知识讲授的课堂设计可概括为：课前自主学习 SPOC 视频，完成单元测验，了解了本节课基本内容；课上精讲多练，对比归纳，深挖逻辑和应用，伴以提问式、讨论式、上台作答式教学方式，以解决理论应用为主要目标。

2. 软件实践

课程周学时为 2＋3，将每周的 3 学时分出 1 学时专门进行软件实践或后期实践项目。采用学生操作，教师巡视辅导指正的方式。

3. 项目推进

本课程实践的大项目规模较大，一个部件最少都有 150 种零件，可采用小组分工协作的方式，完成实物测绘、零件建模、实物组装、部件装配、出零件图、出装配图，以及创建拆装动画和运动仿真等全部内容。需要小组确立领导者，负责组织和协调。课下 16 学时主要是为完成大项目设置的，但需要更多指导时，也会安排在课堂内。

4. 项目汇报

小组共同完成汇报 PPT，选派成员做汇报。与智车 1 班一起作演示汇报，每名学生都参与打分，要求以诚信公平的专业素养做好评委工作，这也是一种相互学习的途径。同时邀请教学院长、专业责任教授、班主任、制图教研室教师和外专业的学生来观摩。两个班各自出一个主持人，也训练了主持表达能力。

（三）课程成绩构成

本课程采用全过程多维度考核模式，包括课程前、后阶段 2 门 SPOC 成绩（分别含阶段性考试）、习题集作业、软件实践作业、项目成绩（含组间生生互评和组内生生互评）、线下阶段测试、思维导图、学期总结、期末考试。

三、特色及创新点

（一）课程评价及改革成效

本课程依托"互联网+"技术手段，搭建了基于主动学习能力培养的"线上线下混合、课内课外耦合、团队项目辩合"的"三合"教学模式，重构了教学内容，拓展了教学资源，引入了小组式和项目驱动式教学活动，营造了以学生为中心的学习氛围，力求培养学生终身学习的意识和学习能力。制图课程教学实现了从灌输课堂向对话课堂转变、从封闭课堂向开放课堂转变、从知识课堂向能力课堂转变、从重学轻思向学思结合转变，探索了"新工科"创新人才培养的新模式，并将这些新理念、新模式体现在自主建设的"工程图基础及数字化构型"和"机械制图及数字化表达"两门慕课中。这两门慕课均获得了首批国家级线上一流本科课程认定。

（1）从评价结果看，混合式教学对学生能力提升和认知思维改变起到了积极作用。学生普遍学习态度端正，目标明确，并开始进行学习规划。

（2）学生的工程意识、全局观和逻辑思维显著提升，初步养成工程素质。

（3）学生具有三维建模能力，能够在科创和科研中善用工具，并利用制图所学能力尽力实现制图表达。

（4）学生能够自主搜索和利用资源去解决问题，初步具有终身学习的能力。

（5）学生能够享受团队合作和交流协作带来的成就感。

（二）特色创新点

（1）与专业相关的有趣的项目设计，引领了学生的探索之路，串联了课程基本知识点，并联了自主拓展的专业知识，培养了学生深度学习、解决问题的能力。

（2）混合式教学模式，为学生提供了充分的个性化学习空间。

（3）小组协作式学习模式，锤炼了学生的领导力、决策力、交流表达能力和团结协作意识。

（4）结课答辩和作品展示，进一步促进了学生之间的交流学习，增强了学生的自信心，提升了学生的集体荣誉感。

四、推广应用效果

本课程作为传承十余年的制图课程改革成果，采用立体化教学模式，教学资源包括线上平台、慕课、教材、线下实践小案例及大项目案例库、教学辅助机制等。

（1）建设"工程图基础及数字化构型"和"机械制图及数字化表达"两门慕课，均获得首批国家级线上一流本科课程认定，线上受众11万余人。

（2）获北京市和校级教学成果奖多项。

（3）新编《机械制图及数字化表达》及习题集新形态教材一套，入选"十三五"国家重点出版物出版规划项目，列为"现代机械工程系列精品教材"。

（4）构建含近千道题的在线题库，实现2门慕课的测验、作业和期末考试。

"机械制图"课程自2012年开展教学改革以来，建成立体化多环教学体系，其中随着课时和教学内容的调整及先进成图技术的发展而不断更新改进。课外竞赛、团队、课程实践创新教学体系（见图1）与主课相辅相成，相互促进。

课程改革的成功在于对受众的因材施教，所谓教无定法，只要站上讲台，就有如泉涌般的火花，那是学生和课堂氛围点燃的激情，也是师生的双向奔赴。通过十余年的教学改革和无悔投入，教学成果也硕果累累。

（1）学生专业热爱度提升，动手实践氛围浓厚，课外科创及比赛活动积极（见图2）。大学后续三年学生可持续自主学习，追求卓越，不断取得新成绩。自2014级到2018级，连续有6位徐特立奖学金获得者，以及多位保送清华继续深造的学生，都是该教学体系受益者。

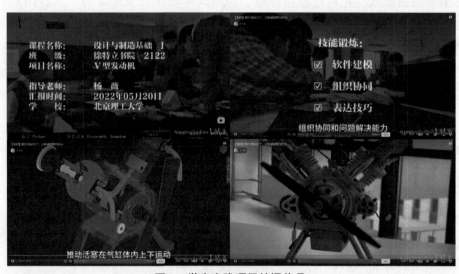

图2　学生实践项目结课作品

（2）自 2013 年开始，课程组带队参加各种学科竞赛，团体和个人共获奖 300 余项。在全国比拼的舞台上，学生们付出了汗水，赢得了自信，锤炼了不畏困难勇于拼搏的精神。

（3）课程组将制图课程改革、MOOC 建设及参加学科竞赛的经验，多次在全国和北京市图学同行会议上进行宣讲。尤其是 2020 年开始，课程负责人建立微信群，推广引导其他高校教师进行混合式教学，获得尊重和好评。

五、典型教学案例

零件表达方案的混合式教学设计方案见表 1。

表 1　零件表达方案的混合式教学设计方案

1. 学习目标	通过零件图学习零件的构型及表达、尺寸标注以及零件图的技术要求。在线下课堂最少安排 5 学时，还要增加实践学时。零件表达是课程难点和重点，是前期图样画法的综合运用，只有在理解零件在部件中的功用的前提下，以及了解加工工艺的基础上，才能进行更好地表达。 教学目标： （1）了解零件图的用途和内容； （2）了解铸造等工艺的零件构型及表达； （3）会确定 4 类零件的表达方案，并能绘制零件图，以及合理标注尺寸； （4）理解表面粗糙度、极限与配合的概念，并会在图样中标注； （5）培养工程意识和责任担当，训练精益求精严谨细致的工作作风
2. 内容与资源	零件图——零件表达方案的选择： （1）SPOC 授课视频 + 拓展的加工视频； （2）教材； （3）"乐学"导学； （4）PPT 课件； （5）自选项目里的零件
3. 过程与方法	这一部分的学习包括理论基础知识、国标画法综合运用、三维建模绘图实践三部分内容。 课前：线上自学授课视频和加工视频，完成单元测验。 课中：案例教学、比较归纳、深挖"为什么"。 （1）展示一张装配图，引导读图，提问：部件的工作原理； （2）提问：某个零件的作用，分析其构型与作用的关系； （3）分析该零件的各个形状，是否需要表达，外形用什么表达方法（哪种视图），内形用什么表达方法（哪种剖视）； （4）分析典型零件之后，归纳总结不同类型零件的表达方案规律； （5）布置任务：在所选项目中选择零件建模，然后出图（主要是表达方案）。 课后：完成四种零件的建模及出图，学完尺寸标注后再标注尺寸

4. 评价与反馈	本节课为过程性评价,课前由 SPOC 单元测验进行测评;课中由问答互动,习题集小作业绘制或问答、三维建模绘图等进行评价反馈;课后由课后作业的提交进行评价	
5. 教学效果达成情况	本节课的难度为本门课程之最,难在需要实际工程的经验,所以教师要多"说",旨在让学生可以身临其境感受工况,当然也要借助一些场景视频。通过一步一步地建模,使学生明白零件的形状构成,在出图时,深刻领会要表达的深意。 经过混合式教学的精心设计,使教师教学领悟不断深入,不断改进完善;增加三维建模实践,可化难于无形,寓教于乐,教学效果明显,实现了学生热爱课堂、热爱制图表达的氛围	

作者简介:

杨薇,北京理工大学教授,北京图学学会理事,中国图学学会理论图学专委会副主任委员。国家级一流本科课程负责人,学科竞赛专家评委,学科竞赛负责人。主持建设实践创新教学体系,主持教育部产学合作协同育人等项目。获评迪文优秀教师、"我爱我师"优秀教师、竞赛优秀指导教师等荣誉。

佟献英,北京理工大学机械与车辆学院副教授,工程图学教研室主任,中国图学学会理事,中国图学学会图学教育专业委员会秘书长。主编和参编教材多部,其中作为第一主编的教材获兵工系统优秀教材二等奖。学科竞赛优秀指导教师,主持并参与多项教改及科研项目,获奖多项。

张京英,北京理工大学教授,工学博士,北京市教学名师;中国图学学会常务理事,中国图学学会图学教育专业委员会主任委员,教育部高等学校工程图学课程教学指导分委员会委员。首批国家级精品在线课程负责人,首批一流线上本科课程负责人。

赵杰亮,北京理工大学特立青年学者,教授,博士生导师,中国振动工程学会机械动力学专业委员会青年委员会副主任委员,国际仿生工程学会青年委员。主要从事航天器动力学、动物行为与仿生机械等研究工作,主讲"机械原理""机械创新设计"等课程,获评北京市科技新星、北京理工大学教书育人奖等荣誉。

荣辉,北京理工大学副教授。主讲"机械原理""机械设计"等课程。主编多部教材获优秀教材奖。指导学科竞赛,获得多项成果。

以教学内容重构为抓手,开展工科应用型高校"工程图学"课程改革与实践

丁 乔　李茂盛　孙轶红　韩丽艳　仵亚红

北京石油化工学院

一、案例简介及主要解决的教学问题

基于地方高校高素质应用型人才培养目标和中国《工程教育认证标准》,在教育部产学合作协同育人项目"'机械制图'智能云课程建设"和北京市教委"基于'云教材'数字资源建设及互联网+'黄金分割'教学模式的实践探索"等教改课题的基础上,秉承"以学生为中心,以成果为导向,持续改进,思政贯通"的教学理念,贯彻"紧跟时代发展,资源建设与模式改革同行,价值塑造与能力培养并重"的改革思路,构建了融入思政元素、强化空间想象力和图学应用、工程素养渐进提高的2+X课程体系。该课程体系重构了面向应用型院校学生认知习惯的教学内容,以基本体为切入点,将轴测图贯穿课程始终,坚持"课程思政"一体化;建设了云教材、慕课、课件系列配套教学资源;创建了云班课+"黄金分割"、课内与课外贯通、课程与思政互融的"三位一体"教学新模式;实施了内含思政考查点的"促学+助学+督学"评价方案。经过10年的教学改革探索与实践,明显提高了应用型院校图学教育质量,增强了学生应用先进成图技术进行工程设计表达的能力和自主学习能力,培养了创新意识及"大国工匠"精神,实现了"价值引领、知识掌握、能力提升、素质养成"有机融合的课程目标。

主要解决的教学问题。

(1)"图与形"思维转换困难,图学知识应用能力不强,对后续课程解决工程问题能力提升的支撑力度不足。

(2)学生主动性学习能力及持续性不足,课内外自主学习投入度不高,难以适应"以学生为中心"的学习环境。

二、解决教学问题的方法、手段

(一)精准定位,基于出口向内构建工程图学2+X课程体系

该课程体系是指构建必修的理论知识和实践技能2类课程、任选参加制图进阶选修课或竞赛、科研项目、制图协会、技能认证等X课程,形成递进式2+X课程体系。制图学习由

过去的大一延续到大三，对学有余力和对制图感兴趣的学生深度培养。赛课结合，在教学中增加制图大赛的赛题作为教学案例，提升了课程的挑战度。出版了系列教材12部，上线慕课2门。解决了制图课程与后续课程的衔接问题，保证价值引领常态化、知识传授系统化、能力训练长效化和素质培养高阶化。

（二）按照因材施教和聚焦产出的策略，创建"三位一体"教学模式

1. 云班课 +"黄金分割"课堂时间教学模式

云班课是一款融入人工智能的课堂互动教学APP。它基于移动互联网环境，进行资源推送和作业任务布置，记录学生完整的学习行为，实现对学生学习的过程性考核，也能为教师提供教学大数据。借助云班课平台可实现课中约1/3时间开展"翻转课堂"教学活动，约2/3时间由教师精讲，有效提高应用型院校学生自主学习能力、表达能力及合作能力。

2. 课内与课外贯通的实践教学模式

建设"制图手工工作坊"，搭建学生多维发展的平台，提供难度不同的实践项目供选择。将工程实践和传统文化（如认识榫卯）引入课内外实践教学活动之中，激发学生的学习兴趣，培养家国情怀，增强动手能力及创新意识。

3. 课程与思政互融的同行教学模式

结合课程特点和发展历史及当今科技前沿，在传授知识、锻炼能力的同时，把价值塑造、素质培养贯穿教学始终。把时事热点、历史事件、古人的智慧等融入教学内容进行课程设计和资源建设，利用观看视频和动画，网上查阅资料，合作完成拆卸、绘制、3D打印、组装等方式开展"做中学"，使知识掌握、能力提升与价值引领、素质养成同向同行、相互促进。

（三）重构教学内容，"京南三校"共建共享课程资源

组建跨校教学团队，综合校际教学思想，以基本体为切入点，将轴测图和换面法知识点面向应用将其分散到相应的章节中，并引入工程案例，将思政元素有机融入教学内容，有效提高应用型院校学生"图与形"思维转换能力和应用能力，也可使学生具有多角度考虑问题、多手段解决问题的思维方式。跨校共建推出云教材、慕课、课件，为应用型高校师生提供与教学目标相匹配的线上资源，保障混合式教学有效开展，为学生终身学习打下坚实基础。

（四）聚焦课程目标，实施"促学+助学+督学"评价方案

细化各环节评价标准，设计包含思政考查点在内的过程性多元化评价方案。将工程素质和思政表现考核融入知识能力考核中，加大考核实践项目作品的规范性、严谨性，同时加强对学习态度的考核等。在计算机绘图实践环节引入第三方机构认证考试评价。建立面对面、云班课、微信等实时沟通机制，依托云班课平台大数据对过程进行跟踪，并建

立可即时反馈教学效果的反馈机制。全过程多元化评价方案有效达到了"促学+助学+督学"的目的。

三、特色及创新点

（一）教学模式创新：配比课堂时间，理论、实践、思政互融，培养学习习惯和工匠精神

针对学生主动性学习能力不足，课内外自主学习投入度不高，难以适应"以学生为中心"的学习环境的问题，以因材施教和聚焦产出为原则，创建云班课+"黄金分割"、课内与课外贯通、课程与思政互融的"三位一体"教学新模式，开展以学生为主体的线上线下混合式教学活动，将工程实践和传统文化引入课内外教学活动之中，充分利用信息技术，以实现在传授知识、培养能力的同时，对学生进行入脑入心的价值塑造，使价值引领、知识传授、能力训练、素质培养紧密联动，有效激发学生"学知识、练技能"的热情，营造积极学习先进成图技术、争当高素质应用型人才的氛围，使学生养成自主学习、深入探究的习惯，提升学生的工程素养、规范意识与团队合作精神。

（二）课程体系创新：重构教学内容，设计制图系列递进课程，提高图学思维和应用能力

针对学生"图与形"思维转换困难，图学知识应用能力较差，对后续课程解决工程问题能力提升的支撑力度不足的问题，紧扣应用型院校人才培养目标的定位，构建满足不同学生需求的2+X课程体系。基于应用型院校学生的特点和认知规律，打破章节边界，重构以基本体为切入点、碎化轴测图和换面法知识点、引入工程案例、有机融入思政元素的教学内容。注重培养学生主动思考、创新意识和动手实践能力，形成"工程素养—工程认知—工程实践"相衔接的课程链。

（三）评价方案创新：融入思政考查点，引入第三方机构评价，实现过程激励与实时督促

针对学生持续性学习不足和综合素养需要强化的问题，以实现价值塑造和知识、能力、素养达成为目标，构建贯穿教学全过程，由教师、学生、第三方机构共同参与，融入思政考查点的"促学+助学+督学"多元化评价方案。建立实时沟通、即时反馈和持续改进三大机制，实施过程监控和质量评价，加强师生互动、生生互动。学生不间断的"获得感"激发了持续学习的热情，切实提高了应用型院校学生学习的主动性和持续性，形成了良好的学风，促进了综合素养和能力提升，实现了全方位发展。

四、推广应用效果

（一）教学成果受益面广，教学质量提高

（1）从2012年到2022年，历经10年探索，本校累计受益学生1.5万余人，总评成绩平均分逐步提高了12分。

（2）指导学生参加省部级竞赛获奖数量、级别逐年提升。在2019年、2020年北京市制图竞赛中，我校三维建模团体排名分别是第6、第8名。在2022年的国家级赛事中，我校学生获得一等奖12人次，2023年我校学生获奖率达92.3%。学生的"图与形"思维转换能力、图学知识应用能力、解决问题能力均得到检验与肯定。

（3）通过指导学生参加国家级、北京市级、校级创新创业项目，发表文章，申请专利，提高了学生的学术研究能力和创新能力。2017年我校学生创业团队入选"全国高校优秀创业项目"百强。

（二）教学效果获得校内外学生好评

校内学生在问卷调查、课程总结及专业评估专家访谈时都充分肯定本课程在知识、能力、素质三方面带来的收获和改变。

外校学生使用云教材时在网上写道："讲得十分详细，后面还有一些题目让你思路更为清晰"；还有学生写道："老师课讲得非常好，很生动，视频讲解也很明朗"等。

（三）教改成果辐射面大，实现资源共享

（1）"京南三校"共建共享新形态教材、慕课、课件、题库等教学资源，实现了"共赢发展"。

（2）团队老师出版教材12部，总销售8万余册。其中《工程制图教程》云教材在线学习人数已超2.7万，《AutoCAD 2017计算机辅助设计教程》被天津大学等13所高校连续使用。

（四）教改成果丰硕，一批优秀教师脱颖而出

项目组承担各级教改项目23项，其中主持/参加省部级8项，取得一系列可喜成绩：2023年"机械制图"课程获国家级一流本科课程，2019—2023年期间，获北京高校优质本科课程（重点）2门、北京高校优质本科教材2部，并获得北京市高校课程思政示范课程、名师和团队称号。

项目组成员获得各级荣誉60余项，包括"全国高校黄大年式教师团队"骨干教师、北京市教学名师、北京市教师创新大赛三等奖、北京高等学校优秀公共课主讲教师、北京市青年教师基本功大赛一等奖等。

（五）教改经验得以推广，发挥引领示范作用

（1）团队内教师作为第一作者公开发表教改论文29篇，其中一篇获中国石油和化工教育教学优秀论文一等奖。

（2）团队教师在各类会议和虚拟教研室活动中进行课程建设经验交流（见表1），同时承办会议（见表2），获虚拟教研室优秀成员称号。

（3）项目负责人受聘为本领域专家，参与多项学术工作。团队负责人与其他专家共同起草颁布团体标准T/SCGS 301001—2019《机械工程图学中标准教学指南》和《机械产品三维数字化建模能力等级评价要求》；从2019年至今一直负责华北地区全国大学生成图大赛工作，近三年评审中国图学学会团体标准立项申请40余份。

表1 课程建设经验交流

时间	会议名称	报告名称	报告人
2019年	中国图学学会制图技术专业委员会学术年会	基于OBE理念机械制图课程建设与实践	团队负责人
2022年	北京市图学学会学术年会	应用型高校"工程图学"课程改革与实践	团队负责人
2022年	中国高校第四届教学学术年会	图学类课程教学融入思政元素的探索与实践	团队成员
2022年	虚拟教研室	课程思政探索与实践——图学类课程	团队成员
2022年	虚拟教研室	基于"自主学习、个性发展、能力提升"的工程图学实践类课程改革与实践	团队成员
2023年	第十六届成图大赛规则解读研讨会	对标大赛，落实教改，成就师生	团队成员

表2 承办各类会议

时间	会议名称	参会学校及人数	主办/承办
2019-04-13~2019-04-14	第十二届"全国大学生先进成图技术与产品信息建模创新大赛"研讨会暨赛前建模集训会	北京理工大学、南开大学等16所院校100余人	承办
2022-09-16	虚拟教研室报告会——实践教学	天津大学、西北工业大学等2 000余人	承办
2023-03-05	"全国大学生先进成图技术与产品信息建模大赛暨全国高等学校图学与机械课程示范与创新教学法观摩竞赛"规则解读研讨会	北京建筑大学、北方工业大学等5所高校70余人	承办
2023-10-20	虚拟教研室——教师教学创新大赛指导交流报告会	大连理工大学、北京化工大学等2 500余人	承办

（六）教改经验得到媒体关注

课程思政教改经验被"高教国培"平台、"教师发展研究中心"转发报道。《人民日报》、中央广播电视总台国际在线等多家媒体报道我校《精心设计 上好工程师素养培养的"第一课"》等。

五、典型教学案例

第7章 机件常用的表达方法
（第1次课，90 min）

（一）背景介绍

在生产实际中，机件的形状是多种多样的，仅用主、俯、左三个视图不足以将机件的内外部形状和结构表示清楚，为此国家标准《技术制图》《机械制图》中规定了机件的各种表达方法。学习掌握这些表达方法，就可以根据机件的结构特点，灵活选用，从而准确、完整、清晰地表达机件的结构形状。因此，在本节课的教学过程中，要注重与工程案例相联系，与中国优秀的传统文化和当今科技相联系，注重培养学生具体问题具体分析的能力、对专业的热爱，以及树立四个自信和家国情怀，注意对学生职业素养的教育。

（二）学情分析

1. 知识结构

本课程授课对象为大学一年级学生，他们在学习本课程之前没有学习过其他学科课程作为基础。本章知识是学生在学完"组合体三视图画法""技术制图国家标准的基本规定"等内容后所要学习的，是这些知识的延续和深化。同时，本章还有很多新的知识点供学生深入学习。通过本章教学将使学生掌握各种视图、剖视图的适用情况、规定画法及其配置和标注。

2. 认知特点

大学一年级学生已经是"00后"了，是从小就开始使用互联网的一代。他们认知渠道多，但认知习惯碎片化；接受新事物很快，但自我约束力不够；思维活跃想法多，但吃苦精神不足。应用型高校学生平均认知能力处于中等水平，个体间的差异较大，因此，需要根据学生的认知习惯和能力，重构教学内容，开展"以学生为中心"的教学模式，采用信息化教学手段和"做中学"教学方式，提高教学效果。

3. 品德修养

大学一年级学生刚刚从高中步入大学，是人生的转折时期，也是人生观、世界观、价值观形成的重要时期，可塑性很强。开学初刚刚步入大学时，一切都很新鲜，学习兴趣比较浓厚。但到了学期中期，就会呈现出松懈状态，主动性学习劲头及持续性开始下降，课内外自主学习投入时间不足，非常需要课程思政进行价值引领，激发学生学习的内驱力，使学生坚持养成严谨细致、踏实认真、自律向上的好习惯，进一步提升遵守国标和优化表达方案的意识。此外，还应引导学生发展多方面的能力，在获取知识的同时不知不觉将价值观、爱国主义、人格修养等内化于心、外化于行。

（三）本节课教学目标

1. 思政目标

养成遵守国家标准和行业规范的习惯，学会分析问题、解决问题的思维方式和方法，具有民族自豪感和使命担当。

2. 知识目标

了解第一角和第三角投影法的区别，掌握国家标准规定的各种视图、剖视图的适用情况、画法及其配置和标记。

3. 能力目标

具有灵活运用国标规定的各种表达方法正确、恰当表达机件的能力，学会分析问题、解决问题、优化方案的思维方式和方法。

（四）本节课教学内容

视图：种类、应用条件及标注形式。
剖视图：形状、画法、种类。

（五）教学重难点及解决措施

1. 教学重点：每种视图、剖视图的应用条件、规定画法及标注要求

解决措施如下。

（1）问题驱动，使学生了解国标制定各种表达方法的必要性。

（2）通过工程案例、教学实物模型、三维数字模型结合图样讲解，促使学生在理解的基础上记住画法规定。

（3）运用云班课"头脑风暴""课堂小测试""分组合作"等方式开展教学活动，使学生活跃思维和加深理解记忆，达到灵活、恰当应用各种视图、剖视图。

2. 教学难点：局部剖视图的画法

解决措施如下。

（1）通过三维数字模型、动画演示、工程案例结合局部剖视图图样进行讲解。

（2）运用比较法：通过对全剖视图、半剖视图和局部剖视图选择应用方案的分析比较，理解并学会局部剖视图应用的条件和剖与不剖分界线——波浪线的画法，并对其正误进行对比分析。

（3）分组讨论：每组分发一个"铣刀头座体"的木模，增强感性认识，进行表达方案讨论并选出最优表达方案。

（六）教学设计与教学方法

1. 教学设计思路

教学设计思路如图 1 所示。

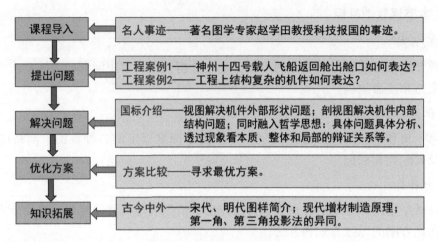

图 1　教学设计思路

2. 教学方法与手段

教学方法与手段见表3。

表3　教学方法与手段

学法	教法
课前自主学习：课前部署自主学习任务，学生要靶向自主学习并进行课前测验，教师在课前分析学生自主学习后对知识点掌握情况，然后决定课上教学内容	传统与信息化手段相结合：通过运用木模、橡皮泥、多媒体图片、三维数字模型等手段，使学生学会提出问题，解决问题，寻求最优方案，强化对知识的理解与掌握
分组合作动手实践：有的绘图，有的进行三维造型、有的用橡皮泥动手制作小机件，然后对照检验剖视图绘制是否正确，加深对易错地方的理解和记忆，同时培养动手能力，激发深度学习、参加成图大赛的热情	课程思政融合法：通过科学家科技报国事例、司马光砸缸的故事、神舟十四号载人飞船案例、宋代的《营造法式》和《新仪象法要》及明代的《天工开物》等，全程融入思政元素，开阔视野，增强民族自豪感和使命担当责任感，从而使学生更加热爱学习
表达方案讨论比较法：对工程案例、实物模型结构进行分析，分组讨论不同表达方案，并请每组学生代表讲解，进而比较分析，寻找最优方案	云班课随堂小测验：课上及时检验学生对本节课重点难点的掌握情况，适时调整教学进度
课后练习固化知识：通过作业培养学生动手—动脑—动心的学习过程，深入探究，提升难度，提高应用能力	课后反思持续改进：复盘上课师生表现，并通过云班课大数据和与学生私聊等方式对本节课进行总结，改进提升教学能力

(七) 教学创新点

1. 在"做中学"和"寓政于教"中实现了价值引领，提高了学习内驱力

教学开始的问题导入、教学中间时段的解决问题方法、教学结束前的小结及知识拓展部分都可通过图片、框图、数字模型、动手实践等方式融入思政元素，践行德智体美劳"五育并举"的教学设计，明显激发了学生的学习兴趣，提高了学生的动手能力和空间思维能力，学生们在合作交流、讨论思辨中加深了对易错问题的理解。

2. 运用问题导向法和比较教学法，更好地启发学生思维、提高图学应用能力

层层递进的问题，促使学生由浅入深地思考，一步一步环环相扣，使学生提升思维能力，学会科学研究方法，培养职业素养。多种方案的对比学习，使学生加深对知识点的理解，提高了图学应用能力。

3. 应用云班课 +"黄金分割"课堂时间教学模式和信息化教学手段，有效提高教学效果

以因材施教和聚焦产出为原则，利用云班课平台、云教材、二维码、小视频、三维数字建模与传统木模、橡皮泥、分组讨论等相结合的手段开展教学活动。探索课前靶向自主学习、课中"翻转课堂"与教师精讲 1∶2 教学、课后"做中学"主题实践的混合式教学模式，培养学生自主学习能力和创新意识。

(八) 教学进程

第一个 45 min 教学进程见表 4。

表 4　第一个 45 min 教学进程

教学环节与进程	教学内容及手段	教学方式及设计意图
课程导入 1 min	三视图投影规律："长对正、高平齐、宽相等"，九字诀是谁总结出来的？是中国图学学会的奠基人赵学田教授总结出来的 赵学田　中国图学学会第一届理事会理事长(1980年5月—1985年5月)	温故知新并进行"科技报国"价值引领，提升使命担当责任感

续表

教学环节与进程	教学内容及手段	教学方式及设计意图
提出问题 2 min	问题1：神舟十四号载人飞船返回舱的出舱口如何进行视图表达？  问题2：这个机件的三视图表达存在什么问题，应如何优化 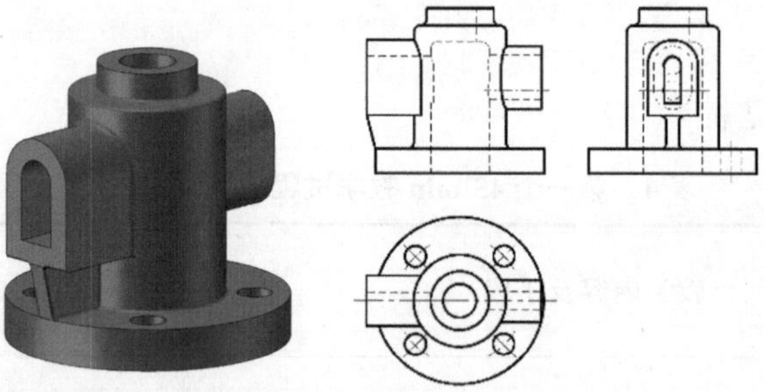	四张图片展示工程案例，润物无声课程思政，激发兴趣的同时，提出问题，并增强民族自豪感
引出主题 1 min	**本章教学内容：** 7.1 视图 7.2 剖视图 7.3 断面图 7.4 规定画法和简化画法 **本章教学目标：** ■ 知识传授 　掌握国家标准规定的各种机件表达方法的概念、画法。 ■ 能力培养 　具有灵活运用国标规定的各种表达方法，正确、恰当表达机件的能力。 ■ 素养养成 　遵守国家标准和行业规范的习惯，学会分析问题、解决问题的思维方式和方法。 ■ 价值引领 　具有民族自豪感和使命担当。	成果导向，通过教师讲解，使学生明晰教学要求，有的放矢

续表

教学环节与进程	教学内容及手段	教学方式及设计意图
解决问题 15 min	基本视图、局部视图、向视图、斜视图画法注意事项 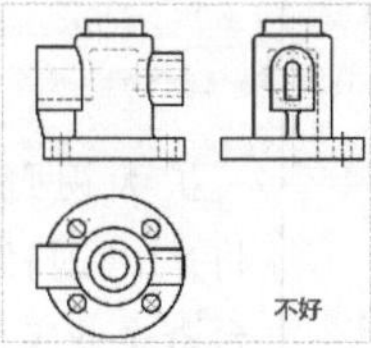 方案一 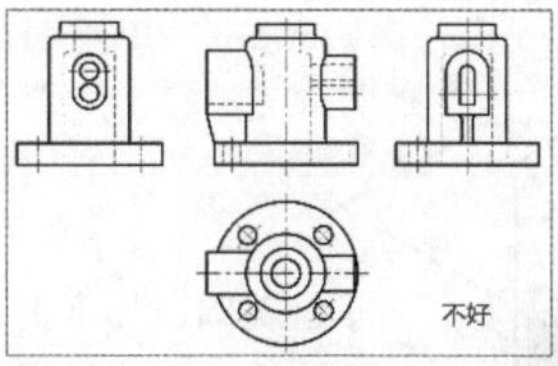　方案二  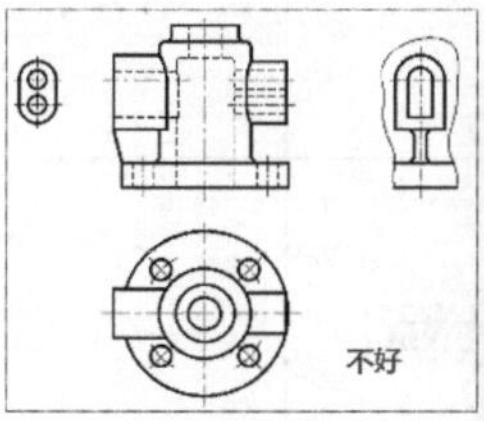 方案三 	答疑解惑，引入工程案例，在方案比较中加深对易错知识点的认识，同时逐步向最优方案靠拢。结合斜视图的形成，引出司马光砸缸的故事，使学生学会换角度、换思维解决问题的方式方法
云班课 小测试 2 min	向视图标注和局部视图画法： 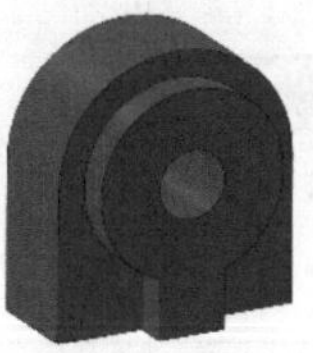 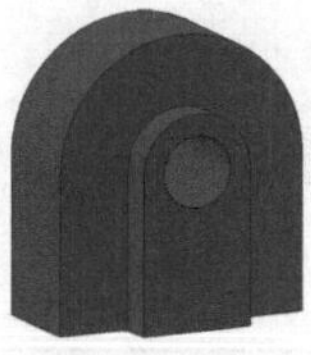 课堂检测：下面哪一个 A 向局部视图是正确的 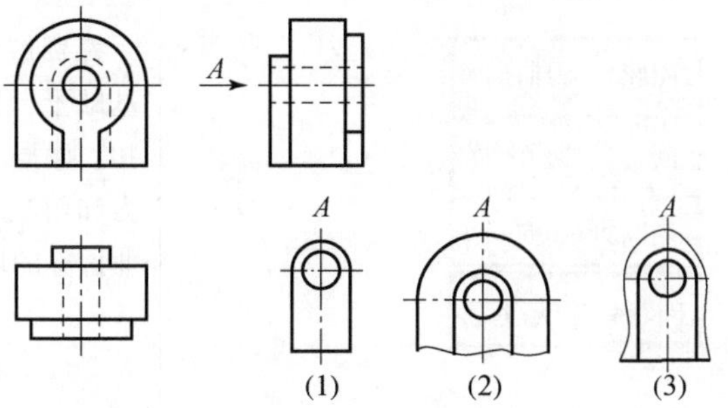 (1)　(2)　(3)	手机—云班课小测试—及时反馈，即时检验易错点，掌握课堂效果，同时激励学生持续专注学习

续表

教学环节与进程	教学内容及手段	教学方式及设计意图
知识拓展 2 min	第三角投影法： 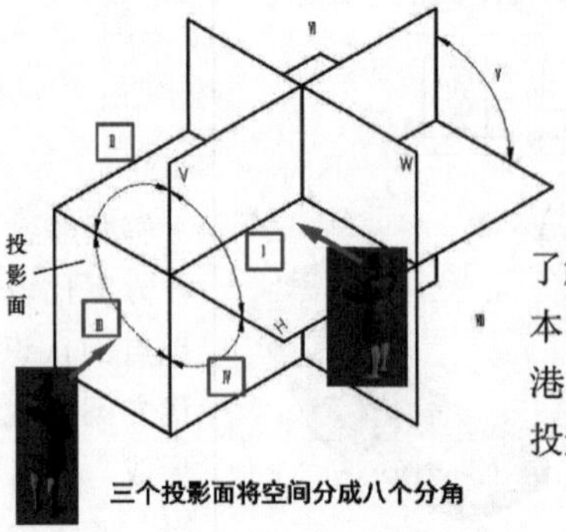 了解美国、加拿大、日本、澳大利亚等国家及港资台资企业常用的投影法 （三个投影面将空间分成八个分角）	扩大视野，规划职业，为将来出国留学或者去港资、台资企业工作提前做好准备
提出问题 1 min	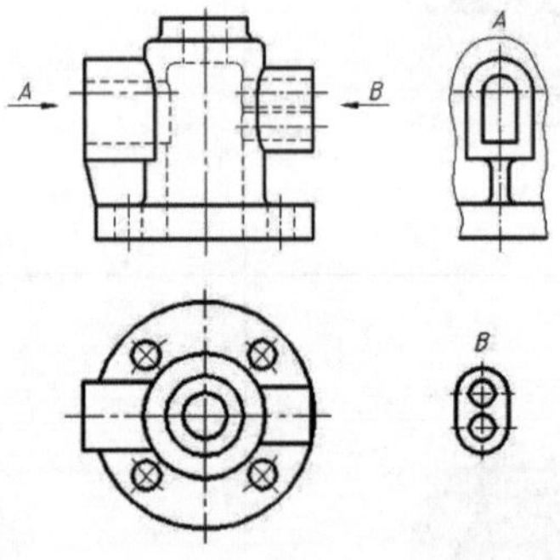 方案三 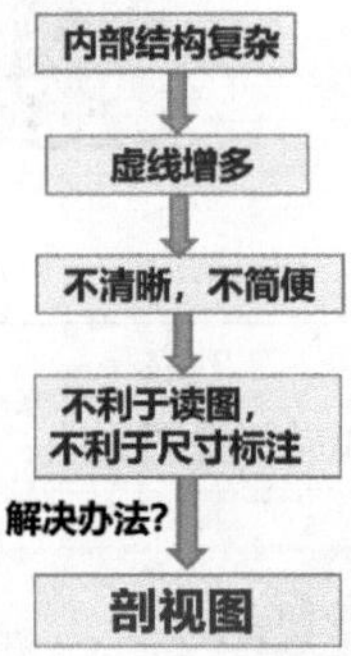 （内部结构复杂→虚线增多→不清晰，不简便→不利于读图，不利于尺寸标注→解决办法？→剖视图）	案例法引出要讲授的新知识
解决问题 10 min	剖视图的形成和画法及注意事项 问题1：为何剖？ 问题2：何处剖？ 问题3：如何画？ 问题4：注意事项	答疑解惑，在自主学习的基础上，回到问题，环环相扣，层层递进，提升思维能力和解决问题能力，进行职业素养的培养

续表

教学环节与进程	教学内容及手段	教学方式及设计意图
课程小结 1 min	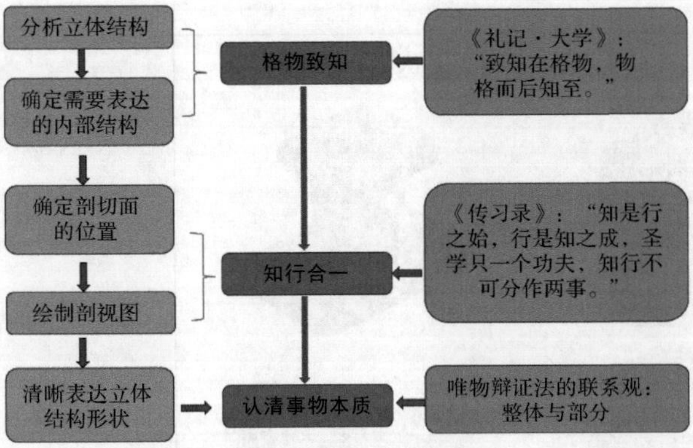 分析立体结构 → 格物致知 ← 《礼记·大学》："致知在格物，物格而后至。" 确定需要表达的内部结构 确定剖切面的位置 → 知行合一 ← 《传习录》："知是行之始，行是知之成，圣学只一个功夫，知行不可分作两事。" 绘制剖视图 清晰表达立体结构形状 → 认清事物本质 ← 唯物辩证法的联系观：整体与部分	剖视图的绘制过程应与国学和哲学联系起来，自然而然地对学生进行传统文化的熏陶，树立文化自信
动手实践 10 min	分组合作： 剖视图中不要漏线，剖切面后方的可见部分要全部画出 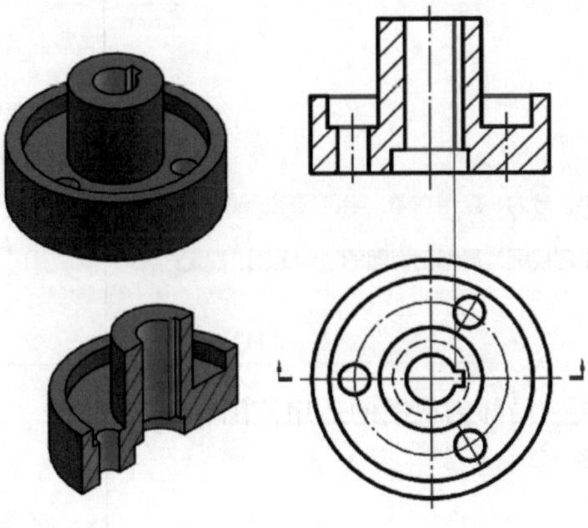	"做中学"：有的学生绘图，有的学生用橡皮泥动手制作小机件，然后对照检验剖视图绘制是否正确，加深对易错知识点的理解和记忆，同时培养动手能力
提出问题 0.1 min	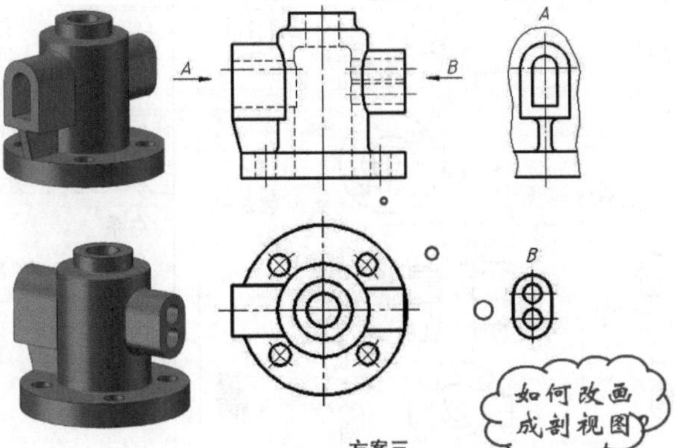 方案三 如何改画成剖视图	为下节课做铺垫，寻求最优方案

第二个 45 min 教学进程见表 5。

表 5　第二个 45 min 教学进程

教学环节与进程	教学内容及手段	教学方式及设计意图
提出问题 2 min	下面这 4 个机件应如何进行视图表达呢 	提问，课程导入
引出主题 1 min	本章的教学内容： **7.2.2 剖视图的种类** 本节内容提要： ● 剖视图根据剖切范围的大小，分为：全剖视图、半剖视图、局部剖视图 ● 本节重点讨论全剖视图、半剖视图、局部剖视图的适用范围、规定画法与标注、画图注意事项	成果导向，通过教师讲解，学生明晰教学要求，有的放矢
解决问题 15 min	全剖视图、半剖视图、局部剖视图的适用范围、规定画法与标注、画图注意事项： 1. 全剖视图 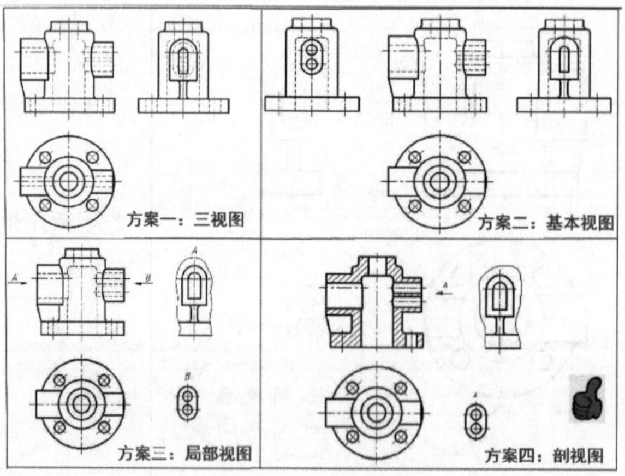 方案一：三视图　方案二：基本视图 方案三：局部视图　方案四：剖视图	答疑解惑，引入工程案例，在方案比较中加深理解"何为最优"，弄清整体和局部的关系

续表

教学环节与进程	教学内容及手段	教学方式及设计意图
解决问题 15 min	2. 半剖视图 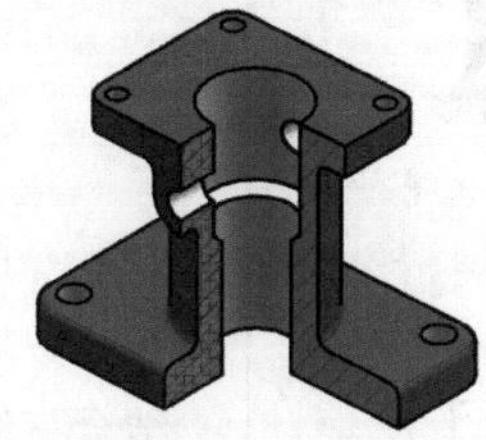 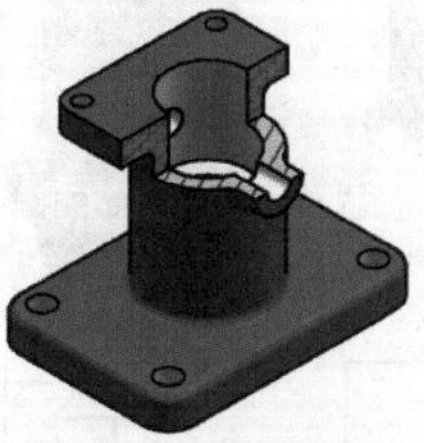 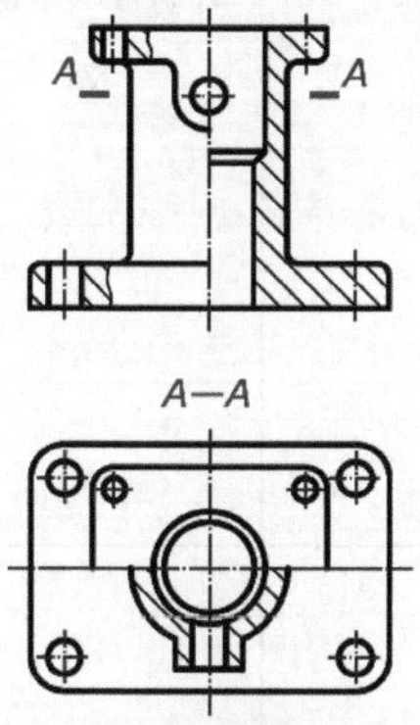 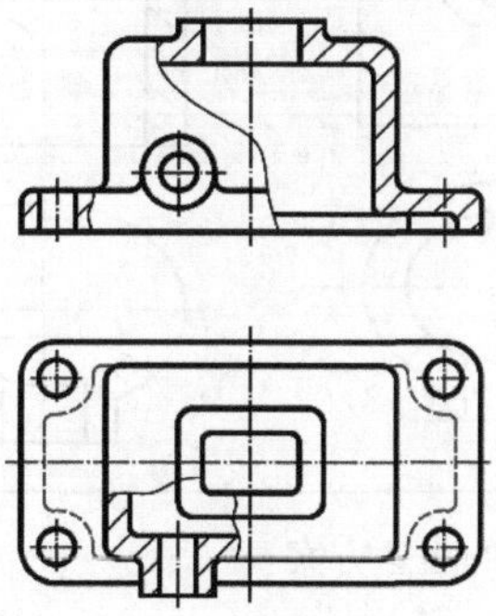 3. 局部剖视图 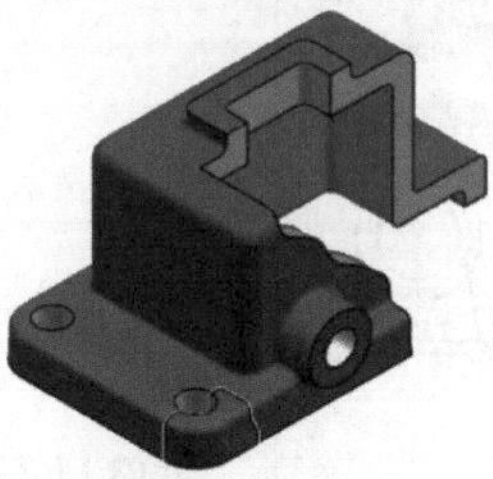 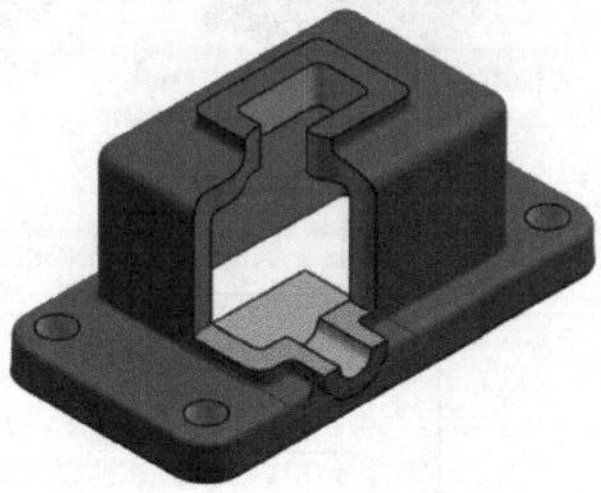	答疑解惑，引入工程案例，在方案比较中加深理解"何为最优"，弄清整体和局部的关系
课堂检测 5 min	半剖视图画法： 判断下列说法正确与否？ 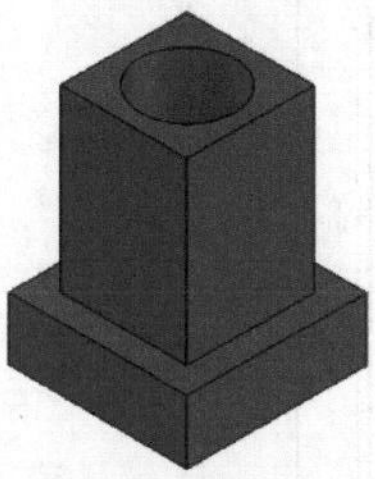 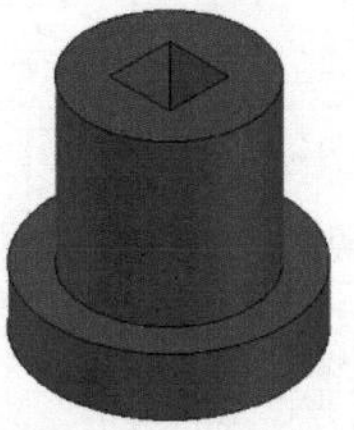 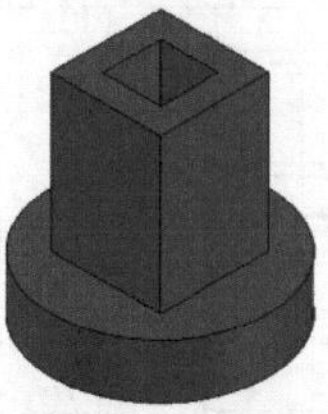 对称机件在对称中心线处有轮廓线可以采用半剖视图（×）	进一步巩固—及时反馈，即时检验易错知识点，掌握课堂效果，同时激励学生持续专注学习

续表

教学环节与进程	教学内容及手段	教学方式及设计意图
难点分析 5 min	局部剖视与视图的分界线（细波浪线）的画法要求： 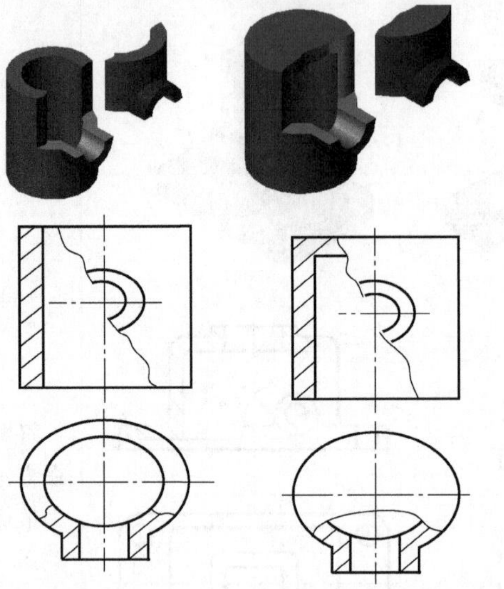	结合三维数字模型，重点讲解不易理解的地方
综合练习 8 min	分组讨论座体的表达方案： 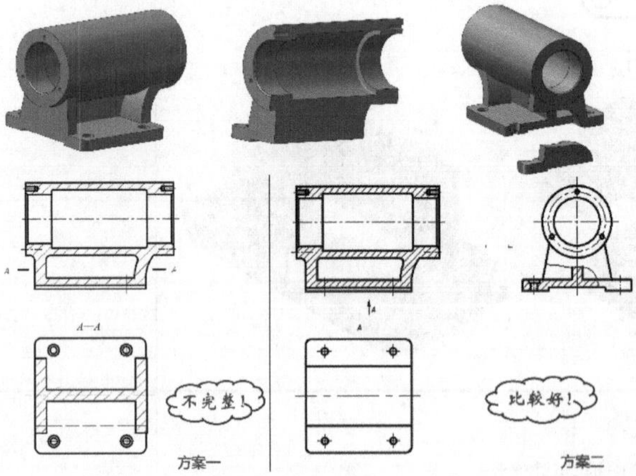 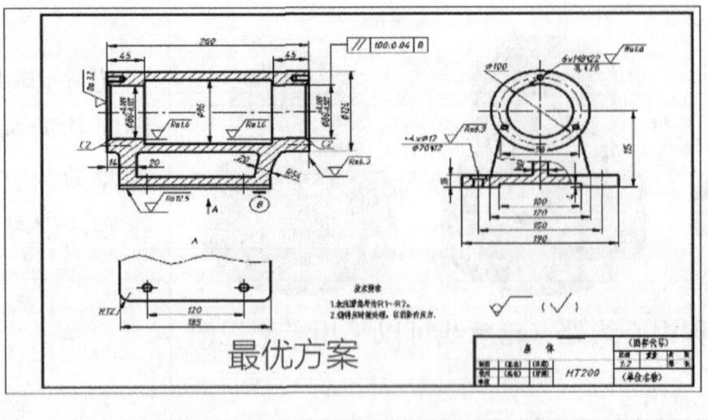 方案一（不完整！）　方案二（比较好！） 最优方案	方案讨论，分析工程上的真实零件，进行方案表达的综合练习，提高应用能力

教学环节与进程	教学内容及手段	教学方式及设计意图
知识拓展 5 min	应用领域： ■ 机械领域 零件图、装配图经常采用剖视图表达内部结构  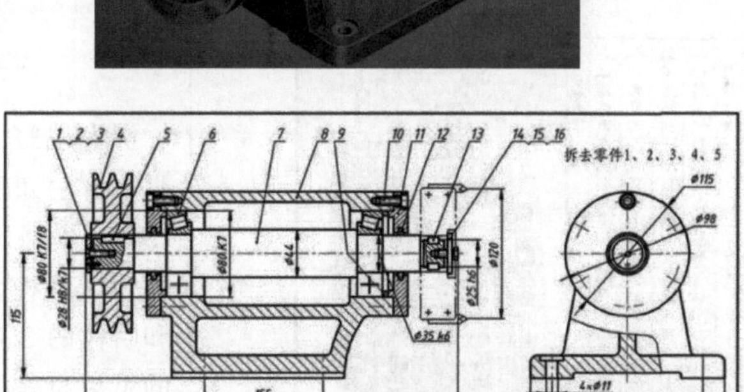 ■ 航空领域　　　　　■ 建筑领域  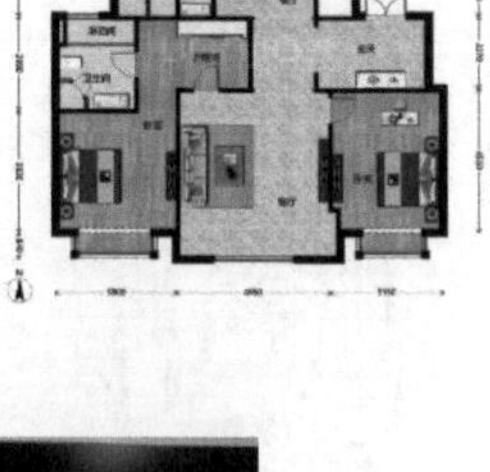 国产大飞机C919 ■ 增材制造——3D打印 	扩大视野，通过介绍我国具有自主知识产权的大飞机C919，增强民族自豪感和使命担当精神。通过介绍宋代和明代的3幅图，说明剖视的思想自古有之，增强文化自信。同时，激发学生对图学的热爱，在轻松愉悦中结束本节课

教学环节与进程	教学内容及手段	教学方式及设计意图
知识拓展 5 min	■古代图学  《营造法式》：去墙的木制建筑示意图 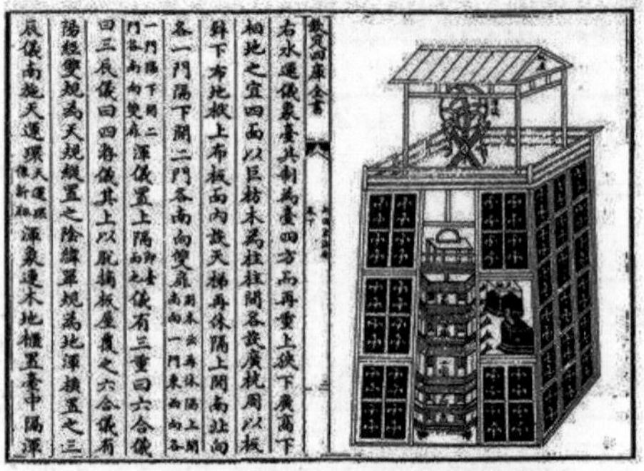 《新仪象法要》：去掉外壳的总装配图  《天工开物》：打井图	扩大视野，通过介绍我国具有自主知识产权的大飞机C919，增强民族自豪感和使命担当精神。通过介绍宋代和明代的3幅图，说明剖视的思想自古有之，增强文化自信。同时，激发学生对图学的热爱，在轻松愉悦中结束本节课

教学环节与进程	教学内容及手段	教学方式及设计意图
本次课 总结 2 min	剖视图的分类 目的：表达内部结构，不能丢失外部结构形状。 画图：确定剖切面的位置和投影方向；假想剖切；剩余部分全部投影(虚线取舍规则)；剖面线；剖视标注； 问题：可能损坏外形的表达？内部形状复杂？ 全剖：主要表达内部结构／全部剖切／按剖视图的规定画图 半剖：内外结构兼顾表达／对称，剖结构的1/2／分界线是点画线(对称线) 局部剖：内外结构兼顾表达／范围灵活，可大可小／分界线是细波浪线 三种剖视图的剖切范围不同，解决了内外兼顾的问题。	知识梳理，加深记忆，学会学习方法
课后任务 2 min	 作业： 一、课前自主学习： 1.预习剖视图的种类有哪些，分别有哪些应用条件？ 2.试着讨论上面4个机件的表达方法。 二、本次课知识固化：习题集P57; P58	今天学习的知识能否解决左侧这4个机件的结构形状的表达？ 引出课后自主学习内容，分组合作研讨，为下节课做铺垫，留作业，固化知识

本节课板书设计如图2所示。

第7章 机件常用的表达方法

{问题：
解决？
优化！ 　　　{长对正
高平齐
宽相等

图2　板书设计

作者简介：

丁乔，教授，博士，北京市教学名师。主讲"机械制图"课程30余年，被认定为国家级一流本科课程，主讲课程被认定为北京高校优质本科课程（重点）2门，编写北京高校优质本科教材2部，获得"北京市高校课程思政示范课程、教学名师和团队"称号，主持获得北京市教学成果二等奖、北京高校教师教学创新大赛三等奖。

李茂盛，副教授，博士。主编云教材1部，指导学生竞赛获奖100余项，获校级"我最喜爱的教师""优秀教师""优秀党员"等荣誉称号。

孙轶红，副教授，博士。主持教育部产学协同育人项目和校级重点教改项目3项，主编教材3部，以第一作者发表教改论文3篇，指导学生竞赛获奖几十项，获校优秀教学奖。

韩丽艳，副教授，硕士。主持校级教改重点项目2项，指导大学生创新创业项目10项，获第七届北京市青年教师基本功大赛一等奖，指导学生竞赛获奖几十项。

仵亚红，讲师，硕士。主持校级教改项目3项，多次指导学生参与大学生创新创业训练计划（undergraduate research training，URT）项目，发表教改论文3篇，组织我校"绘图会友"社团工作，指导学生竞赛获奖几十项，获校级优秀教学奖。

基于学生机械创新能力培养的"画法几何与机械制图"线上线下混合式教学实践

王 梅 莫春柳 李 冰 陈和恩 黄宪明 任庆磊

广东工业大学

在"中国创造"产业升级大背景下,"画法几何与机械制图"课程立足"夯实工程基础、绘制工程蓝图",肩负促进高素质、创新型"新工科"人才培养的责任和使命。为解决课堂教学中学生知识迁移和工程实践能力弱、工程思维缺乏的真实问题,课程团队开展了线上线下教学模式的实践,建设了前沿工程特色的制图课程资源,实现了学生知识迁移能力提升、工程应用和创新能力提升的目标,有效支撑国家一流专业人才培养。课程在全国三十多所高校使用,辐射范围广,效果佳。

1 案例简介及主要解决的教学问题

1.1 案例简介

为达到课程的知识目标、能力目标和素质目标,课程团队结合学情及课程特点进行教学痛点的分析,再针对该痛点,对教学进行全方位和多角度的设计。基于以上思路,本课程实施了"理论为支点、实践为力臂、竞赛为驱动"的线上线下混合式教学设计,形成一个有效的教学"杠杆"系统,撬起教学痛点,实现教学目标,如图1所示。

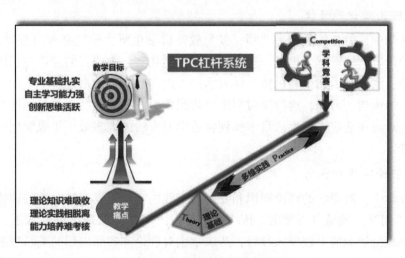

图1 教学杠杆系统构成图

1.2 主要解决的教学问题

"画法几何与机械制图"是机械类专业学生的一门重要的专业基础必修课程。结合学校"产学融合、学以致用、创新为魂"的办学定位，本课程以"两性一度"为抓手，秉承"以学生为中心、教学相长"的育人理念，本着"厚基础、强实践、重创新"的教学理念，达到"培养机械创新人才扎实的图学基础"的课程目标。

本课程面向大学一年级学生开设，在课程学习过程中，学生普遍反映本课程难度大、学习困难。具体原因分析如下：课程内容有难度，学习方法不适应；工程意识未建立，学习动力显不足；手脑协同待训练，创新意识需提升。

基于以上学情，结合课程特点，本课程在实际教学中存在三大痛点：理论知识难吸收、理论实践相脱离、能力培养难考核。教学痛点的分析过程如图2所示。

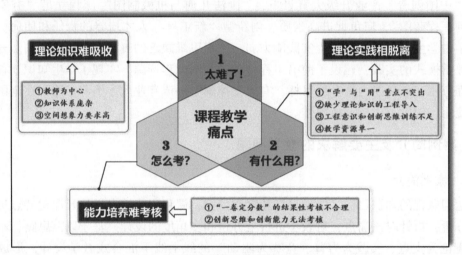

图2　教学痛点的分析过程

1.2.1 理论知识难吸收

在传统教学中，教学的主体是教师，多为教师讲学生听，学生必须时刻紧跟教学节奏，被动接受教学内容，缺乏深入思考，造成知识掌握不扎实。本课程的理论知识体系庞杂，学生对投影基础、制图基本知识和机械图样表示法等内容的衔接关系理解不透彻，直接影响对课程知识体系的构建。另外，这门课对学生空间想象力的要求较高，与其他课程的学习方法有很大不同，对尚在适应大学生活且未找到合适学习方法的大多数一年级学生来说，这门课程的学习有难度。

1.2.2 理论实践相脱离

在传统教学中，对要学的理论知识和要用的实践内容缺乏具有针对性的训练和考核，造成"学"与"用"的侧重点不突出。传统教学过程大多是先从理论讲解入手，再用理论解决问题，缺少理论知识的工程导入过程，造成学生对理论和实际应用的关系理解不深，理论和实践脱节。同时，培养工程意识和创新思维的相关训练不足，学生很难将所学理论知识与实际应用相结合，从而导致缺乏发现问题、解决问题、知识迁移的能力。传统教学的教学资源较为单一，多局限于教材，体现实际工程问题的内容较缺乏。

1.2.3 能力培养难考核

传统教学中"一卷定分数"的考核方式不合理，已无法适应对学生综合能力的全面评价，若对学生的学习成果不能进行有效、合理和公正的评价，则会削弱学生的学习积极性，能力培养更无从谈起。传统考核方式对学生创新思维和创新能力的考核较难开展，缺乏合理的评价依据和评价指标。

2 解决教学问题的方法、手段

为解决教学中的三大痛点，本着"厚基础、强实践、重创新"的教学理念，课程团队从教学方法、教学内容、教学策略和评价机制四方面进行教学设计，如图3所示。

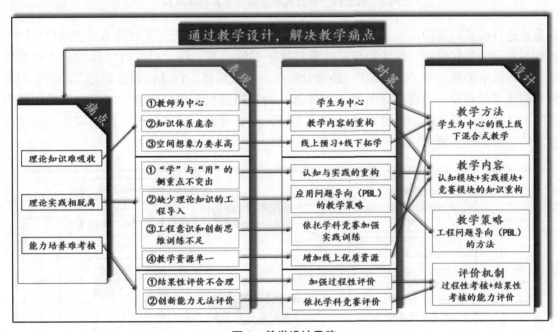

图3 教学设计思路

2.1 教学方法：学生为中心的线上线下混合式教学

为解决"理论知识难吸收"的教学痛点，本课程从传统的教师为中心向学生为中心进行转变，最大程度地发挥学生的主观能动性，避免出现上课走神，脱离教学进度的情况。通过采用线上线下混合式教学方法，即线上进行知识的学习、筑牢基础，线下通过课堂互动活动、拓展提高，解决课程知识庞杂，基础不扎实的问题。本教学方法对一年级学生形成良好的自主学习和独立思考习惯非常有益，将影响学生大学四年的学习。线上线下混合式教学的实施及相互联系如图4所示。

2.2 教学内容：认知模块+实践模块+竞赛模块的知识重构

为解决"理论知识难吸收"和"理论实践相脱离"的教学痛点，更好达到课程教学目标，本课程在教学内容上进行了重构。从教学组合方式和考核方式上，将传统的知识内容按

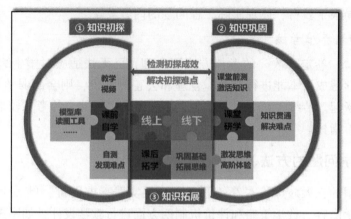

图 4 线上线下混合式教学的实施及相互联系

侧重点进行模块的重构，分别是：打牢知识基础的认知模块、提升工程能力的实践模块和培养创新意识的竞赛模块。在认知模块注重基础知识的学习，将"厚基础"作为根本指导思想；实践模块的核心是"强实践"，注重分层次的实践训练，训练内容强调与工程实际和教师科研成果的结合；竞赛模块围绕"重创新"的思路进行布局，结合学术科技节的制图类竞赛，注重合理规划教学内容和考核方式，将"以赛促学、以赛促创"落到实处。教学内容重构关系如图 5 所示。

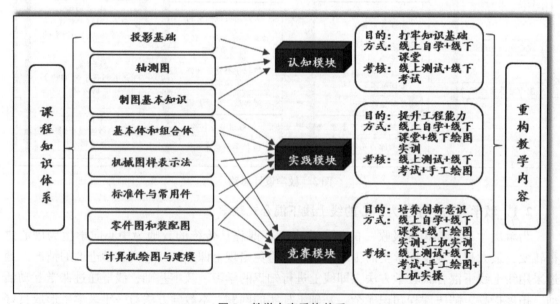

图 5 教学内容重构关系

2.3 教学策略：工程问题导向（PBL[①]）的方法

为解决"理论实践相脱离"的教学痛点，在教学过程中将知识内容与实际工程问题相

---

① PBL 是指问题导向学习（problem based learning）。

结合，从工程问题的现象入手，剖析其中存在的问题，引出相关理论知识，最后寻求解决问题的方法。通过实际工程问题的导入，从知识的抽象世界向现实世界进行迁移，培养学生发现问题和解决问题的能力，对创新意识的培养发挥重要作用。通过实际工程问题导入式的教学方法，使学生看到本课程对未来学习和工作的价值，对课程产生兴趣，从而重构其学习动力。

2.4 评价机制：过程性考核+结果性考核的能力评价

为解决"能力培养难考核"的教学痛点，本课程秋季学期采用过程性考核+结果性考核的能力评价机制，春季学期为考查课，采用过程性考核。过程性考核使学生学习目标的达成评价有章可循，过程可追溯，评价数据有助于教师和学生对教与学的诊断、反思和改进。

为合理地评价学生的创新意识和创新能力，在春季学期的课程评价中加入了参与院级学术科技节情况的评价。竞赛题目对标"高教杯"全国大学生先进成图技术与产品信息建模创新大赛，对创新能力有较高要求。加入此项考核，有力促进了学生参与学科竞赛的积极性和备赛热情，对学生创新能力的提升效果明显。

秋季学期和春季学期综合性评价的考核内容构成如图6所示。

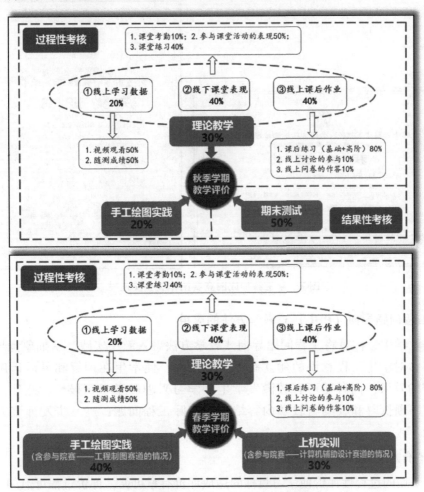

图6 两学期综合性评价的考核内容构成

3 特色及创新点

本课程教学设计的实践,对学生成长、教师提升、课程建设都发挥了重要作用,创新特色体现在以下几方面。

3.1 学生创新能力的提升

教学中注重将理论与工程实际相结合、引导学生发现问题和解决问题,使学生的课堂获得感得到提升。本课程教学设计对于学生主动学习意识的建立和创新思维的形成都具有重要作用。有限的课堂为学生创造了无限的学习空间,学生参加学科竞赛的人数和获奖人数显著增加。近两年,参加院级和校级竞赛的人数都有较大增长,参加"高教杯"全国大学生先进成图技术与产品信息建模创新大赛的学生获奖比例为100%,高于大赛60%的获奖比例,2023年总成绩位于近1200支参赛队伍的前10%,获得团体一等奖,获奖证书见图7。

图 7　学生参加成图竞赛团体奖获奖证书

3.2 工程问题导向(PBL)式教学方法的应用

在课程教学中,注重将工程问题导向式教学方法融入教学实践。从抽象世界向真实世界进行迁移,对学生工程意识的建立有很大的帮助,使学生在理解和灵活运用知识上起到事半功倍的效果,同时还可有效激发学生的学习兴趣和学习积极性。此外,在课程教学中,还应不断探寻和收集与教学内容结合的实际工程问题,进一步发挥该方法更大的作用和效能。

3.3 评价方法对教与学的促进

本课程采用的过程性评价使学习目标的达成评价有章可循,评价过程可追溯,数据有助于教师和学生对教与学进行诊断、反思和改进,及时发现问题并及时纠正,在教学过程中注重对困难学生的及时帮扶。实践证明，将学生参加学科竞赛的情况加入评价内容，对学生自主学习意识和创新能力的提升均有促进作用。

教学相长，团队教师钻研教学，在教学中有了更多的思考和实践，在教学能力和教学研究能力上得到较大提升。本团队多名教师的评教成绩连续几年均在本学院的前10%，在全国高等学校教师教学竞赛中多次获奖（见图8），多位教师指导学生竞赛获得优秀指导教师一等奖。本课程于2022年被认定为省级线下一流本科课程，2023年通过省级系列在线开放课程的验收，被认定为省级线上一流本科课程。

图8　教师教学竞赛获奖证书

3.4　课程思政与专业教育的有机融合

在课程教学中将思政教育与专业教育进行有机融合，找准需求点、挖掘结合点、探寻融入点，使学生在潜移默化中接受价值观的引领。大国重器、中华文化、榜样力量等都被融入课堂教育，助力当代大学生思想素养的提升，学生反馈良好，相关内容如图9所示。

4　推广应用效果

本课程教学效果好、辐射范围广。自建在线课程的浏览量累计近140万次、选课人数累计6 000余人，互动次数近600次，学员来自国内30余所同类高校。线上课程使用情况如图10所示。

课程团队不断优化调整教学内容，增加视频数量和资源类型；定期进行问卷调查，了解学生和教师对线上课程资源的需求；不断扩充教学资源的内容，以更好地服务课程教学。

课程相关教师积极参加专业教育会议进行课程建设和课程教学方法的交流。课程主要教师莫春柳在2022年省图学学会年会上作主题报告，向省内同行推广课程教学实践经验，积极发挥示范辐射作用。

图 9　课程思政相关内容及学生反馈

图 10　线上课程使用情况

覆盖学校清单

选修该门课程的学员，其中共有2141名学校学生，来自32 所学校

渤海理工职业学院	吉林工商学院	新疆轻工职业技术学院
井冈山大学	安徽工业经济职业技术学院	惠州学院
华南师范大学	南华大学	珠海技师学院
华南理工大学广州学院	北京理工大学珠海学院	芮城县第一职业学校
江海职业技术学院	华北电力大学（保定）	深圳职业技术学院
百色学院	广东工业大学	广州城市理工学院
中南林业科技大学	常熟理工学院	西安某工程大学
惠州市技师学院	湖南网络工程职业学院	广州科技职业技术学院
惠州市博罗实验学校	兰州工业学院	广东开放大学
湖北商贸学院	广西大学	辽东学院
广州科技职业技术大学智慧学工	广西大学党校	

图 10　线上课程使用情况（续）

5　典型教学案例

以“投影变换”为例介绍教学案例的实施过程。

5.1　本次课的教学目标

本次课的教学内容是“投影变换”，是本课程“投影基础知识”的最后一节，需要建立对复杂工程问题的线面关系进行空间位置变换的思路，并能对前序课次所学知识进行综合、灵活运用。

5.1.1　教学目标

知识目标：能够描述投影变换的概念；能够阐释投影变换的过程和进行投影变换的原则；学会点的投影变换的基本作图方法；学会投影变换四个基本应用的作图。

能力目标：掌握自主学习和归纳总结的能力；能够从实际工程问题中提炼出线面投影关系；具有将一般位置线面关系转化为特殊位置线面关系的思维；能够运用投影变换的四个基本应用求解实际工程问题。

素质目标：建立工程意识；学会换位思考的方法；具有团队合作精神。

5.1.2　本次课对课程教学目标的贡献

从实际工程问题提炼线面投影关系的过程中，首先需要对研究对象的特征信息进行分析，确定进行投影变换的思路，随后使用绘图仪器和工具按国家标准绘制出能正确、合理反映研究对象的工程图样。通过此过程，可增强对课程目标中获取对象信息的读图能力、正确合理反映对象结构的绘图能力，同时也可建立严谨规范的工程素养。

通过教学组织，学生课前进行的自学和自测、课中结合实际工程问题的分组讨论和逐步

深入的思维训练、课后的强化练习，均可使其在学习态度、学习方法、思维模式、创新素养等多方面得到训练和提升，对学生整体能力的培养和素质的提升都发挥了重要作用。

5.2 学情分析

教学设计前，先对学情进行分析。学生的学情、原因分析及教学对策如图 11 所示。

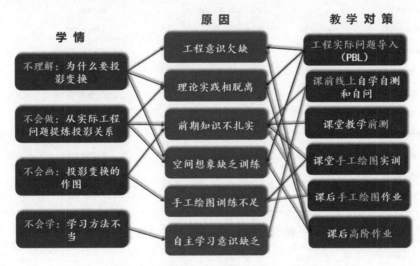

图 11　学生的学情、原因分析及教学对策

投影变换的教学中，由于其具有抽象、对空间想象能力要求高及对前期知识运用要求灵活等特点，造成学生在学习过程中存在理解困难、一知半解、不能灵活运用的问题。因此，可运用实际工程问题为导向的教学方法，通过课前练习、课中引导、实例演示、课后加强的有机结合及循序渐进的线上线下混合式教学过程，在教学上达到事半功倍的效果。

5.3　本次课的教学设计和教学过程

5.3.1　教学总体设计

教学设计分为课前、课中和课后三个环节，总体设计流程如图 12 所示。

图 12　教学总体设计流程

5.3.2 教学过程

本次课教学过程实施表见表1。

表1 教学过程实施表

过程	任务点（主体）	使用工具和资源	目标	评价	达成效果
课前自学	学生：线上教学视频	①线上课程资源（视频+随测+讨论）②虚拟现实读图工具 ③虚拟模型博物馆 ④虚拟模型库 ⑤QQ群	自我学习	观看视频情况	①初步建立理论基础 ②自主学习能力提升 ③发现问题的能力得到训练
	学生：随测		自我检测	随测成绩	
	学生：疑难点的提出与讨论		主动发现问题	参与讨论的情况	
课中研学	学生：前测	①智慧课堂（签到、发布题目、分组讨论、提问等）②线上课程资源（课件PPT）③虚拟现实读图工具 ④实体模型库 ⑤机械拆装VR教学	检测自学情况和前期知识的掌握情况	前测成绩	①打牢理论知识基础 ②工程意识的提升 ③发现问题和解决问题的能力得到训练 ④手工作图实践能力的训练
	学生：对实际工程问题分组讨论、展示汇报 教师：引导		提升从实际工程问题中提炼线面关系、解决复杂问题等能力	分组讨论表现的自评、互评和教师评价	
	教师：重难点知识的讲解		理解与掌握		
	学生：完成实际工程问题的手工作图		检验对重难点的掌握情况	作图完成情况	
	学生：后测		灵活运用知识的能力	后测成绩	
	教师：课堂小结		掌握本次课的要点，学会总结	无	

续表

过程	任务点（主体）	使用工具和资源	目标	评价	达成效果
课后拓学	学生：基础作业（手工绘图）	①线上课程资源（讲解视频、提交作业、讨论、问卷）②线上考评系统③新形态教材④实体模型库⑤机械拆装VR教学⑥虚拟模型博物馆⑦虚拟模型库⑧QQ群	基础知识的掌握	作业成绩	①理论知识基础进一步巩固②手工作图实践能力的训练③深度思维得到训练，创新能力得到提升④计算机绘图软件的应用得到训练
	学生：高阶作业（计算机绘图）		提升参与学科竞赛的创新能力	作业成绩	
	教师+学生：讨论		对理论知识、作业难点的讨论，提升发现问题和解决问题的能力	参与讨论情况	
	学生：调查问卷		对教学方法和教学效果的评价、自我学习评价、需要得到的帮助、意见和建议	参与问卷调查情况	

（1）课前自学（线上）

通过线上教学平台和QQ群，向学生推送相关学习内容，使学生在课前完成基础知识的线上学习并进行检测。课前学习任务表见表2。

表2 课前学习任务表

序号	项目	形式	时长	具体内容
1	课前自学，推送相关教学资源，观看教学视频	视频PPT虚拟模型	10 min	课前观看相关的教学视频，初步掌握理论知识，培养自主学习的能力 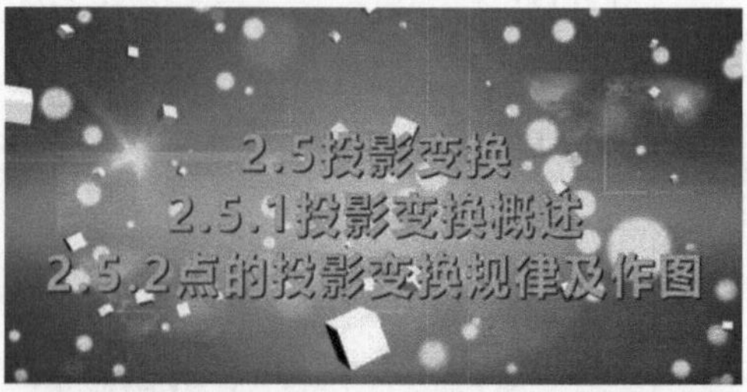

续表

序号	项目	形式	时长	具体内容
2	线上随测	客观题	2 min	随测题目及学生完成情况 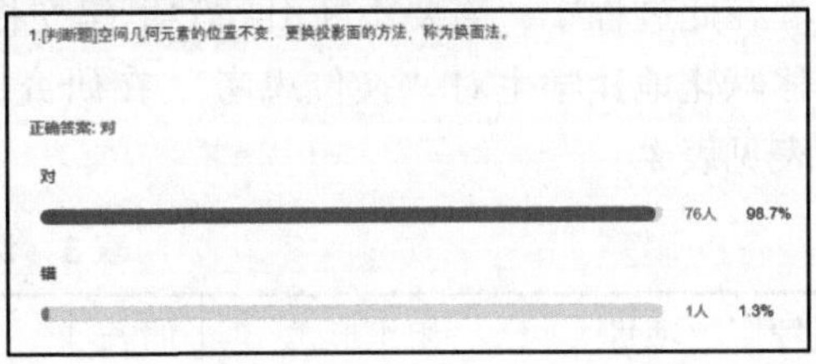 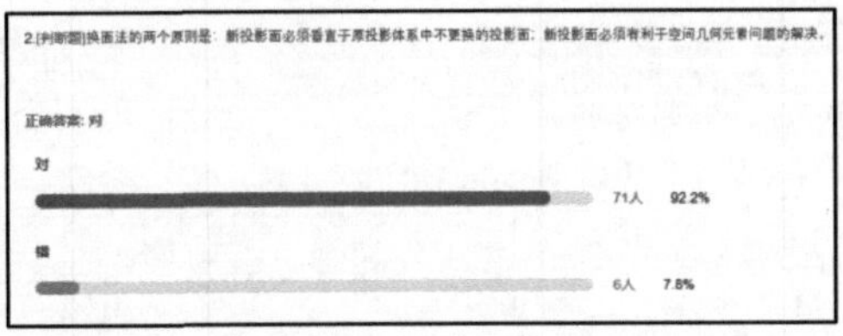 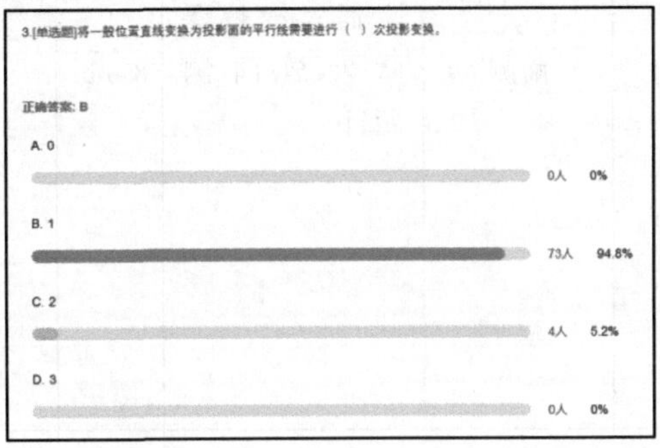 1.[判断题]空间几何元素的位置不变,更换投影面的方法,称为换面法。 正确答案:对 对　　　　76人　98.7% 错　　　　1人　1.3% 2.[判断题]换面法的两个原则是:新投影面必须垂直于原投影体系中不更换的投影面;新投影面必须有利于空间几何元素问题的解决。 正确答案:对 对　　　　71人　92.2% 错　　　　6人　7.8% 3.[单选题]将一般位置直线变换为投影面的平行线需要进行(　)次投影变换。 正确答案:B A. 0　　　　0人　0% B. 1　　　　73人　94.8% C. 2　　　　4人　5.2% D. 3　　　　0人　0%
3	疑难点的提出与讨论	提问与讨论	3 min	某学生提出疑难点,其他学生参与讨论。提升发现问题、解决问题的能力 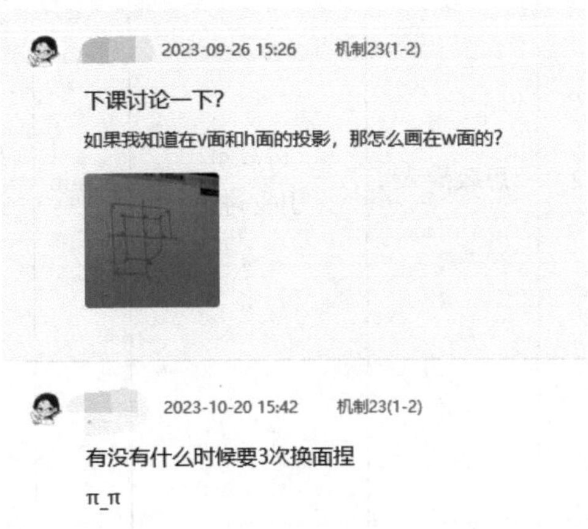 　　　　　　2023-09-26 15:26　机制23(1-2) 下课讨论一下? 如果我知道在v面和h面的投影,那怎么画在w面的? 　　　　　　2023-10-20 15:42　机制23(1-2) 有没有什么时候要3次换面捏 π_π

(2) 课中研学（线下）

根据学情，对线下课堂进行精心设计和组织，通过前测、思政元素的导入、实际工程问题的分组讨论、投影变换概念的引入、四个基本问题作图方法的总结、回归实际工程问题的求解、后测、课堂小结等多个环节，使学生掌握投影变换的概念、基本作图方法及高阶应用。在此过程中，需要不断引导学生建立将实际工程问题转化为投影问题的思维模式，同时潜移默化地让学生对"换位思考"在研究问题和人际交往中的应用产生共鸣。课堂学习流程表见表3。

表3 课堂学习流程表

序号	项目	组织形式	时长	具体内容
1	前测	通过智慧课堂发放前测题目	8 min	学生重温前期知识，夯实基础 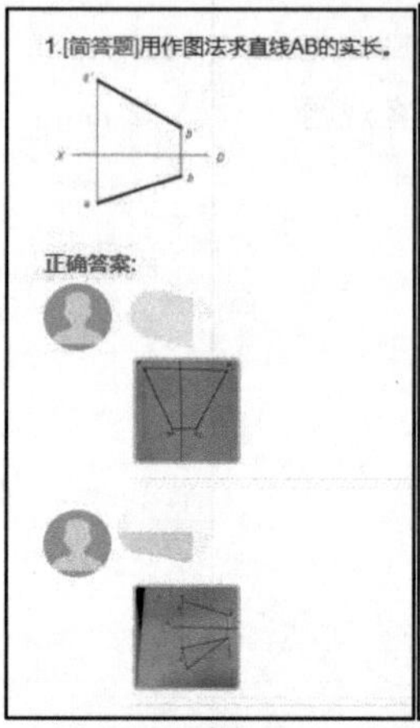 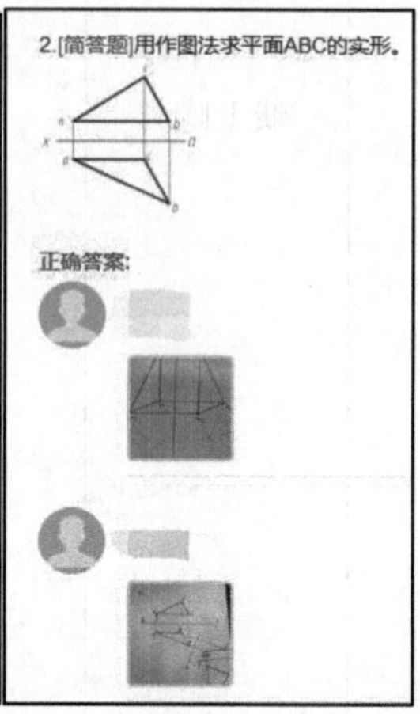
2	思政导入	讲故事 引发讨论	5 min	利用孔子"己所不欲，勿施于人"的儒家思想引入"换位思考"的处世哲学，引发学生讨论"换位思考"在研究问题和处理人际关系中的作用，理解"换位思考"的辩证思维方法，进而引出与换位思考作用相通的本次课内容——投影变换 

续表

序号	项目	组织形式	时长	具体内容
3	基于实际工程问题分组讨论汇报	分组讨论展示汇报	25 min	要求各小组从工程实际问题中提炼出投影关系，再提出解决问题的思路。本过程有助于增强学生的工程意识、强化发现问题和解决问题的能力、组织能力和语言表达能力等 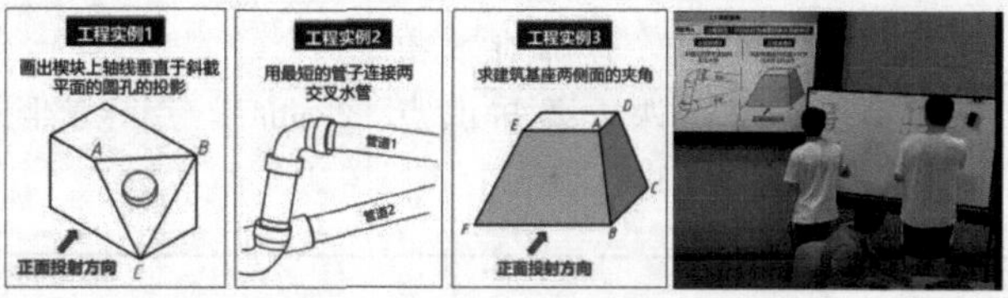
4	重难点知识讲解	教师讲授穿插提问作图实操等	30 min	结合学生前测题目的完成情况和分组讨论成果，教师讲解重难点知识，打牢理论知识的基础；通过虚拟模型和实体模型的展示，提升学生的工程意识和空间想象力
5	回归之前讨论的实际工程问题的作图求解	学生手工作图	15 min	学生对之前讨论的三个工程实际问题进行手工作图求解，检验学生对知识的掌握程度，提高学生手工绘图的能力 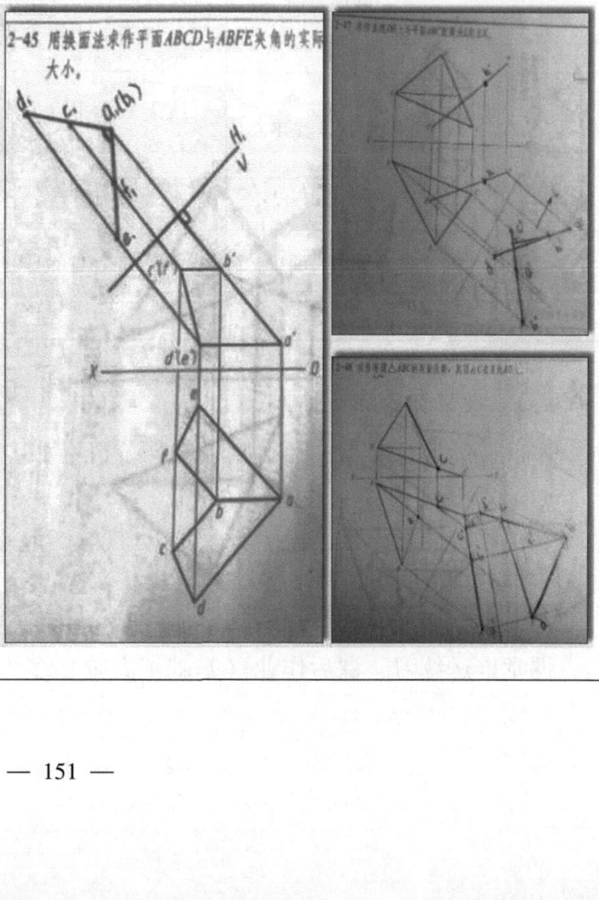

续表

序号	项目	组织形式	时长	具体内容
6	后测	通过智慧课堂发放综合性的后测题目	5 min	后测题目为基于工程实际问题的综合性题目，用于检验学生对本次课知识的掌握情况和学习目标的达成情况，并进行适当拓展，进一步提升学生灵活运用知识的能力
7	课堂小结	教师对本次课重要知识点进行小结	2 min	引导学生完成课堂小结，学会知识总结的方法

（3）课后拓学（线上+线下）

课后拓学对知识的巩固和提升非常重要，详细内容见表4。

表4 课后拓学内容表

序号	项目	形式	具体内容
1	课后作业	基础作业	基础作业为《习题集》中的作业，要求手工绘图，进一步巩固理论知识的基础，训练手工作图实践能力
		高阶作业	高阶作业结合学科竞赛的内容，依托线上教学平台和线上考评系统发放题目，要求学生用计算机绘图软件完成绘图，使学生深度思维和创新能力得到训练
2	课后讨论和答疑	线上+线下讨论和答疑辅导	线上教学平台发布讨论内容，引发学生讨论，形成互动；QQ群等社交平台回答个性化问题。充分利用实体模型库，提升学生的空间想象能力和实践能力
3	问卷调查	线上教学平台发布问卷	了解学生对教学方法和教学效果的反馈，并掌握学生存在的困难，及时进行帮扶

5.4 教学评价和反馈

本次课的评价类型、评价指标和评价目标如图13所示。

（1）客观评价——系统自动打分

客观评价的指标根据设定比例自动获取，包括章节任务点（观看视频）、作业（客观题）、签到和讨论四个部分。

（2）主观评价——手动导入分数

课堂推送练习、课后作业（基础+高阶）多为主观作图题，需要教师批改后导入系统。

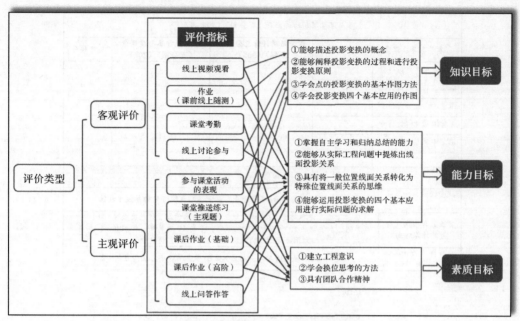

图 13 教学评价与教学目标的关系

课堂活动表现的评价中增加了期末对本学期该项评价参与度的评价，需由系统导出每次学生参与课堂活动评价的成绩，期末进行总评汇总后，导入该项评价的表现。学生参与课堂活动评价细则如图 14 所示。

参与课堂活动的评价表（百分制）（单次用表）——线上平台打分					
活动内容			日期		
	评价指标	学生自评（20%）	学生互评（40%）	教师评价（40%）	本次评价得分
领导力（满分10分）	在课堂活动中发挥的主导作用				
参与度（满分10分）	参与课堂活动的主动性				
表现力（满分70分）	在课堂活动中能深入思考并充分发表自己观点（20分）				
	具有批判思维，以及从其他同学的观点中发现问题的能力（20分）				
	能找到解决问题的办法，并具有说服力（20分）				
	在课堂活动中语言表达流畅连贯、富有逻辑（10分）				
团队合作（满分10分）	能够和同学建立良好信任关系，共同解决问题（4分）				
	在课堂活动中能尊重他人，耐心倾听其他同学发言，不随意打断（3分）				
	在课堂活动中能很好地控制自己的情绪（3分）				
	得分				
规则说明					
学生互评规则	1.课堂活动小组内的同学进行互评 2.某同学的"学生互评"得分为此同学所有互评成绩的算数平均值				
本次评价得分的计算规则	本次评价得分=学生自评得分×0.2+学生互评得分×0.4+教师评价得分×0.4				

图 14 学生参与课堂活动评价细则

参与课堂活动的评价表（百分制）（期末用表）			
本学期每次课堂活动评价记录	课堂活动评价总分（百分制）（80%）	学生互评参与度得分（百分制）（20%）	总评得分
课堂活动1评价得分			
课堂活动2评价得分			
课堂活动3评价得分			
课堂活动4评价得分			
课堂活动5评价得分			
…	…		
规则说明			
课堂活动评价总分的计算规则	课堂活动评价总分=本学期多次课堂活动评价得分的算数平均值		
学生互评参与度得分的计算规则	学生互评参与度的得分=参与互评次数/本学期互评总次数×100（举例：本学期共10次课堂活动的互评，参与10次互评，得100分；参与5次互评得50分；1次互评均未参与，得0分）		
总评得分的计算规则	总评得分=课堂活动评价总分×0.8+学生互评参与度得分×0.2		

组内互评

在课堂活动中具有重要主导作用	占 10	分
参与课堂活动的主动性	占 10	分
在课堂活动中能深入思考并充分发表自己的观点	占 20	分
具有批判思维，以及从其他同学的观点中发现问题的能力	占 20	分
能找到解决问题的方法，并具有说服力	占 20	分
在课堂活动中语言表达流畅连贯，富有逻辑	占 10	分

图 14　学生参与课堂活动评价细则（续）

线上问卷作答的评价，需要在学期末按照学生参与问卷作答的次数给出成绩，再导入系统。本次课问卷作答情况如图15所示。

整个教学中，按照学习过程由浅入深、由"会"到"用"的逐层推进，对每个环节的学习轨迹进行实时跟踪与反馈，做到评价与反馈的有效结合，积极引导学生高效学习，正向驱动学习效果。各环节教学反馈方式如图16所示。

5.5　总结

教学过程中，利用线上优质资源和线下精心的教学设计，围绕工程实际问题导向式教学方法，辅以过程性评价的考核机制，将课前自学、课堂研学和课后拓学进行有机结合，达到教学目标，产生良好的教学效果。

实践证明，基于混合式教学的以"理论基础为支点、多维实践为力臂、学科竞赛为驱动"的教学杠杆系统，可使支点更加稳固、力臂得到延伸、驱动得以加强，可有效撬起教学痛点，课程的教学理念得以实施、课程目标得以有效达成。

图 15　线上问卷作答情况

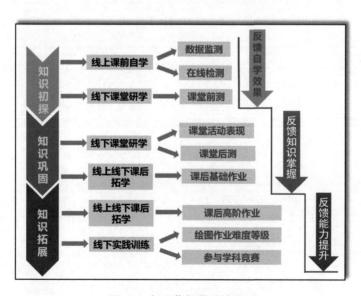

图 16　各环节教学反馈关系

作者简介：

王梅，女，广东工业大学机电工程学院副教授，主要从事"工程图学"课程的教学工作。近三年，承担省级教改项目2项，发表论文3篇，获得发明专利授权5件，参编教材3部。广东省线上线下混合式一流本科课程负责人，参加国家级教学竞赛获得一等奖2项、二等奖1项，指导学生参加国家级学科竞赛获得一等奖3项、二等奖5项、三等奖3项。

莫春柳，女，广东工业大学机电工程学院教授，广东省一流本科线下课程、一流本科线上课程负责人，广东工业大学教学名师。主编教材2部，主持省级研究项目4项，获广东省教育教学成果一等奖1项，校级教学成果特等奖1项，校级教学成果一等奖1项。

李冰，女，广东工业大学机电工程学院教授，主要从事"工程图学"课程的教学工作，省级课程思政示范课负责人。近三年，承担大思政专项项目1项，发表论文4篇，指导学生参加国家级学科竞赛获得一等奖4项、二等奖2项、三等奖2项。

陈和恩，男，广东工业大学机电工程学院讲师，主要从事工程制图、虚拟现实、CAD教学与科研工作。近三年，承担教改项目3项，发表论文3篇，指导学生参加国家级学科竞赛获得一等奖2项、二等奖5项、三等奖2项。

黄宪明，男，广东工业大学艺术与设计学院讲师，主要从事机械制图、三维CAD教学工作。近三年，承担教改项目2项，指导学生参加国家级学科竞赛获得一等奖3项、二等奖5项、三等奖2项。

任庆磊，男，广东工业大学机电工程学院实验师，主要从事CAD上机教学与实验室管理工作。近三年，承担教育部产学合作协同育人项目1项，发表论文1篇，参加成图大赛第二届产品轻量化设计教师培训获得二等奖1项，指导学生参加国家级学科竞赛获得一等奖1项、二等奖3项、三等奖3项。

零件数字化建模与表达方法

阮春红[1]　罗年猛[1]　张 俐[1]　韩 斌[1]　万亚军[2]
1. 华中科技大学
2. 华中科技大学出版社

一、案例简介及主要解决的教学问题

（一）改革背景与案例简介

制造业是国民经济的主体，是立国之本、兴国之器、强国之基。进入新时代，世界各国尤其是发达国家都在结合自身实际和优势，积极采取行动，抢占未来发展的战略制高点，确保本国在未来制造业竞争中的国际领先和主导地位。美国提出"先进制造业美国领导力战略"和"未来工业发展规划"；德国提出"工业4.0战略计划"和"德国工业战略2030"；英国提出"英国工业2050战略"；法国提出"新工业法国计划"；日本提出"超智能社会5.0战略"；韩国提出"制造业创新3.0计划"；同时，印度、越南、墨西哥等新兴工业国家都将制造业作为立国之根，并将其发展放在本国构建新形势下经济竞争优势的核心位置，着力推动本国制造业快速发展。

我国在基于网络化的数字设计制造领域已经具有较好的技术基础；同时也认识到全面实施智能制造，仍然任重而道远。2015年，国务院正式颁布了《中国制造2025》，并提出以智能制造为主攻方向，而智能制造的关键是数字化设计与制造。数字化设计与制造技术中，产品建模是基础，优化设计是主体，数控技术是工具，数据管理是核心。贯穿智能设计与智能制造全生命周期的是模型及其信息的表达与传递。随着计算机图形学的发展、计算机数据库的进步和计算机性能的提高，CAD/计算机辅助工程（computer aided engineering, CAE）/计算机辅助制图（computer aided manning, CAM）技术发展迅速，智能制造出现了"构思三维产品→计算机三维实体造型→数控编程→加工"的新型生产模式。因此，"无图纸"的基于模型定义（model based definition, MBD）的研究与应用成为工程图学应用的发展趋势。与此同时，我国制造业智能化程度发展不均衡，三维设计与二维设计将在今后很长的时间内共存，互为补充。

本案例的研究内容为面向制造的建模理念、模型及其信息传递过程中数据的一致性、基于模型的工程定义MBD技术、由模型生成符合国家标准的工程图。

（二）案例拟解决的问题

本案例旨在解决"传统"制图理论与"现代"制图技术的关系、基础理论与实际应用的关系、面向智能制造的设计与工艺的协同关系、三维造型软件与构型思维训练的关系、应用软件与图学理论的关系等问题。

(三) 案例教学目标

1. 知识目标

(1) 了解与贯彻设计意图，体现参数化设计意识。
(2) 了解模型健壮性的意义，掌握简单模型健壮性判别的方法。
(3) 了解体现面向制造设计准则的建模思路，初步掌握零件数字化建模的方法与步骤。
(4) 了解表达方法中数据传递与数据源的一致性，掌握模型工程图样中的数据选取。

2. 能力目标

掌握二维、三维甚至超三维表达机件的方法。

3. 素质目标

(1) 了解国家标准的时代特征与局限性。
(2) 尝试改进表达方法，以适应计算机绘图技术的发展。

二、解决教学问题的方法、手段

(一) 案例研究与实践的主要思路

本案例研究与实践的主要思路为主动适应新技术、新业态、新模式、新产业的需求，推进理念创新、管理创新，打开学校边界、学科边界、知识边界、学习边界和课堂边界，在产学研融通中实质性推动知识体系创新。

(二) 具体措施

1. 转变教育理念，坚持"以学习效果和学生发展为中心"，持续改进

本案例以"学习效果和学生发展为中心"，发挥学生自主学习的能力和教师的主导作用，重新备课设计教学，将教学内容分成课前、课上、课后，构建自主学习的框架，建设"3D工程图学"和"3D工程图学应用与提高"两门慕课（massive open online course, MOOC）；开展以翻转课堂为基础的线上线下混合式教学，引导学生讨论；针对教学难点设计项目，让学生自愿在课外投入更多的时间与精力，并考查学生的学习过程。

2. 挖掘思政元素，将思想政治教育贯穿课程教育全过程

为深入贯彻落实全国教育大会和新时代全国高等学校本科教育工作会议精神，落实立德树人的根本任务，切实发挥课堂主渠道在高校思想政治工作中的作用，本案例采用以下方法将思政元素贯穿教育全过程。

具体措施为：首先进行学情分析；其次寻找教学内容与思政元素的切入点，深入挖掘赵学田教授、倪志福等人物故事，以及国产软件、国家标准的发展历程等思政元素，将科学家精神、工匠精神等思想政治教育内容贯穿本课程教育全过程；最后介绍国家标准和国产软件的时代特征和局限性，为避免"卡脖子"问题培养适合中国实情的制造业精英人才。

3. 正确处理"传统"制图理论与"现代"制图技术的关系、基础理论与实际应用的关系

图学教育包含图学理论、图学思维和成图技术三个方面的内容，在教育过程中需

正确处理"传统"制图理论与"现代"制图技术的关系、基础理论与实际应用的关系。

具体措施为：加强传统工程图学理论和造型思维的理论教学，避免用 CAD 软件教学替代工程图学教学；设计尺规绘图与计算机绘图的教学方案与评价体系；设计计算机二维与计算机三维应用能力的教学方案与评价体系。

4. 正确处理面向智能制造的设计与工艺的协同关系，体现面向制造的设计准则

模型及其信息的表达与传递要贯穿智能制造全生命周期，产品设计与制造是一体化工程，在产品设计时，要考虑到产品制造，并行进行建模与仿真。

具体措施为：在零部件建模时，打破学科边界、知识边界，主动陈述零件的加工工艺和部件的装配工艺，引导学生建模时需尽量体现工艺过程；利用增强虚拟现实技术，补充有关制造工艺的微视频，增强学生的感性知识；最终使建模特征能够被 CAM/CAE 软件识别。

二维码所示为"面向制造的建模示例——开圆锥销"视频，体现了面向制造的建模思路。

5. 正确处理三维造型软件与构型思维训练的关系、应用软件与图学理论的关系

近年来，三维软件 MBD 技术有了长足的进步，MBD 技术如何与传统教学内容相互融合正是本案例的研究内容。本案例响应教育部、科技部软件国产化的要求，为激发学生爱国热情和振兴中华民族的责任感，选择与国产软件公司广州中望龙腾软件股份有限公司（以下简称中望公司）深度合作。

具体措施为：邀请中望公司技术人员到校与教师座谈，培训课程组成员，为我校安装中望 3D 软件、中望机械 CAD 软件。

6. 制订"不同层次教学内容采用不同的考核方式、分类分阶段考核"的评价标准

"工程制图"是一门实践性很强的课程，根据章节知识点，设计讨论问题、考核指标和考核方式，全程关注学生的学习过程至关重要，考核方式同样分课前、课中、课后分段进行。

三、特色及创新点

（一）新教学理念、方法、技术应用

1. 教学理念

坚持"以学习效果和学生发展为中心"的教学理念和"创新引领，能力导向，问题驱动"的教学思路，扩展课程新内涵，充实机械设计新技术，探索问题导向的教学模式，将科研项目和工程实例作为学习任务引导学生发现问题、解决问题，训练创新思维、实践技能和科学研究能力。

2. 教学方法

建设与新媒体、互联网技术相适应、特色鲜明、开放共享的优质课程教学资源，开展基于翻转课堂的线上线下混合式教学，实现教师指导下的"以学习效果和学生发展为中心"的教育教学。在教师引导下，帮助学生总结、综合、应用知识，检验已学知识，鼓励学生自主学习和深度学习。

3. 技术应用

结合基于 MBD 技术、数字孪生技术、虚拟现实/增强现实的多元化沉浸式模型表达方式，建立虚拟制造过程仿真、复杂组合体和零部件模型，并将研究成果融入教学中。

（二）互联网线上教学及共享情况

1. 形成了丰富的线上优质教学资源，发挥了很好的辐射作用

自 2013 年起至今，共建设视频资源 393 个，非视频资源 221 个。已开展 15 轮 MOOC 教学工作（其中"3D 工程图学"15 轮，"3D 工程图学应用与提高"12 轮，在"爱课程"平台上建设国际课程并开课 1 轮）。发布习题 95 套共计 1 497 道，包括客观测试题和主观作业题等。2020 年初，为积极响应"停课不停教"的部署，建设了 70 个虚拟教室视频，时长 700 min，被 15 所学校选用。课程获 2018 年首届中国大学慕课精彩 100 评选展播活动最美慕课奖。

2. 学生学习效果满意度调查反映良好

结合丰富的 MOOC 资源开展线上线下混合式教学，并在每一轮混合式教学后，通过问卷调查了解学生学习效果满意度（见图 1）。

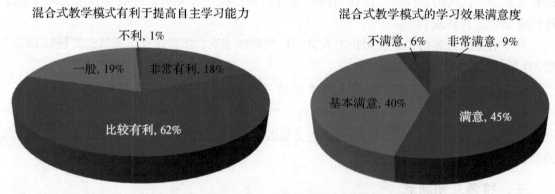

图 1 学生对混合式教学模式的满意度调查结果

3. 混合式教学模式同时也促进了多元化教学手段的创新

通过 MOOC 资源帮助学生灵活利用课外时间，保证基础知识点的学习效果，提高了课内学时的有效利用率，并通过课堂讨论、学生互评（见图 2）等多元化教学手段，增加了课内学时趣味性。

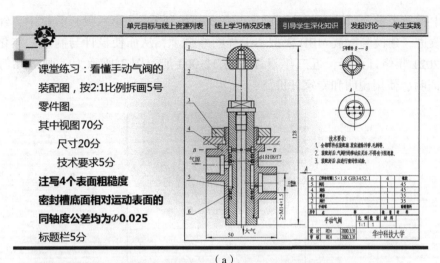

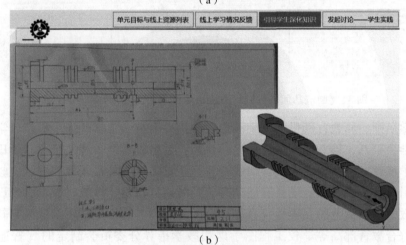

图 2　课堂讨论和学生互评
(a) 课堂讨论示例；(b) 学生互评示例

4. 线上教学获奖情况

课程获国家级一流本科课程（2018 年线上金课"3D 工程图学"、2020 年线上线下混合式金课"工程制图"）。课程组主编的教材入选"十二五"普通高等教育本科国家级规划教材 1 套，课程组获 2019 年湖北省高校优秀基层教学组织称号。

（三）特色及创新点

(1) 将知识点的讲授与思政元素相互渗透、无缝衔接，润物细无声。
(2) 将面向制造的设计准则融入建模过程、工程表达方案中，强化设计与制造一体化。
(3) 将 MBD 技术融入案例教学，为学生的持续发展奠定基础。
(4) 将研究成果转化为课程建设和教材建设的资源，扩大课程的辐射范围。

四、推广应用效果

本案例的研究内容——面向制造的建模思路，最早出现在 2012 年黄其柏、阮春红等主编的、华中科技大学出版社出版的《画法几何及机械制图》（第六版）教材中，经过深入研究和持续改进，建模参数被 MBD 模型和工程图样继承，从而使设计与制造一体化。此教材第八版于 2021 年修订再版，近三年累计发行 12 000 册，图 3 所示为《画法几何及机械制图》出版证明、使用说明和专家评价。

图 3 《画法几何及机械制图》出版证明、使用证明和专家评价

国家教学名师、原教育部机械基础课程教学指导委员会主任、华中科技大学教授、湖北省工程图学学会第八，第九届理事长吴昌林认为：教材编者继承和发扬了赵学田教授、常明教授等的学术成就，持续在图学教育战线奋斗，注重将国内外最新发展成果、教学理念和自身研究成果引入教学，并结合学科发展动态，及时修订教材。该教材教学内容设计的独特性与新颖性、教学手段示范的多样性一直走在全国的前列，特别是在中南地区有较大的影响和辐射作用，符合教育部高等学校工程图学课程教学指导分委员会制定的《普通高等院校工程图学课程教学基本要求》的精神、《普通高等学校教材管理办法》的要求，同时也符合新时代高等教育育人质量工程的要求。

使用这套教材的师生反映良好，认为本套教材以"加强基础、拓宽知识、注重素质、培养能力"为指导思想，以辩证思维方法和工程理论在机械设计理论与方法中的运用，以及图学发展与成就为课程思政主线，以业界需求为牵引、学生发展和能力培养为导向，降低了教学内容深度的同时，增加了宽度和广度，将传统制图理论与计算机辅助二维、三维设计融为一体，并作为课程知识与能力的主线，适应当前高校机械学科大类人才培养方案的要求。

本案例的研究内容融入"中国大学 MOOC"平台上的"3D 工程图学"（国家级线上一流本科课程）与"3D 工程图学应用与提高"（湖北省线上一流本科课程）两门课程中。自 2013 年起至今，共建设视频资源 393 个，非视频资源 221 个。已开展 15 轮 MOOC 教学工作（其中"3D 工程图学" 15 轮，"3D 工程图学应用与提高" 12 轮，在"爱课程"平台上建设了国际课程并开课 1 轮）。发布习题 95 套共计 1 497 道，包括客观测试题和主观作业题等。两门课程选课人数累计近 10 万人。

图 4 所示为国家高等教育智慧教育平台上的选课人数统计。

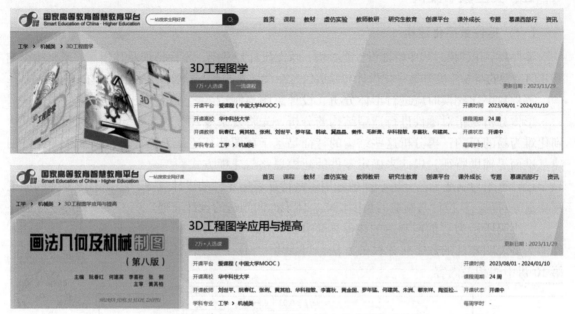

图 4　国家高等教育智慧教育平台上的选课人数统计

"3D 工程图学"是我校首批入选"学习强国"平台的慕课课程之一,通过课程思政素材的点击播放数据,可体现思政内容的受欢迎程度。如图 5 所示,课程思政素材点击播放量为 158 714 次,工程图学历史知识体现在课程的首章节。

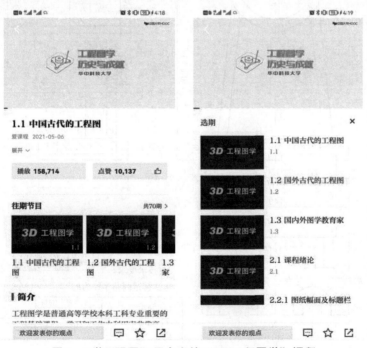

图 5　"学习强国"平台上的"3D 工程图学"课程

五、典型教学案例

（一）零件数字化建模

零件数字化建模过程中特征设计是关键，草图设计是基础。零件特征及其相互关系直接影响着几何造型的难易程度和数字化设计与制造信息在设计、制造、检验间交换与共享的方便程度。

零件数字化建模时应进行形体分析、设计意图与制造工艺分析。

形体分析是指对零件进行造型结构的分析。先将复杂零件分解为熟知的几何形体，以达到化难为易的目的；再分析这些结构的特征是基于草图特征还是工程特征，以及是否需要创建基准面等辅助特征，以此来确定零件的建模思路与建模方式。

设计意图与制造工艺分析必须想好用哪些特征表达零件的设计意图，必须考虑零件的加工和测量等问题，从设计与制造的角度切入，体现面向制造的设计准则。

二维码所示为"面向制造的建模思路分析"视频。以图 6 所示轴承架零件图为例说明零件的数字化建模的方法，可参考"3D 工程图学应用与提高"第 10 讲中的相关内容。

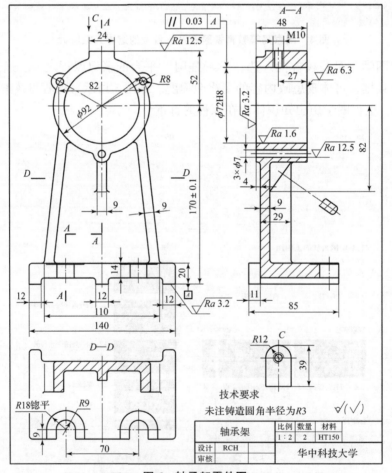

图 6　轴承架零件图

由图 6 可知，轴承架为铸造零件，其中的孔、槽结构尺寸不大且后续需要机加工，因此，建模时可以先不考虑这些孔、槽结构，先创建其毛坯模型。毛坯模型各个特征草图及历史树如图 7 所示；具体操作可参考"3D 工程图学应用与提高"第 10 讲中的视频。

但要注意，建模过程中不能改变设计意图，同时需体现面向制造的设计准则。例如，创建圆筒外形特征时，其特征草图圆心的定位尺寸为（170 ± 0.1）mm，可在草图中直接输入，如图 7（a）所示。图 7（b）所示为顶面凸台草图放置平面的创建，它是以圆筒水平面为父特征创建的基准面，凸台的特征草图放置在该平面上，可直接拉伸到表面创建该特征；圆筒水平面与顶面凸台草图放置平面之间存在父子工程伦理关系，可以保证定位尺寸 52 mm 的设计意图；但顶面凸台草图放置平面不能以底面 XOY 平面为父特征，只能通过偏移 170 + 52 = 222 mm 得到，这样就改变了设计意图。其他特征自行分析，特征草图上的尺寸尽可能与零件图尺寸一致。图 7（c）所示为轴承架毛坯模型及其历史树。

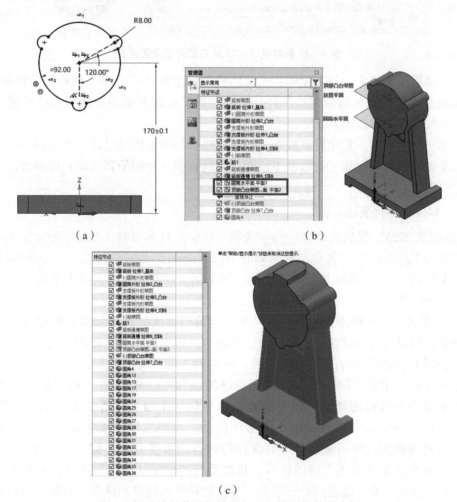

图 7　部分特征草图与轴承架毛坯模型及其历史树

（a）带 R8 凸台的圆筒外形特征草图；（b）工作平面的创建；（c）轴承架毛坯模型及其历史树

完成轴承架毛坯模型后，再考虑机加工的特征，机加工的特征是数控加工可识别的特征，一般与刀具有关，因此，应该单独创建以方便工人加工。采用工程特征完成圆筒内孔 $\phi72$ mmH8、3 个 $R8$ mm 凸台中的小孔 $\phi7$ mm 和顶面凸台中的螺孔 M10 的创建，如图 8 所示。阶梯 U 形槽可用草图特征拉伸得到，需先拉伸小槽贯通底板，再拉伸大槽，大槽深度为 2 mm。小槽拉伸贯通底板、大槽拉伸 2 mm 就是模仿加工的先后顺序。圆筒内孔、凸台中小孔的轴线都是水平方向，而顶面凸台中的螺孔轴线则是竖直方向，因此，最好不要改变创建顶面凸台中螺孔的顺序。此特征创建的顺序即体现了加工顺序。

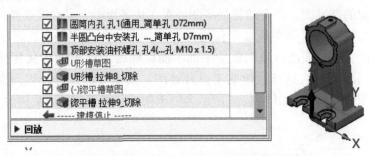

图 8　轴承架模型及机加工部分建模历史树

零件的建模顺序应遵循如下原则：先实体特征后空体特征；先毛坯特征后机加工特征，圆角特征放在毛坯特征的最后机加工特征之前。图 7 和图 8 中的特征名称已经进行了重命名，可以方便管理或修改图纸。

要创建一个正确的参数化特征模型，必须有机械制图、机械设计、机械制造等许多相关知识，力求做到用与实际加工过程基本匹配的方式建模，才能使其他用户能够方便、有效地再次使用模型。

（二）零件数字化表达方法

《中国制造 2025》明确提出要"以加快新一代信息技术与制造业深度融合为主线，以推进智能制造为主攻方向"，"强化工业基础能力"，"促进产业转型升级"，"实现制造业由大变强的历史跨越"。制造业正加速向数字化、网络化、智能化发展，其中主要表现之一就是 MBD 技术。图 9 所示为轴承架 MBD 模型。

MBD 技术又称三维标注技术，可将尺寸、表面粗糙度、几何公差等数据直观地呈现在使用者面前，但是它并不仅仅是三维标注，它还包含模型加工和装配的工艺信息，这使得采用 MBD 技术的三维模型具有很好的直观性、可读性，可以直接用于指导生产。

制造业在向数字化、网络化、智能化发展的进程中，MBD 技术有了长足的发展，三维设计也有了全面的应用场景。但受制造技术和软件本身功能等因素的制约，目前还有许多企业采用三维实体模型来描述几何形状信息，而用二维图纸来定义尺寸、公差和工艺信息，可见现阶段二维图纸还是产品设计与表达的重要方式。因此，三维设计完成后，设计者须根据各类零件表达方法的特点，将模型转换成零件的工程图样，并根据国家标准修改为合适的表达方案，以表达设计意图。零件的尺寸标注必须从零件建模时的特征参数或 MBD 模型中继承，以保证零件尺寸参数从设计建模到生产用工程图样，以及后续有限元分析全过程的一致性。

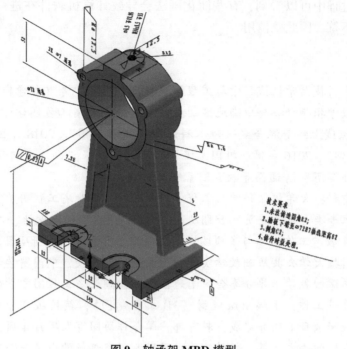

图 9　轴承架 MBD 模型

图 10 所示为中望 3D 软件绘制的轴承架二维工程图样，此工程图样使用了继承零件模型参数的方法进行绘制。基于目前软件的水平，二维工程图样的大部分数据可以从三维模型中继承下来，生产上不足的数据也可直接标注完成，图 11 所示为完成后的轴承架二维工程图样。

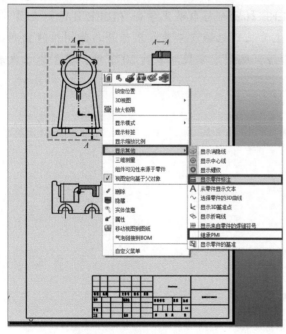

图 10　轴承架二维工程图样

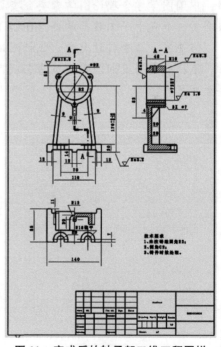

图 11　完成后的轴承架二维工程图样

从上述操作过程中可以看到，有些简化画法会导致计算机软件在进行绘图时操作更复杂，与标准初衷不符，因此要慎用。

作者简介：

阮春红，华中科技大学机械科学与工程学院教授，华中学者（教学岗），教育部高等学校工程图学课程教学指导分委会中南地区副主任委员，湖北省工程图学学会常务副理事长。2020年首批国家级线上线下混合式一流本科课程"工程制图"、2018年国家精品在线开放课程"3D工程图学"、2016年第一批国家级精品资源共享课"画法几何及机械制图"课程负责人，主编"十二五"普通高等教育国家级规划教材等。

罗年猛，华中科技大学机械科学与工程学院副教授，湖北省工程图学学会秘书长，中国图学学会制图技术专委会常务委员。长期从事"工程制图""机械设计"本科教学和"计算机图形学"研究生教学工作；参与多项国家基金项目，负责多项科研项目。

张俐，华中科技大学公共基础教学实验中心主任，副教授，中国图学学会理事，教育部高等学校工程图学课程教学指导分委会中南地区委员，湖北省工程图学学会常务理事。负责工程制图课程群建设工作，主编出版教材《3D工程制图》，获校级"十四五"规划教材。近三年主持省级教研项目1项并完成，教育部产学合作协同育人项目4项，获高校产学研创新基金1项，发表教学论文2篇，教学改革成果融入国家级教学成果一等奖。

韩斌，华中科技大学智能制造装备与技术全国重点实验室教授，博士生导师，国家级青年人才，华中科技大学机械电子工程专业博士，清华大学自动化系博士后。主要研究方向为智能无人系统机构综合与运动控制。现为中国仿真学会智能无人系统建模与仿真专委会秘书，中国图学学会理论图学专委会委员，中国机械工程学会/中国仿真学会/中国图学学会高级会员，电气电子工程师学会（IEEE）和IEEE机器人与自动化学会（IEEE RAS）会员。

万亚军，华中科技大学出版社副编审，主要从事机械类专业学术专著与教材编辑出版工作，主持和参与策划国家出版基金项目10余种，编审国家规划教材20余种，近年来已发表论文2篇。

以高阶认知为目标的研究型思维能力培养的教学模式探讨

续 丹

西安交通大学

一、案例简介及主要解决的教学问题

(一) 案例简介

自 2000 年以来,随着数字化信息技术的发展和加工手段的变革,三维表达理论与二维表达理论融合已成为发展趋势。由续丹主编的普通高等教育"十一五"国家级规划教材《3D 机械制图》率先面世,主编在同行的全国性学术会议中发言并得到了专家们的认可,中国图学会副理事长清华大学资深专家童秉枢教授还为主编出版的《3D 机械制图》教材作序,该成果获得了西安交通大学教学成果一等奖,陕西省教学成果二等奖,其间以提升学生实践能力为目的的应用环节也开始在工业设计专业开展。"中国大学 MOOC"平台中的"工程制图解读"课程于 2019 年投入使用,2020 年在我校钱学森学院智电钱 01 班开始混合教学,并于 2023 年被认定为国家级线上一流本科课程。课程使用的教材经过 23 年教学实践的检验,从教材《3D 机械制图》到《三维建模及工程制图》历经多轮迭代改进,以提升学生创新能力和工程应用能力为目标,符合最新时代发展需求的新体系教材《工程图学与实践》出版发行,将培养学生创新意识和启迪学生建立研究型思维模式、规范化学生实践教学正式纳入教材体系,使学生的创新训练环节更规范化,教学体系更能符合学生的认知水平。

图学课程作为一门必修基础课,以培养拥有更强的图学能力、工程素质、创新意识的新时代工程科技人才为根本目标,以培养学生建立基本的科学研究思维能力和工程应用能力为课程特征,为培养满足未来国家多元化重大需求的、具有交叉学科背景的世界一流的工科领军人才奠定基础,课程担负着拓展形象思维和启迪工程意识的重任。采用课堂教学与慕课拓展学习相结合的混合式教学模式,可在达到培养学生具备一定工程素养的同时,实现素质培养和价值塑造的育人目标。

本课程教学方法采用混合式教学,利用我校创立的国家级一流线上数字化信息的有利资源,运用以实际产品驱动知识获取的逆向思维模式,探索与新时代数字化信息技术发展和加工手段的变革相适应和同步的教学方法新思路,实行课创融合。教学中以实际产品为切入点,在学生还不具备工程图样表达概念的基础上,引导学生从探究产品表达的模式(如直观三维立体形式或非直观的二维装配图模式)开始,引导学生通过信息检索与信息应用、翻阅教材的方式，理解所表达的产品含义及信息，逆推出对二维表达相关概念的理解，保证在同步学习理论知识的基础上，全面掌握表达的内涵与方法，此过程让学生感到学有所用。同时，本课程将机械制造工艺及先进机械制造技术有关概念和理论知识在实际工程问题中的应用纳入教材，引导学生在理解工程概念的基础上，建立研究型科学思维观，增强学生的创新意识，在激发学生学习的积极性和主动性的同时，最大限度发挥学生的潜能与创造力。

（二）主要解决的教学问题

大一新生工程背景知识欠缺，在学习中面对诸多与工程相关的问题时会出现畏学心理。例如，在学习工程应用知识时，由于相关内容涉及大量的国家标准，且缺乏与其关联的产品加工及工艺结构知识，学生会为应付考试而死记硬背，认为学习活动单调乏味。如何克服学生的畏学心理，激发学生的学习热情，变被动学习为主动学习，是首要问题。

旧的教学内容与时代发展需求的脱节。教学体系将表达方法从二维单一方式表达，改为三维表达与二维表达的融合。这种融合不是简单地在二维表达基础上添加了三维软件应用，而是探究了表达的含义，以及三维表达与二维表达之间的关联。表达方式引入了图学理论，使表达立体结构形式更有规律可循、更易于被学生理解和接受，同时更体现了时代性。

二、特色及创新点

从 2000 年开始，课程组历经 23 年的探索与实践，从主编普通高等教育"十一五"国家级规划教材《3D 机械制图》《3D 机械制图习题集》到主持获得省级教学成果二等奖，过程中不断开拓创新，形成了课创融合的教学体系新思路，并借助信息化教学方式将提升学生的创新思维落到实处。

本教学模式主要创新点如下。

（一）坚守立德树人的职责，将课程"育人"融入教学，促进学生健康成长

课程学习的对象主要是大一的学生，他们初入校门，会出现空间想象能力薄弱、工程知识欠缺等问题，学习中面对诸多问题会出现畏学心理，因此在线上课程设置时，添加了每周应掌握的知识重点和下周涉及内容介绍，会告知学生在学习中可能会遇到的问题与困难，并鼓励学生排除困难。让学生懂得每一位伟人，都有自己的逆境，而逆境对于成功者而言就是一种收获。

（二）课创融合，将提升学生的创新意识、奠定研究型学习的基本思路与方法落到实处

《工程图学与实践》教材由 4 篇组成，分别为：产品加工制造认识篇、形体表达基础理论篇、机械产品表达篇、实践应用篇。综合实践活动是在教师的带领下，使学生通过多样化的实践性学习方式，经历实践—认识、再实践—再认识的过程。学生在资料查阅和信息检索中认识产品，在结构及组成分析过程中发现问题，在设计表达和理解巩固所学理论与知识的过程中，提升实践经验。通过此过程可更有效地培养学生发现问题、解决问题，以及信息应用与沟通等综合应用能力，让学生初步了解研究型学习的思路与方法。

(三)以学为中心,实现与前沿技术的融合,构建适应时代发展需求的新模式教学体系

现代信息技术的发展改变了人们的思维、生产、生活和学习方式,学习时空与学校边界更加拓展,催生了教育教学新形态。"工程图学"课程也随着信息技术的发展,在教学理念、教学内容和教学模式上发生了巨大的变化。基于目前制造业的发展,3D打印技术、高精度加工、数控加工逐渐成熟,产品信息的流动向着立体化、数字化方向拓展,引发了设计表达方式的转变。针对此变化,教材中体现了将图学理论应用于教学的理念,提出了三维设计表达与二维投影表达相融合的理论思想体系。该教学成果获得了陕西省教学成果二等奖。

(四)分析学生的认知水平,合理规划教学活动,精心安排教学内容,整合优化教学资源,满足学生个性化学习需求

以学生的认知和学习心理为导向,将教学内容划分为多个知识点,抓住重点、围绕难点、由浅入深解读课程,强化过程性评价,发挥网络资源对课堂教学的辅助作用,更好地实现以自主学习能力的培养为目标的多环节交叉融合的混合教学模式。混合教学成绩构成分别为线上15%(包含课程讨论与资料学习、单元(每周)作业、单元(每周)测试、期中期末考试)和线下85%(每周作业、课堂讨论、测试、综合实践、期中期末考试)。

三、推广应用效果

以实践项目为驱动,混合式教学模式提高了学生图样表达的初步工程实践能力,同时也提高了学生学习的积极性和主动性。以下为大一学生制图课程启迪创新思维、创新理念与感悟部分展示。

(一)示例

1. 成果

学生以装配图为背景制作完成的产品工作原理动画及效果图如图1所示。

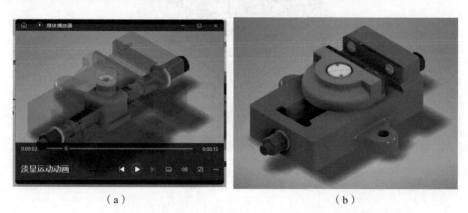

(a)　　　　　　　　　　(b)

图1　学生以装配图为背景制作完成的产品工作原理动画及效果图
(a)学生制作的工作原理动画;(b)学生制作的成品效果图

2. 发现问题、查阅资料得出的改进思路

以传统虎钳为例，学生发现问题、查阅资料得出的改进思路如图 2 所示。

图 2　学生发现问题、查阅资料得出的改进思路

3. 具体分析描述

以分析虎钳为例，学生具体分析描述内容如图 3 所示。

解决方案：分形虎钳。

　　产品与普通虎钳相比，它具有非常巧妙的机械设计——分形结构。将平面钳口板改进为两片活动钳口，从而赋予它高度的自适应性，可以卡住几乎任意形状的工件。分形虎钳的两片活动钳口受丝杠控制开合，每片钳口都分为四个层级，而每个层级又都有相似的扇形结构与旋转功能。旋转是通过滑槽实现的，滑槽上有限位孔，以保证每个扇形可以在一定角度内来回转动，从而使最后一个层级的触手能够适应工件的复杂外形。在卡钳动作的过程中，由于每个扇形都可以绕其局部坐标系旋转，因此，只要还有触手未完全接触到工件，总是会存在一个非零的力矩使其转动，直到完全接触工件。无论工件外形多么复杂，当所有触手和工件完全接触之后，压力会得到较完整的分配，从而产生足够且均衡的摩擦力将工件固定起来。

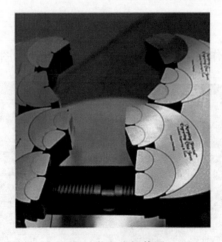

图 3　学生分析截图

4. 应力分析

大一学生自学完成装配体应力分析和形状优化如图 4 所示。

装配体应力分析：

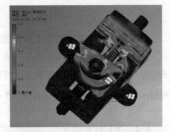

Mises 等效应力分析

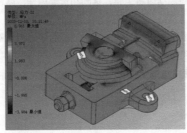
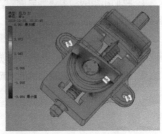

Z轴方向应力分析

形状优化

在应力分析结果下，利用Fusion360软件进行虎钳嵌座的形状优化分析。该软件的形状优化提供智能策略，可基于指定的约束和载荷来最大化零件的刚度，并减少钳座的质量。

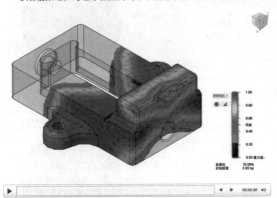

分析结果显示，由于嵌座顶部和底部应力较小，对结构刚性作用较小，故可以去除。但由于该分析不符合实际生产需要，因此不能采纳。

图4　学生对装配体进行应力分析和形状优化

5. 总结与感悟

学生报告中描述的总结与感悟如图5所示。

（二）学生学习效果对比

与平行班进行对比，该教学模式班级的学生成绩优秀率提高将近20%，如图6所示。

八、总结与感悟

8.1 总结

我们小组此次合作完成工程制图大作业，学习并掌握了 Inventor、Autocad、Fusion360 等软件。从软件学习，基础知识学习到实体模型的拆解，从三维建模，到二维图纸，再到虎钳材料与应力分析以及最终的报告撰写，我们组的成员在通力合作解决困难的同时极大地提升了解决问题的能力与合作精神，提升了我们对工程图学的兴趣，也为我们未来工程图学的学习打下深厚的基础。

8.2 可以改进之处

1. 我们小组的动画还稍显简陋，改进后可以将组装、拆卸和运动原理、展台放在一个动画中，以便得到更好的展示效果。
2. 虎钳的应力分析还可以向更深层次探索，如建模分析钳口板的表面粗糙程度对夹力的影响以及虎钳夹力与生产之间的关系、虎钳结构优化和材料改进。
3. 由于时间原因，我们未能完成虎钳的加工过程分析，之后可以进一步探索。

图 5 学生总结与感悟

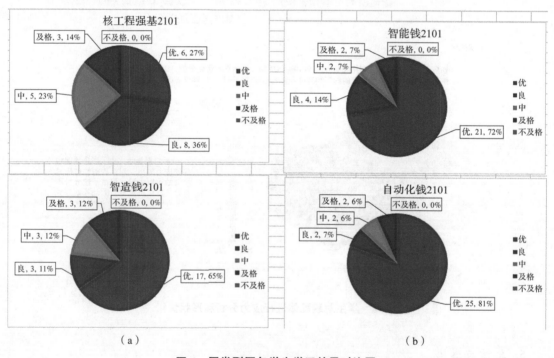

图 6 同类型同年学生学习效果对比图

（a）平行班成绩分布；（b）该教学模式班级成绩分布

四、典型教学案例

"工程图学"课程共 52 学时，混合式教学安排线下 32 学时，线上 16 学时，另外 4 学时为实践应用环节答辩与分析讨论，其中 CAD 软件应用学习设置为课外 24 学时，用于讲授软件应用及针对综合实践相关内容的分析讨论,总授课时长为一个学期。

新开课时,教学安排一学期的授课计划为16周,前半学期为每周2学时,后半学期为每周4学时。第2周开始布置综合实践大作业,以装配图的方式给出,让学生直观了解课程目标,激发学生的探究热情,在完成学生分组的情况下,由学生制订工作计划及任务分工,再经由教师引导,通过查找资料,探究装配体的内涵,实现对产品的认识与了解。熟悉装配图的应用领域及要解决的问题后,基于问题导向,以倒序的方式,在教师的带领下,随着教学内容的深入,逐步实现对装配图所表达内容的深刻理解与掌握,启迪学生建立起在问题引导下进行研究的科学思维模式,增强学生的创新意识。

课堂授课第2周主要讲授三维表达的立体结构特点与分析,第3周开始讲授二维表达,讲解时注重分析三维立体的结构特点与二维表达特征之间的关联,让学生建立三维与二维表达之间的对应关系,目的是让学生了解立体构成、视图绘制和尺寸标注是统一的、是有规律可循的,有效培养学生建立空间想象能力,同时也在课程内容的不断深入过程中,理解如何从综合实践提供的一张装配图中剥离出各个零件的思路与方法。课程内容进行到装配图部分时,学生基本完成了零件装配、对产品结构合理性的分析与创新点的思考。学生在整个学习过程中最可贵的是能一直表现出高度的探究热情,也体会着从工作中获得的成就感,体会着从装配图到产品制作工程中的挑战和乐趣,整个教学过程达到了对工程概念的理解与表达的目的,使学生由被动学习变为主动学习。另外,从学生绘制零件图和装配图部分的思维导图也可以看出,零散的知识点被贯通,可使学生有效地建立起零件图和装配图中相关内容的顶层逻辑。

具体实施方法见机械工业出版社出版(ISBN:978-7-111-72198-7)续丹主编的《工程图学与实践》第四篇"实践应用篇"中第七章"图样表达综合实践"。该教学案例纳入的是学生所完成的综合实践。

作者简介:

续丹,西安交通大学机械工程教研室主任,博士,教授,陕西省图学学会副理事长,西安交通大学名师,陕西省后备名师。获得主持的省级教学成果二等奖、2004年宝钢教育奖、校级教学卓越奖、"我最喜爱的老师"等奖项。主持国家级线上一流本科课程"工程制图解读",主编国家级教材4本,科研主攻电动汽车整车控制技术及水下机器人监测控制技术。

基于数据驱动的工程图学教与学精准融合

冯桂珍

石家庄铁道大学

本案例围绕综合设计的表达和创新思维能力的培养以及教与学的精准融合,基于布鲁姆认知目标分类重构了分层递进的课程体系,自主开发了立体化、网络化、移动平台化的图学思维训练环境,构建了基于"SPOC+图学思维训练"的线上线下混合式学习、移动式学习和协作式学习等多模式教学,通过知识图谱、在线学习数据分析实现教学全周期的精细化和个性化反馈与监测,突破了传统课堂教学的时空局限,并将基于红色主题和传统文化等的产品设计概念引入课堂教学,促进知识传授、能力培养及课程思政育人的同向同行,取得了良好的教学效果。

1. 案例简介及主要解决的教学问题

我国新经济快速发展,迫切需要新型的工科人才作为支撑,而探索多样化、个性化的人才培养模式,培养具有创新能力和跨界整合能力的工程技术人才,是"新工科"背景下高校人才培养的重要任务。同时,设计思维和设计表达是创新设计的核心,任何产品的创造都离不开创造性思维,而任何产品由设计概念变成现实产品也离不开设计表达。因此,加强学生空间想象力、空间思维能力、构型设计能力和设计表达能力,是培养和训练创新设计能力的重要组成部分,也体现了"工程图学"课程在创新人才培养中的重要性。

加快推进教育数字化是建设教育强国的战略举措。在 2021 年第十二届新华网教育论坛上,教育部高等教育司司长吴岩在主题报告《要全力抓好高校教育教学新基建》中指出,教学新的融合将引发一场新的学习革命,混合式教学要成为今后高等教育教学的新常态。在 2023 年世界数字教育大会上,教育部怀进鹏部长在主题报告《数字变革与教育未来》中指出,数字教育应是公平包容的教育、更有质量的教育、适合人人的教育、绿色发展的教育、开放合作的教育。联合国教科文组织在 1998 年世界首届高等教育大会中提出,高等教育需要转向"以学生为中心"的新视角和新模式。"以学生为中心"的教育教学,本质是以建构主义的方式实现探究和自主学习,正在逐渐受到国内外学者的关注,如赵炬明教授提出的"以学生为中心"的"新三中心"教育教学模式等。可以看出,教育正在经历一场从教学资源建设向教育模式改革、教学过程重构的变革,数字化技术的蓬勃发展为高等教育高质量发展创造了新的前景。

传统教学模式更多的是以教师、教材和课堂为中心,单纯注重制图知识和技能传授,忽视知识综合运用。一是存在工程意识淡薄、制图应用能力不高、设计表达能力差等比较突出的问题;二是终结性评价更侧重于对学习者的学习成绩和教学目标的总体达成情况进行评估,而不是对教学全过程进行量化追踪和精确评价,难以适应创新型人才培养的要求,也无法满足个性化学习的需求。为了增强学生的创新意识，提高工程素质和制图基础知识的综合应用能力，并充分利用学习数据进行信息跟踪挖掘、科学监测评价等，本案例通过个性化学、差异化教和科学化评实现教与学的精准融合，并结合河北省创新创业教育教学改革研究与实践（2023cxcy109）等项目，对"工程图学"课程进行了改革探索和实践。

2. 解决教学问题的方法、手段

2.1 基于布鲁姆认知目标分类，构建分层递进的课程体系

基于布鲁姆认知目标划分模块，将知识体系分为理解、表达、应用、工程和创新五个层面，重构课程体系，目标设计遵循从低阶到高阶的分层递进（见图1）。

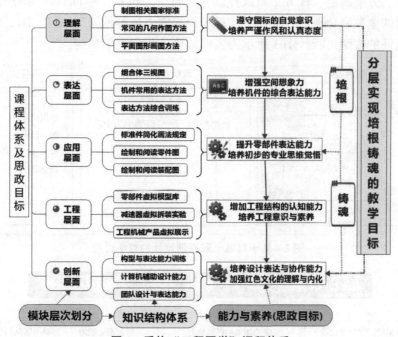

图1 重构"工程图学"课程体系

教学实施过程中重点围绕三个方面展开。

（1）解决单纯注重制图知识和技能传授、忽视知识综合运用的问题，建立以投影思维训练为基础、设计表达为主线的训练体系，将创新思维训练和创新性设计能力的培养引入到课程实践体系中，加强学生制图知识应用能力的培养和训练。

（2）基于线上线下混合式学习、协作式学习、移动式学习等多模式教学，由以教师、教室和教材为中心的"传统三中心"授课模式，转变为以学生自主学习、学生学习效果和学生发展为中心的"新三中心"模式，促进知识的主动获取和内化。

（3）将初步的产品设计概念引入到制图课堂教学中，通过任务驱动和知识图谱促使学生学会运用制图知识解决设计表达问题的方法。同时，在产品概念设计中融入红色主题和中国传统文化等元素，在提升自主设计和表达能力的同时，加深对红色历史与中国传统文化的理解和内化，润物细无声地实现课程思政。

2.2 基于"SPOC+图学思维训练"构建混合式学习、移动式学习和协作式学习等多模式教学，通过知识图谱和任务驱动实现教与学的精准融合

"工程图学"课程集逻辑思维与形象思维于一体，具有很强的理论性和实践性。如果单纯"填鸭式"灌输，则学生往往感觉枯燥，且课堂气氛沉闷、教学效果差。如何提高学习者的积极性，促进自主学习，给以教师为中心的传统课堂教学模式带来了新的挑战。为此，课程组构建了立体化、网络化、移动平台化的图学思维训练环境以及"工程图学"在线课程，并将简单的产品设计引入课堂教学，形成了基于课程学习目标设计课程体系的知识图谱，通过任务驱动的方式设计与知识图谱关联的学习活动，通过知识图谱实时反馈某个知识点、某个环节、某单元学习目标等的达成情况，并利用关联知识推送（如在线自测等）、任务进度提醒、方案改进、任务重做或补做等及时反馈机制，形成教学全周期的闭环监测，实现教学过程的全数字化覆盖，促进了知识传授与能力培养的同向同行。图2所示为基于对准一致原则设计的教学过程，图3所示为多模式协作教学框架结构。

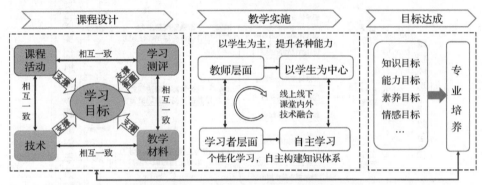

图2 基于对准一致原则设计的教学过程

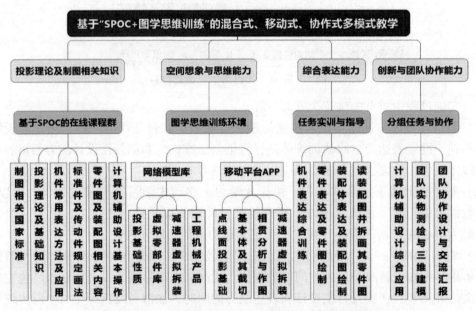

图3 "SPOC+图学思维训练"的多模式协作教学框架结构

3. 特色与创新点

3.1 特色

（1）构建了立体化、网络化、移动平台化的个性化图学思维训练环境。

"工程图学"课程集逻辑思维和形象思维于一体。由于形象思维的特点，更适合采用形象、直观的手段对知识进行呈现。为此，课程组建设了"工程图学"在线课程群，利用移动互联网技术、虚拟现实技术等自主开发了安卓移动平台上的图形思维训练 APP，形成了一套立体化、网络化、移动平台化的学习资源体系，极大地拓展了课堂教学的环境资源，构建了混合式学习、移动式学习和协作式学习等个性化学习模式。图 4 所示为虚拟模型库个性化学习资源体系。

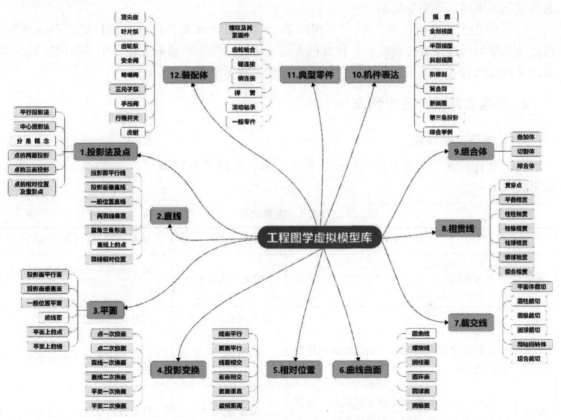

图 4　虚拟模型库个性化学习资源体系

（2）建立了以竞赛驱动的创新设计实践体系。

如何激发学生的创造性热情和积极性，关键在于构建一套完整的创新设计能力培养激励机制和策略，激发学生的参与热情，而寻找合适的切入点至关重要。全国大学生先进成图技术与产品信息建模创新大赛、"挑战杯"中国大学生创业计划大赛、机械创新设计大赛等各类竞赛通常分校级、省级和国家级三级联赛机制，校级竞赛面向全校学生选拔，实现全覆盖。各类设计竞赛命题往往源自企业和国民经济发展热点，具有很强的针对性、实用性和综合性，更能检验学校专业教学的整体水平和学生的综合创新设计能力,有利于学生将来走向社会。

3.2 创新点

(1)以综合设计表达能力和创新思维能力培养为目标,加强对学生空间想象力、形象思维能力、构型和设计表达能力等核心能力的培养,形成了一套全新的、适应"新工科"背景下创新人才培养模式的"工程图学"课程体系和创新实践体系,取得了良好的教学效果。学生的创新设计能力和设计表达能力明显提高,近年来在各类机械学科竞赛中获得包括特等奖在内的奖项超过百余项。

(2)构建了"SPOC+图学思维训练环境"的线上线下混合式学习、移动式学习和协作式学习等多模式教学和个性化学习环境,基于知识图谱和任务驱动实现了教与学的精准融合,在教学实践中荣获了国家级线上线下混合式一流本科课程、省级虚拟仿真实验项目、河北省教学成果奖二等奖等成果。

(3)构建了"培根铸魂"的"工程图学"课程思政体系,将产品设计概念引入教学,构建任务驱动的设计表达训练,并将红色主题、传统文化等元素融入设计中,润物细无声地实现课程思政育人,效果显著,荣获河北省课程思政示范课。

4. 成果实际推广应用情况

4.1 主要实践成效

(1)在课程建设、虚拟仿真实验、教学成果、新形态教材编写、教改论文方面,主要成果见表1。

表1 主要成果

时间	成果名称	成果类型	获奖情况/期刊名/出版社
2020	专业制图	国家一流课程	国家级线上线下混合式一流本科课程
2021	专业制图	课程思政示范课	河北省课程思政示范课
2018	工程图学思维训练与产品结构虚拟体验辅助教学平台	虚拟仿真实验	河北省虚拟仿真实验项目
2019	基于线上线下混合式教学及政产学研深度融合的大学生双创能力培养研究与实践	教学成果奖	河北省教学成果二等奖
2017	基于综合设计表达能力培养的机械类大学生创新设计能力培养模式研究与实践	教学成果奖	河北省教学成果二等奖
2018	基于Unity3D的减速器虚拟拆装实验	教改论文	图学学报,2018,39(2)
2020	机械制图虚拟体验学习环境的构建	教改论文	教育现代化,2020,7(36)
2023	机械制图CAD建模技术	新形态教材	高等教育出版社,2023

（2）指导学生参加各类学科竞赛，成绩优异，反映出设计创新能力明显提高，设计表达能力日渐突出。其中，全国大学生先进成图技术与产品信息建模创新大赛获团队二等奖3次，个人二等奖10人次、三等奖20人；河北省高校三维制图与构型能力大赛及三维设计大赛，从2010年至今连续13年荣获团体一等奖和个人特等奖等优异成绩。

4.2 推广应用

（1）以加强学生空间想象力、形象思维能力、构型设计能力和设计表达能力等核心能力为目标，对"工程图学"课程进行了六个阶段的教学改革实践，突破了传统"工程图学"课程的内容体系和培养模式，从观念上弥补了过去重知识传授、轻能力培养的弊端，使学生的制图综合能力、设计表达能力、空间构思能力和空间思维能力得到全面提高，教学改革成果获得河北省教学成果二等奖2项。

（2）学生将课堂学到的知识和能力运用到各类学科竞赛中，设计构思、设计表达等方面能力明显提升。在各项改革措施和激励机制的引领下，学生参与创新设计活动的积极性也不断提高，创新能力不断提升，在各类学科设计竞赛中均能获得较好成绩，实践证明，改革的效果是显著的，方法是有成效的。

（3）"SPOC+图学思维训练"多模式教学及教与学精准融合为我校机械、材料和电气学院的人才培养以及专业认证做出了重要贡献，研究成果对其他课程的创新能力培养也具有较好的借鉴意义，对提升大学生的综合能力，使其将来更好地服务社会有着重要的参考价值。

5. 典型教学案例：基于数据驱动的教与学融合实践——以立体表面交线为例

5.1 学情概况与分析

在线教学平台记录学生的各种学习行为数据类型，如学习者个体学习行为数据（任务点完成情况、在线学习时长、作业及测试成绩等）、学习小组的学习行为数据（任务完成情况、团队协作等）、教学班的整体数据（目标整体达成情况等），有效利用这些教学数据，可促进教学设计，提升教学质量。其中的课程数据可以归纳为两部分。

（1）基于课程整体的在线数据：分析学习目标达成情况、知识点得分率，从学习者角度获取难点，为后续教学设计提供依据。

（2）基于当前学习的在线数据：通过学习者个体学习行为数据分析任务点完成情况、在线学习时长等，通过在线学习反刍比、课前测试得分率，获取知识点掌握情况，为课堂教学活动设计提供依据。

有针对性地挖掘和提取课程数据，分析学生如何完成在线学习，对进度落后的学生加强督学，促进深度自主学习。图5所示为不同班级的主要学习活动以及个人学习、分组协助等不同学习活动的得分统计。

由图5可见，通过主要知识点的得失分统计可以精确获取整体平均成绩较低的知识点，如立体表面交线、机件综合表达等；通过任务点完成时长、反刍比监测，可以分析立体表面交线这部分知识点的难度；而从不同学习活动的数据分析对比可见，协作学习有利于同伴之间的交流互动，也更容易促进知识内化和创新性思维的激发。

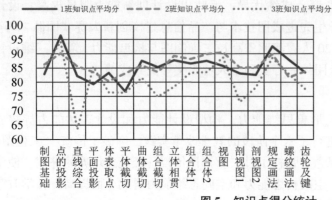
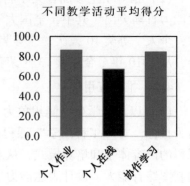

图 5 知识点得分统计

基于上述学情特点和数据分析,将得分较低的知识点、教学难点等设计为小组协作活动,小组之间可以自由组合,小组反馈与互动的方式可以通过课堂随机抽选汇报、点评、小组间互评等进行。

5.2 教学过程

教学过程中要加强对学生学习结果的评测,而学习结果与课程教学内容、教学方法、教学策略等密切相关。基于上述学情特点和数据分析,采用私播课(small private online course,SPOC)、图学思维训练系统及任务驱动线上线下相结合的教学模式,基于成果导向教育(outcome based education,OBE)理念,以学生预期能力获得为导向,正反向结合同步进行,聚焦学生的学习成果,注重学生创新与实践能力及工程素养的培养。混合式教学过程如图 6 所示。

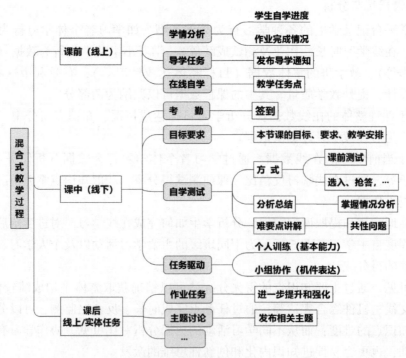

图 6 混合式教学过程

（1）课前导入：任务发布与学习数据监测。

发布导学通知，明确自主学习任务点、在线测试截止时间等要求。基于在线数据检视学习者的学习行为，通过学生完成时间，分析在线学习的时间分布，为布置在线任务的时间节点提供参考；对未完成人数进行统计，及时提醒，或进一步沟通询问原因。图 7 所示为课前自主学习任务导图，这部分内容的难点是辅助平面法的应用。针对任务点，发布测试任务，初步检验学习效果。

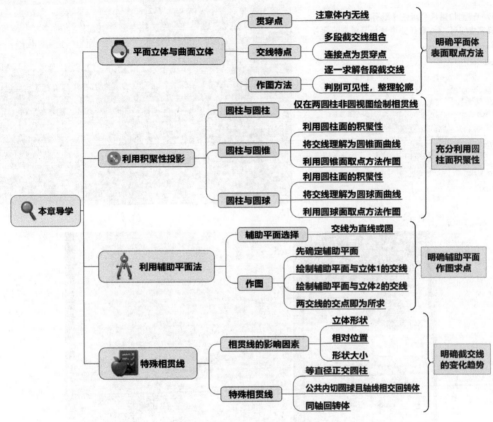

图 7　课前自主学习任务导图

通过对在线数据分析、监督、预测、提醒、评价学习者的学习效果，有超过 60% 的学习者，在线测试成绩为良好及以上，也存在小部分学习者不及格，应督促这部分学生通过相贯线 APP 等强化图学思维训练，并基于知识图谱详细了解某学生的知识点学习和掌握情况，有针对性地推送相关资料。

在课前任务导入的基础上，发布分组任务，明确分组方式、任务截止时间、任务提交及评价方式等具体要求，为课堂交流做好准备。并对知识点掌握薄弱的学生在分组教学活动中给予重点关注。

（2）课堂交流：从知识到能力的初步转化。

设计与分组相对应的任务数，各小组组长领取任务，并在规定时间内完成。课堂上抽选部分小组进行交流汇报（见图 8），例如，立体表面交线（相贯线）的分组任务，部分小组可结合相贯线 APP 进行讲解。通过小组讨论，将相贯线的理论知识进一步内化，也厘清了较复杂相贯线的作图思路，提升了作图能力，以及小组协作能力和交流表达能力。同时，还可提升课堂气氛，充分体现学生为中心的教学理念。

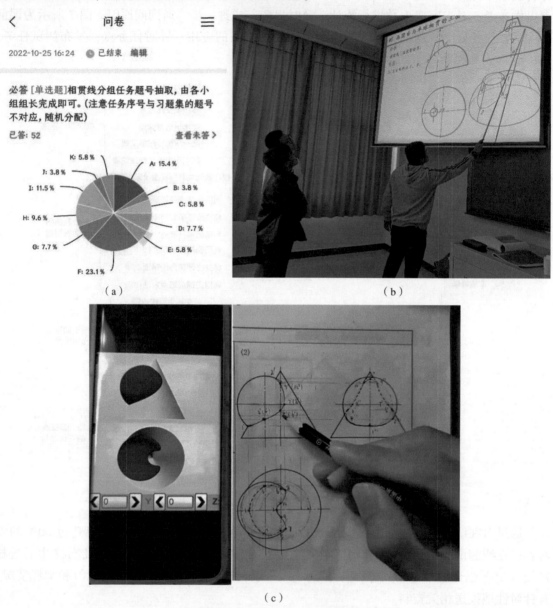

图 8　分组任务及汇报交流

(a) 组长领取任务；(b) 小组课堂汇报；(c) 小组结合手机 APP 进行视频讲解

(3) 课后任务：从理论到实践的初步迁移。

为了加深学生对立体表面交线的深入理解和表达应用能力，发布课后分组任务"寻找生活中的交线"，通过提取其中的几何元素，用三视图等表达，初步实现从理论学习到工程实际应用的知识迁移，如图 9 所示。

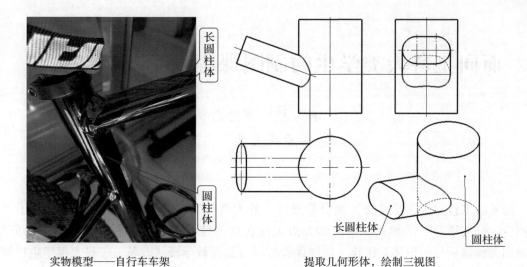

实物模型——自行车车架　　　　　　　　　　提取几何形体，绘制三视图

图 9　课后分组任务

5.3　总结

本案例通过知识图谱将碎片化的资源进行重构整合，形成清晰的专业知识点脉络、资源归纳和关联，学生可以基于知识图谱有侧重点、系统化地学习、完成作业/考试、建立错题本等，通过图表直观方式查看知识点整体完成率和掌握率，并根据知识点掌握情况个性化学习。教师可以基于知识图谱对学生的学习情况进行详细了解和精准分析，针对性制订教学策略，如推荐相关资料（教案、课程讲解规划、作业、拓展阅读资料等），做到因材施教。该方式通过匿名问卷反馈，得到了学生的好评，取得了良好的教学效果。

作者简介：

冯桂珍，工学博士，石家庄铁道大学机械工程学院教授，河北省教学名师，校级师德标兵。国家级线上线下混合式一流本科课程"专业制图"负责人，河北省课程思政示范课、河北省虚拟仿真实验项目、河北省精品在线开放课程负责人，河北省优秀教学团队"计算机辅助设计"团队负责人，荣获河北省教学成果二等奖 2 项。发表学术论文 50 余篇，编写教材 2 部，授权专利 10 余项，目前主要从事车辆系统动力学与控制、机械 CAD 设计等方面研究，担任河北省工程图学学会副理事长、河北省高校设计类教指委委员，河北省振动工程学会委员等。

面向工科大类学生的制图课程教学改革与实践

冉 琰 罗远新

重庆大学

随着新工科建设和学科交叉融合的推进，各大高校为培养复合型工程人才实施了"大类招生、分流培养"的模式。本案例重点关注在这一背景下制图课程改革中存在的问题，在制图课程目标与知识体系优化、制图课程教学方法与教学模式改革、工科大类学生机械制图课程后续开展等方面给出解决方法和手段，提炼出特色及创新点，最后给出推广应用效果及典型教学案例，供广大图学教师参考。

一、引言

随着新一轮科技革命、产业革命的不断发展，国家越来越重视对创新型、综合型工程人才的培养，同时大力推进"新工科"建设、促进学科交叉融合。李培根院士指出，未来的优秀工程师应该具备大工程观，具备多学科知识和系统认识，能够从多学科的视角审视某一工程问题。为深化高校教学体制改革，"大类招生、分流培养"作为一种全新的人才培养模式应运而生，构建与新时代相适应的一流工科专业结构体系成为实现复合型工程人才培养的有效途径。而在这种"新工科"大类招生的背景下，面向专业结构体系的调整，传统教学模式已无法满足人才培养的高水平要求，广大图学教师更需要与时俱进、不断思考，走在课程建设和教学改革的前列，构建更加多样、更具活力的教育教学生态，提高人才培养的质量。

二、案例简介及主要解决的教学问题

作为西南地区的"双一流"高校，重庆大学为加速本科教学改革，自2021级本科生开始推出一项重大举措，以学科大类或主干学科为基础设置宽口径专业，实施"大类招生、大类培养、大类管理"的模式，创建本科生院，修订人才培养方案，形成跨学科专业和以问题为中心的学习。新生入校时将进入理科试验班（数学与物理类）、工科试验班（环化与健康类）、工科试验班（工程与能源类）、工科试验班（电气与信息类）、工科试验班（管理与经济类）、人文科学试验班（法学与新闻类）六个大类其中之一的班级学习，接受广义的通识教育，大二再进行专业分流。

专业结构的调整必然涉及课程内容的改革。"工程制图"是工程类专业学生必修的一门既有理论又有实践的主干技术基础课程，在工程科学人才培养体系中占有重要地位。对于传统"工程制图"课程的教学，重庆大学一直以来是由机械制图教研室和土木制图教研室分别承担，针对不同专业的大一学生进行不同内容的教授。然而面向工科大类学生，由于机械和土木类的制图课程内容差异性较大、专业性较强,教学内容和教学模式并不能简单合并,如何对课程进行科学改革、对教学内容进行合理调整,是一个亟待解决的问题。

为此,探索面向工科大类学生的"工程制图"课程变革实施路径势在必行。在"新工科"大类招生的背景下,课程组对面向工科大类学生的"工程制图"课程目标和课程大纲进行优化,基于"工程制图"课程知识图谱对教学内容与教学模式进行改革,对工科大类学生专业分流后的"机械制图"课程内容进行探索与实践,总结经验和教训,不断改进课程,以期有效解决工科大类招生后制图课程合并存在的教学内容过多、教学内容深度不一、教学模式单一、后续制图课程如何开展有待探索等问题,以适应时代发展需求。

三、解决教学问题的方法、手段

(一)制图课程目标与知识体系优化

课程组通过资料收集、文献研究、调研统计、数据分析等手段对"新工科"背景下,工程类专业人才面临的机遇和挑战、在工程图学方面的社会需求状况及趋势等进行系统的研究和分析;重新梳理"工程制图"与"机械制图"课程的关联关系,详细解读工科大类专业人才培养的新要求、机械类专业人才的毕业要求,将各项要求逐条进行分解,并采用对应关系矩阵的方法分析"工程制图"和"机械制图"课程的知识、能力、素养要求,表达课程与要求指标的一一对应关系,确定课程目标,优化课程大纲。课程组基于课程目标重塑课程知识体系,将课程总体目标分解到各个知识点中,得到每一章节每一堂课更加细化的学习目标,以此为基础构建新版知识图谱,对教学内容进行梳理和调整,将理论与实践结合,传统和现代结合。

(二)制图课程教学方法与教学模式改革

课程组通过多次交流讨论,决定采用灵活多变的混合式教学模式,针对具体的学情制订相应的教学方式和学习手段。在理论知识讲授环节,使学生深入理解制图技术对行业的作用,掌握工程图样阅读、绘制和应用三维工程软件表达设计思想的基本理论和方法,为解决复杂工程问题提供知识储备;通过小组讨论、项目设计、专题作业、线上自学、研究报告等教学环节,着力培养学生的创造性思维能力、协作能力、表达能力及运用工程软件知识解决复杂工程问题的能力。此外,还要充分利用好慕课(massive open online course,MOOC)在线资源和"中望"线上资源,加强教与学的互动交流,通过设置教师在线答疑、在线交流讨论等环节,学生可以发表自己的观点,疏通师—生和生—生之间的交流渠道;建立课程QQ/微信群,通过与学生交流,及时了解学生学习动向和要求,补充丰富教学内容,使教学更具有针对性;开设软件进阶学习,以学生制图协会组织线下朋辈学习,及时提醒课程进度,督促学生按时完成相关作业和测试。

(三)工科大类学生"机械制图"课程后续开展

基于制图课程目标,探索后续"机械制图"课程内容及教学模式,使学生能够真正内化机械制图相关知识并解决机械工程实际问题。跟踪国内外机械技术和机械制图的发展趋势,大量引入工程前沿案例,丰富课程在学生工程能力培养方面的资源,提升学生工程师素养、领悟"大国工匠"精神和厚植机械强国的爱国情怀。结合各类学生竞赛增加可参考的创新设计思想表达案例，不断完善案例库和作业习题库；重新撰写机械制图教材，注重吸取工程技术界的最新成果，增加大量与专业紧密结合的机械制图工程实践相关案例，包括典型传动零部件、机床零部件、航空零部件、机器人零部件等工程图的绘制，以及计算机三维造型及二维绘图，并通过在教学中的实践不断进行探索修订。以问题为导向，构建线上线下融合、教师主导－学生主体的双主教学方法，开展启发式、讨论式、参与式教学。

四、特色及创新点

（一）建立关联图谱，重塑课程体系，精进教学内容，突出双"结合"

分析"新工科"背景下工程类和机械类专业对本课程的要求，优化课程目标和课程大纲，重塑课程知识体系；基于知识、能力、素养等层次，将课程目标分解到知识点中，形成三大模块102个视频资源；通过关联图谱将投影原理、工程表达、三维构型等碎片化知识点进行有机整合，构建完善合理的工程制图和机械制图知识图谱和学习体系，帮助学生建立课程的全局观。课程教学内容将理论与实践结合，传统和现代结合，以传统的投影基本理论为主要内容，充分利用好MOOC在线资源和"中望"线上资源，采用"线上学习＋在线指导＋线下翻转"混合式教学模式，通过减速机测绘和仪器绘图强调理论在工程表达中的应用，并培养学生空间想象力；以现代计算机实体构型理论为主要内容，通过综合创新项目加强三维建模、自底向上或自顶向下设计及工程信息表达的实践应用，培养学生应用现代设计方法开展创新设计的能力，以及应用已有知识发现并解决实际工程问题的能力，从而促进学生真正将知识内化。

（二）强调课程思政，激发学习热情，改进教学方法，促进师生互动

将思想政治教育内化为课程内容，以提升学生的专业素养，激发学生的学习热情。例如，第一章讲述我国与西方国家图学与几何发展简史，讨论中国工程图学史以及图学在中国古代的典型应用，使学生对课程特点及发展历史有整体认识，在宏观把握图学发展历程的同时，让学生感受到我国的灿烂文明和先贤的智慧。注重吸取工程技术界的最新成果，增加大量与专业紧密结合的机械制图工程实践相关案例。例如，在绪论部分，介绍我国在21世纪取得的杰出科技产品辽宁舰、国产超算神威太湖之光、复兴号高铁、"墨子号"量子卫星、"中国天眼"FAST①等；在投影的基础理论部分，引入与投影技术息息相关的全息投影、3D打印、增强现实（augmented reality，AR）/VR等现代化技术；在标准件部分，以螺栓螺钉失效引起的风电、机床等事故为导入，强调标准件设计的重要性；在表达方法以及零件图、装配图等部分，以实际的机械零部件作为讲解和习题的对象等，充分对接国家需求和学科前沿，弘扬社会主义核心价值观，鼓励学生为强国之路做出贡献，有助于增强民族自豪感和强化为中华民族伟大复兴奋斗的精神。综合训练项目采用分组讨论、协作完成、过程汇报、学生互评、教师点评等方式开展，主题也充分结合社会实际，如"敬老、爱老"主题作业，要求学生分组为行动困难老人设计帮扶装置，结合社会实际需求使学生了解和关心社会现状，综合应用课程所学知识解决社会实际问题，在锻炼学生综合能力的同时，培养学生工程

---

① FAST是指500 m口径球面射电望远镜(five-hundred-meter aperture spherical radio telescope)。

师的素养和学以致用的思想。

五、推广应用效果

图学教研室前期教学积淀深厚，长期注重"传帮带"，不断自我革新，教学效果一直处于我校工科大类课程前列，教研室在全国有一定影响力，课程组青年教师有全国研究生样板支部书记、学校学院优秀共产党员等。工程制图1994年被评为校优秀课程，1995年被评为四川省重点课程，2001年通过重庆市重点课程验收，2003年被评为首届国家精品课程，2013年入选第二批国家级精品资源共享课。自2015年以来，依托信息技术对课程体系、教学内容、课程思政、教学方法等进行系统性改革，"工程制图"课程2020年被评为国家级线上一流本科课程、重庆市精品在线课程，2022年获重庆市高校课程思政示范项目。

"工程制图"线上课程是在"爱课程"平台"工程制图Ⅱ"国家级精品资源共享课（负责人：丁一教授）基础上进一步升级产生，于2017年6月建设完成后，在重庆大学私播课（small private online course，小规模限制性在线课程SPOC）平台开展翻转课堂模式应用，作为重庆大学机自、机电、车辆、材控等机械类专业必修课和动力、生物工程、自动化、采矿、电气等近机械类专业的专业基础课，开展了5轮次的应用，有1 500多名学生在线学习。学生对新颖的教学和互动方式很感兴趣，互动参与的积极性很高，学习效果和满意度也大幅提升。2018年10月开始，课程与"中国大学MOOC"平台合作，开展针对国内其他高校的学分课在线授课模式的探索，高校及学生选课的积极性高，截至2020年有郑州大学、重庆科技学院、西南大学、重庆工商大学等20多所高校的近20 000多名学生选择了本课程。到目前为止"工程制图"线上课程共开课11次，有116 196人次参加，课程评价4.8分（满分5分）。课程设计了综合性作业，不同学校的学生可以互相评价，在获得知识的同时也增加了不同学校学生之间的交流。

课程团队近年来发表了30余篇教改论文，出版了多部教材与习题集，承担了多项国家级、省部级教改项目，如教育部的"'工程制图'国家精品课程""'工程制图'资源共享课""'机械制图'试题库"、重庆市教委的"机械基础系列课程研究型学习教学方法研究与实践"、重庆大学教务处的"以综合能力培养为向导的工程制图教学新模式""在线课程混合教学模式试点专项——'工程制图Ⅱ'"等。此外，课程团队承担的重庆市重大教改项目"教育教学环节与能力培养的映射关系研究及教学实践"的相关研究成果获得2018年高等教育国家级教学成果二等奖，近期获2022年高等教育国家级教学成果二等奖等。指导学生获第十六届"高教杯"全国大学生先进成图技术与产品信息建模创新大赛机械类个人全能一等奖、增材制造赛道二等奖，以及2023年中国大学机械工程创新创意大赛"精雕杯"毕业设计大赛二等奖等。

六、典型教学案例

（一）案例名称

逐"影"观物——投影法的基础知识。

（二）教学目标

（1）知识目标：能够准确描述投影法的形成原理及三要素。

(2) 能力目标：能够清楚判断投影法的类别并掌握点线面的正投影特征。

(3) 素质目标：提升工程师的素养，培养工程强国的爱国情怀。

（三）教学设计与组织实施

教学设计与组织实施见表1。

表1 教学设计与组织实施

教学环节 时间分配	教学内容与过程	学生活动	设计意图 表达方式
新课导入 5 min	分小组讨论影子有哪些用途，给大家介绍工程上的用途：在古代，会通过度量影子的长度来计算时间，如日晷；后来在医学上、安检处会用到CT成像；再到过去10年国内急速发展的全息投影技术、金属3D打印技术、VR辅助设计、AR辅助制造和运维等（图片或视频），也都是利用了投影原理。 除此之外，还有一个很重要的用途没有说到，那就是影子是工程制图的基础，人类用平面图形表示空间形体的历史源远流长，我国仰韶文化时期彩陶上的图案不仅具有浓厚的绘画意趣与引人入胜的艺术魅力，更是制图技术所需要的工程几何作图的基础（视频——我国仰韶文化时期彩陶上的图案）。下面一起来学习一下投影法的基础知识	分小组讨论影子的用途，回答问题	利用生活实例和工程案例引出本次课将要讲的内容，嵌入中国工程制图的历史和发展，吸引学生的注意，培养学生的工程素养和爱国情怀
学习目标 1 min	1. 能够准确描述投影法的形成原理及三要素； 2. 能够清楚判断投影法的类别并掌握点线面的正投影特征	获知学习目标	PPT展示学习目标
前测 3 min	下面做一个小测试，看看大家对投影了解多少 **小测试** [多选] 投影的三要素包括（CDE）。 A. 投影中心（光源，如太阳、白炽灯等） B. 投射方向（光线的射向） C. 形体（物体） D. 投影面（如地面、墙面等） E. 投射线（光线） F. 投影	思考并完成测试	进行前测，了解学生的学情，吸引学生兴趣，引出后面的教学内容

续表

教学环节 时间分配	教学内容与过程	学生 活动	设计意图 表达方式
投影法的 建立 5 min	首先来看看投影是怎么形成的。物体在太阳光或者灯光的照射下，会在墙壁、地面形成影子。影子是一种自然现象，将影子这种自然现象进行几何抽象，会得到一个平面图形，也就是投影。这种用平面图形或者说投影来表达空间物体的方法称为投影法。那么在投影法中有一些专业术语。比如，光源在这里称为投影中心，光线称为投射线，投影中心 S 发出投射线与空间物体（形体）相交于 A，B，C 三点，延长 SA，SB，SC 与投影面 P 相交于 a，b，c 三点，abc 就称为空间物体 ABC 在平面 P 上的投影。 　　可以发现，投射线、物体和投影面直接影响投影，是投影产生必须具备的三个基本条件，因此，这三者称为投影的三要素。有的同学可能会问那投影中心为什么不是三要素之一呢？那是因为投影里面并不一定总有投影中心。	学习投影法的建立过程	由前测答案引出第一个教学内容，采用动画PPT进行讲解，并回应前测
投影法的 分类 10 min	根据投射线是汇合还是平行将投影法分为两类，一类是中心投影法，一类是平行投影法。中心投影法的投射线汇聚为一点，就是投影中心，形成的投影称为中心投影，可以看到中心投影的大小是随着投影中心、物体与投影面之间的距离变化而变化；如果将投影中心移到无穷远处，使投射线是一簇平行直线，那么这时形成的就是平行投影，平行投影的大小不随投影中心、物体与投影面之间的距离变化而变化。 　　了解了这些之后再来看这张图片，它采用的是什么投影法呢？中心投影法还是平行投影法？ 　　中心投影法（说明原因）。 　　实际上，透视画法在中国古代绘画的画面构图与造型中应用非常多（视频：车马人物出行图） 　　（继续介绍平行投影法）	学习投影法的分类，思考并回答问题	由第一个教学内容提出的问题引出第二个教学内容，带领学生一起学习，采用工程案例进行提问分析，并对历史案例进行互动讲解

续表

教学环节 时间分配	教学内容与过程	学生活动	设计意图表达方式
点线面正投影的基本特征 8 min	不管是简单物体还是复杂零件都是由点、线、面组成的，那么接下来我们来看看点、线、面的正投影特征。（结合手边的物品分别介绍点、线、面的正投影特征）总结线、面的三个特征：第一个是积聚性，也就是垂直于投影面进行投影，线积聚为点，面积聚为线；第二个是真实性，平行于投影面进行投影，反映出物体真实的大小形状；第三个是类似性，倾斜于投影面进行投影，反映的是缩小的类似性 2、直线的正投影特征　　　　　　重庆大学 垂直于投影面　　平行于投影面　　倾斜于投影面 积聚成一点　　　$cd=CD$　　　　$ef=EF\cos\theta$ 积聚性　　　　　真实性/全等性　　类似性	学习点、线、面的正投影特征	采用动画PPT结合教室里实际物品的方式，带领学生学习第三个内容，互动提问，通过生活实例进行讲解分析
后测 1 3 min	小　测　试 下列光线形成的投影不同于其他三种的是（ A ）。 A．太阳的光线（1.496×10^8 km） B．车灯的光线 C．手电筒的光线 D．台灯的光线	独立思考，完成测试	进行后测，了解学生学习效果
后测 2 6 min	小　测　试　根据左侧的立体，选择右侧对应的三视图	独立思考，完成测试	进行后测，了解学生学习效果，并引出下一次课的内容，提醒学生提前预习

续表

教学环节 时间分配	教学内容与过程	学生 活动	设计意图 表达方式
小结 4 min	下面做个小结，今天学习了三个内容	跟随教师一起完成本节课小结	采用动画PPT，与学生一起总结今天学习的知识要点

（四）教学效果及反思

（1）在新课导入和知识点讲解中大量引入生活实例和工程案例，并特别嵌入中国工程制图的历史及发展，引起学生兴趣，培养学生工程师素养和制造强国的爱国情怀。

（2）采用BOPPPS模式（导入、学习目标、前测、参与式学习、后测、总结）设计流程，有逻辑地进行教学，吸引学生的注意力，增加前测和后测，通过定量化了解学生所需，持续精进教学内容，使学生感到学有所得。

（3）全程进行师生、生生互动，让学生全面参与，"学中做，做中学"，充分调动学生学习的积极性，让学生在愉悦的氛围中轻松掌握知识和能力。

作者简介：

冉琰，重庆大学机械与运载工程学院副教授。获国家级教学成果二等奖1项，接任负责的"工程制图"课程获2020国家线上一流本科课程（排名第四）、重庆市2022年本科高校课程思政示范项目（排名第一），获多项讲课比赛一等奖等。

罗远新，重庆大学国家卓越工程师学院执行院长。获国家级教学成果一等奖1项、二等奖2项，负责的"工程制图"课程获2020国家线上一流本科课程（排名第一），主持国家级"新工科"项目、明月湖——重庆大学新工科科创教育平台和多项市级重大重点教改项目。

以综合素养为目标的多元化教学模式

佟献英　杨　薇　罗会甫　李　莉　赵杰亮　高守峰

北京理工大学

一、案例简介及主要解决的教学问题

（一）课程基本情况

"工程制图基础"是北京理工大学面向自动控制、信息技术、材料化工、机电等非机械类相关专业本科生开设的技术基础课程，共32学时，2学分，授课对象为第一学期刚入学的大一新生，按照4课时/周的教学节奏，8周即结束课程。课程选修人数约1 600人/年，教学班人数为45~55人/班，主讲教师13位，每位主讲教师配备研究生助教1人。

（二）课程建设背景

现代工业的高度智能化和不同专业之间的深度交融决定了工程技术人员必须具备创新能力和知识跨界整合能力。在"新工科"背景下，研究型高校担负着培养领军领导型人才的重要任务，因此，工科大学生在本科阶段接触的第一门专业基础课程——"工程制图基础"，作为表达和交流设计思想、加工制造产品所依据的技术语言，当仁不让地承担起引导学生走入工程世界、启迪学生创新思维能力、培养良好工科素养的责任和义务。

如何引导刚入学的新生尽快从应试教育的学习习惯中解脱出来，培育主动学习能力、实践能力以及发现问题、解决问题能力，为后续课程学习打下良好基础，是"工程制图基础"课程教学的现实目标，而课程所要培养的工科素养、标准化意识、团队协作意识、社会责任感和工程职业道德则是"工程制图"课程教学的深层理念。

（三）课程目标及教学面临的问题

"工程制图基础"课程通过学习投影理论、国家标准、图样表达、图形软件使用等内容，培养学生绘制、阅读工程技术图样的基本技能，课程内容多、实践性强、空间想象难度大，学生须在较短时间内完成学习方法的转变，快速提升空间想象和思维能力，同时培育标准化意识、构型设计能力和表达能力，因此学生普遍反映课业难度大。

近年来，课程学时大幅压缩，若依然采用传统的以教为主、教辅结合的教学方式，则学生难以在短时间内完成知识的吸收内化，不仅会影响课程培养目标的达成，也会影响学生专业学习的积极性。

二、解决教学问题的方法、手段

针对教学面临的问题，为适应我校"培养具有创新精神和实践能力的高素质专业技术人才"的育人理念，课程组以学生多元化素质与能力养成为目标，充分利用信息技术发展带来的便利，借助数字化转型，构建线上线下、课内课外、实践创新的多元课程教学体系，三者之间有机融合，通过"线上资源—翻转课堂—项目驱动—实践提升"的教学线路，形成以学生为主体、项目为驱动、能力为导向的多元化素质培养的课程体系，该体系具体组成如图1所示。

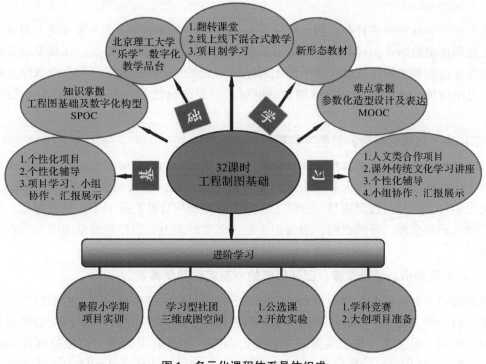

图1 多元化课程体系具体组成

在新的课程模式下，教学活动的时空大幅延展，实现线上线下、课前课上课后、校内校外多空间多时段的运行。由此，少课时的"工程制图基础"课程不仅能达到甚至超越传统教学方式下较多课时的教学目标，学生的自主创新能力也得到较大提升。课程运行模式如图2所示。

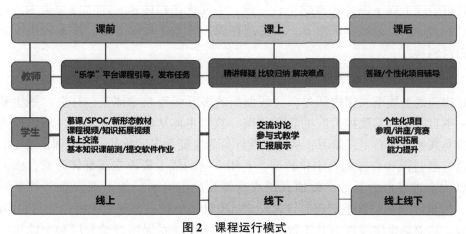

图2 课程运行模式

（一）采用混合式教学模式，实现"翻转课堂"

课前，教师与学生利用线上教学平台发布、接收课程引导与课程任务；学生通过观看线上慕课视频、新形态教材，达成基本教学内容的掌握；教师及助教通过线上讨论区答疑，解决课程的一般难点，经过师生、生生的线上交流，最终在课前完成基本知识测验并提交软件作业。

线下课堂，教师精讲释疑，侧重解决课程的重点、难点和易错点。通过线上测试和作业情况，教师提前总结学生对教学内容的掌握情况，归纳共性问题和难点，在线下课堂重点解决，使教学过程更加精练高效；学生课上通过讨论交流、汇报展示等环节参与教学过程，不断进行思维碰撞，在培养图学思维能力的同时，培养沟通能力、解决问题能力和创新思维能力。

（二）多元化项目驱动，培养实践能力与创新能力

以小组为单位的课程项目贯穿课程始终，并驱动课后的学习与实践活动。课程充分利用北京的文化与科技优势，以人文和工程两类项目作为优选，通过展会、博物馆、人文讲座、传统文化学习等途径，选定项目，分解、实施最终完成项目并汇报展示，从而深化、提高学生对课程内涵的掌握，开阔视野，增强动手能力和实践能力，最终培养学生的工程素养和人文素养。

（三）竞赛牵引，课程支撑，团队保障的创新实践教学体系

为解决学生更高层次的学习需求，建立由学科竞赛和大创项目为牵引的进阶创新实践教学体系。由图学、设计、制造、工训等多学科教师组成的教学团队针对学科竞赛设置暑假小学期项目实训、公选课"基于制图的工程能力训练"和开放实验课"机械基础技能综合训练"，为学生提供指导；学生团队"三维成图空间"通过同伴传承式的学习方法实现知识与能力的接续。课赛融合激发学生的潜力，不同赛道的个性化项目吸引学生的设计兴趣，培养协同合作意识和创新创造能力。

三、特色及创新点

通过打造线上线下混合式教学平台，建立多元化课程体系，在"以学生为主体，以综合素质培养为导向"的教学理念下，本案例在课程体系、教学方法、技术应用等方面具有如下特色及创新。

（一）构建新的课程教学体系

通过构建线上线下、课内课外、实践创新的多元课程教学体系，打造"线上资源—翻转课堂—项目驱动—实践提升"的教学线路，教学主体从教师变为学生，从传授式教学方法变为参与式教学与自主式学习，从结果性评价为主变为多元化的过程性评价为主。

课前，通过课程资源的数字化转型，利用丰富的线上资源实现翻转课堂，线上引导学生对基础内容进行自主学习，教师真正成为课程的引导者；线下课堂教师答疑释难，学生交流、讨论、展示，真正实现参与式教学；项目驱动进一步深化课程理论与实践的结合，拓宽视野，培养学生实践能力与工程素养；创新实践体系保障教学分层和个性化学习的需

求,通过自主性学习、多方向实训,进一步提升设计兴趣和创造力,使学生综合素养得到显著提升。

(二) 带动线上课程资源的建设

自主学习、翻转课堂、知识拓展等新的教学模式和方法离不开高水平线上资源的支撑,因此,新的课程教学体系带动了线上课程资源的建设,极大提高了教师的信息化能力和水平。自 2015 年来,课程组先后打造了 6 门高水平慕课,其中 3 门慕课获评国家级一流本科课程认定,如图 3 所示。

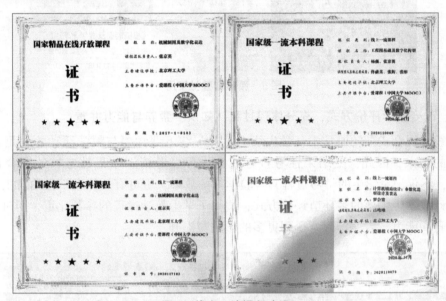

图 3　线上一流课程建设

(三) 催生新形态教材建设

学习模式的改变催生了新形态教材的建设。近年来,教学团队编著的两部新形态教材进一步丰富了数字化教学资源库(见图 4、图 5),学生通过二维码扫描即可打开对应的数字资源,获得实时帮助。

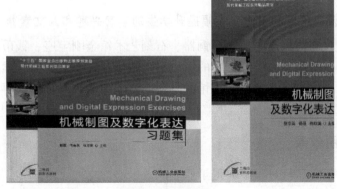

图 4　新形态教材

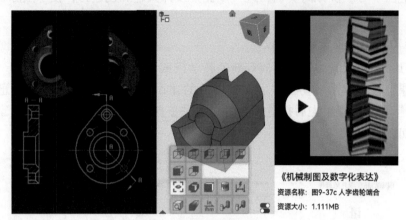

图 5　新形态教材使用

（四）改变教学评价方式，充分体现过程、知识、素养与能力并重

线上线下混合式翻转课堂中，学生线上学习与线下课堂参与教学活动的"足迹"均有过程信息的记录，因此，变结果性考核方式为过程性考核+结果性考核的综合评价方式（见图6），不仅记录学生的学习过程，检验学习的效果，更可有效促进学生的自主学习。课程项目设计成学生主导的多环节评价方式，增加了学生教学过程的参与比重，同时在评价过程中，视野、能力、素养等因素得到更多的影响与提升。

工程制图基础 项目汇报评分表 202311											
打分人组号：				（管理、质量、思辨、表现力）					每组6分钟以内		
班组号	PPT作者姓名	汇报人姓名	部件功能用途等总体分析 8分	零件造型及部件装配 24分	零件图 10分	装配工程图 8分	拆装动画 8分	运动仿真 8分	团队协作 8分	心得（困难、问题、解决、体会等） 10分	PPT制作 8分	演讲表现力 8分	总分

图 6　由学生主导的多环节课程项目评价

（五）人文类课程项目的引进，大幅提升学生的学习兴趣和人文素养

课程中引入的首都博物馆藏燕地青铜器、石刻艺术馆金刚宝座、钱币博物馆中国金属货币等合作项目，项目难度不大，但深厚的历史文化底蕴非常有吸引力，学生不仅乐于上网进行大量的知识搜索，更热衷于参与博物馆的参观、讲座活动，并从中取得发现和收获，增强了人文素养和传统文化的自信。

四、推广应用效果

课程教学新体系在运行过程中取得了明显的效果。

（一）学生自主学习能力增强，学习效果显著提升

学生的线上主动学习时间明显超过课程总学时，通过试卷考核比对，采用线上线下混合式新课程体系后，学生的总体考核成绩明显优于传统授课方式的学生，学生的学习效果显著提升。

（二）教师更多精力投入到教学引导、答疑释难及课程建设中

把教师从大量重复性的讲授中解放出来，将更多精力投入到教学引导、答疑释难和课程建设中，促进了课程发展的良性循环。

（三）进阶分层设计的创新实践课程体系进一步深化提高学生的综合能力与素养

创新实践教学体系不仅满足学生个性化学习的需求，也促进了学生综合素养和创新能力的提高，为后续课程和学生的未来学术生涯奠定了坚实基础，学生在学科竞赛与大创项目中均取得了优异成绩（见图7）。

图7　学生学科竞赛获奖

（四）线上课程建设获得认同

自2020年以来，我校向多所院校开放共享慕课资源并给予技术支持，在慕课使用期间，获得了兄弟院校的认同，取得了明显的社会效益。

五、典型教学案例：人文类小组项目的完成过程

本案例为32课时工程制图基础课程的实践环节之一，自课程第2周开始进行筹备，至第8周以结题汇报形式结束。整个过程除任务评估和项目汇报展示外，不占用课内时间，教师针对具体项目进行个性化辅导。

具体实施见表1。

表1 人文类小组项目实施案例

课程名称：工程制图基础（32课时）	内容：小组项目	类别：人文类

课程目标达成：
1. 运用信息检索，收集项目物品的全面信息；
2. 运用所学数字建模技术及3D打印技术，复原仿真项目物品形状结构信息；
3. 运用所学图样表达知识，根据项目物品特点选择合适的表达方式绘制工程图样，训练徒手绘图的技能；

能力素质目标达成：
1. 理解物品的设计制作过程；
2. 正确捕捉物品的结构形状特征，提取物品的文化信息与内涵；
3. 汲取传统设计养分，增强文化自信，培养人文素质。

完成时间：第2~第8周课程结束

项目实施流程		
时间	教师	学生
第2周	展示往届学生作品，介绍项目内容、达成目标、具体实施方法，并提供少量项目资料	组成5人左右项目小组，组长负责制
第3周	联系合作单位进行讲座、参观，指导项目筛选	课外参观，讲座学习，网上检索，搜集资料，筛选项目，师生反馈交流
第4周	审查项目任务书并反馈修改	选择项目，提交项目任务书
第5周	审查项目任务书并修改、确认项目，开始具体指导	确认项目，分工协作，开始项目实施流程
第6~第8周	方案筛选，难点答疑，指导改进	提取信息，挖掘内涵，数字化建模，表达、装配、绘制工程图，模型打印，PPT制作，准备项目展示汇报
项目汇报	不参与项目打分，聆听汇报、点评优劣、改进意见	组织汇报展示会，确定主持，评委，邀请嘉宾，发布流程，汇报本组项目，评价打分，汇总给出各组成绩

小组项目展示

小组项目：三角云雷纹高足豆

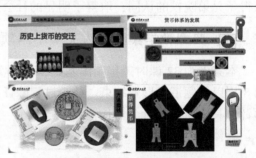

小组项目：历史上货币的变迁

小组项目展示
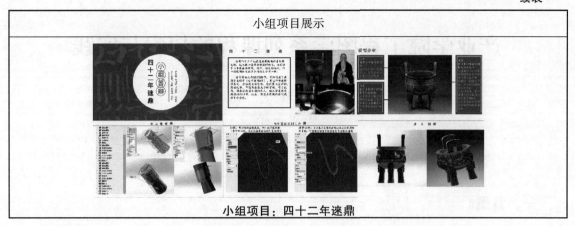
小组项目：四十二年逨鼎

作者简介：

佟献英，北京理工大学机械与车辆学院副教授，工程图学教研室主任；中国图学学会理事，图学教育专业委员会秘书长。主编和参编教材多部，其中作为第一主编教材获兵工系统优秀教材二等奖。学科竞赛优秀指导教师。主持并参与多项教改及科研项目，获奖多项。

杨薇，北京理工大学教授；北京图学学会理事，中国图学学会理论图学专委会副主任委员。国家级一流本科课程负责人，学科竞赛专家评委，学科竞赛负责人。主持建设实践创新教学体系，主持教育部产学合作协同育人等项目。获评迪文优秀教师、"我爱我师"优秀教师、竞赛优秀指导教师等荣誉。

罗会甫，北京理工大学机械与车辆学院副教授，工学博士，硕士生导师。北京图学学会计算机专业委员会委员，国家级一流本科课程负责人，国家级精品课程——第二期来华留学英语授课品牌课程"工程制图"负责人，北京理工大学第一届迪文优秀教师奖获得者。主持多项科研基金项目及国防科技重点实验室基金项目，获部级、校级教学成果奖8项，发表教研、科研论文多篇，获国防专利1项。

李莉，北京理工大学机械与车辆学院工程图学教研室副主任，工程制图基础系列课程负责人之一。主持慕课"工程制图"，参编多部图学类教材。参与多项教改及科研项目，获部级和校级奖多项。

赵杰亮，北京理工大学特立青年学者，教授，博士生导师；中国振动工程学会机械动力学专业委员会青年委员会副主任委员，国际仿生工程学会青年委员。主要从事航天器动力学、动物行为与仿生机械等研究工作，主讲"机械原理""机械创新设计"等课程，获评北京市科技新星、北京理工大学教书育人奖等荣誉。

高守峰，北京理工大学工程训练中心实验师，工学博士。主讲"工程制图C""制造技术基础训练""复杂机械零部件逆向求解与精密制造"等课程，参编"十三五"国家重点出版物出版规划教材《制造技术基础训练教程》。从事先进加工、抗疲劳制造、精密与超精密加工质量控制、增材制造、成图技术等方面的研究。专注于搭建"新工科"人才培养和学校"双一流"实践教学平台及"项目式"实践教学工作。近五年发表论文10余篇，SCI收录5篇，获批国家发明专利2项，软件著作权1项。

产业学院工程图学系列课程的探索与实践

朱科钤

常州大学

一、背景

党的二十大报告指出,智能化是制造业的发展趋势之一。目前,数字化设计、智能制造手段不断推陈出新,人们正在重塑对工程表达与交流的认知,三维设计也逐步取代二维设计。这就导致传统工程图学系列课程的教学内容和教学过程与现有技术发展、生产过程脱节,因此有必要在原有课程基础上优化重组内容,构建以三维数字化设计为主线的现代"工程图学"课程体系。此外,原系列课程由"机械制图""计算机绘图"和"机械制图课程设计"构成,其理论课程、软件学习和实物测绘分属于不同教学期的三门课程,各知识模块边界明确、相互独立,学生缺乏打通知识关联、理实关联的通道,导致设计思维和创新意识薄弱,解决工程问题的能力也不足。

2018 年 9 月,常州市政府、常州大学与李泽湘教授企业集团共同创建"智能制造产业学院";2020 年 11 月,学院整体入驻中以常州创新园,并更名为"机器人产业学院";2021 年 6 月,学院入选"江苏省重点产业学院";10 月,国家发展改革委"全创改"揭榜挂帅任务载体——中以科创学院成立,成为机器人产业学院推进体制机制改革探索的平台基础。作为常州大学产业学院教育教学改革试验载体,机器人产业学院围绕智能制造,组建"跨学科"专业,探索实施进阶式项目引领的课程教学内容改革,建立行业分析—用户调研—问题定义—头脑风暴—项目定义—方案设计—样机制作—快速迭代—产品验证—项目孵化全流程创新创业型人才培养机制。

在此双重背景下,常州大学"工程图学"课程"机械产品数字化表达与项目实践"应运而生。该课程以国家级一流本科课程为建设目标,将传统系列课程整合并演化,面向产业学院大一新生,采用线上线下混合式教学模式进行全流程项目化教学。在经历了 6 年的建设与发展后,课程重新定义了"产教融合"下的"工程图学"课程,建设成果在产业学院得到了成功应用,育人成效显著。

二、教学方法

课程以三维设计为目标,将知识点、能力要求和创新方法整体封装在项目训练中、贯穿于线上线下混合式全流程教学内,由高校教师"全程陪伴",企业导师协同指导,课程思政"如盐入味",真正做到以学生为中心,实现数字化设计与表达能力的分层递进和螺旋上升、社会主义核心价值观和科学素养入脑入心入行。

首先，重构"工程图学"课程体系。面向产业需求，融合原有"机械制图""计算机制图"和"机械制图课程设计"课程内容，重构以三维设计为主线的课程内容，淡化传统内容中的画法几何部分，将教学重心后移，加强工程实践中机件表达和工程图样内容，融入现代加工制造技术，形成五大知识模块，构建数字化表达，涵盖从原理、方法到应用的全新课程体系。

其次，打造课程项目资源。课内高校搭台，借助以实物机械部件"一级圆柱齿轮减速器"为主线的10个子项目链接各模块知识点和所需达成的能力点，实现"课程链、项目链"覆盖"能力链"；课外企业搭台，采用与本课程同步进行的必修课"机器人入门项目设计"中，校企联合开发的真实案例"书签自动穿流苏系统设计"作为延展项目，实现知识的内化、应用和提高。

教学中，课内学生借助线上自主学习和线下翻转课堂，完成基础单项训练，实现三维造型设计知识和能力的达成；课外学生在产业学院 8 000 m^2 人才培养基地，线下沉浸式体验产品开发全流程，完成拓展综合项目。教师通过翻转课堂引领解惑和评价；借助课外课程延伸课堂，以引导者和陪伴者的身份，跨课程线下指导学生完成延展项目样机的设计仿真、实物制作和调试验证，撰写项目报告并进行项目汇报与答辩，同时，在引导和陪伴过程中融入家国情怀、文化自信、创新意识、科学素养，落实立德树人的任务。

课程采用过程评价与结果评价相结合的评价方式，由课内和课外两部分组成，以考查学生的设计思维、创新思维、知识与技能集成应用、团队合作能力以及思政素养等。

三、特色及创新点

课程运用数字技术，以学生为中心，通过项目牵引、企业赋能、内容融合、实践贯穿、多元评价，实现知识与能力并举、教书与育人并举的人才培养目标。主要创新点如下。

（一）课程体系创新

重构"工程图学"课程体系，强化数字化构型设计，以项目为载体，通过课程知识点和项目知识点的映射矩阵，建立从理论学习到项目设计的课内纵向链；通过课程模块间的柔性链接，建立从单一课程设计到跨学科实境综合项目的课外横向链，纵横交错，形成了从原理、方法到应用的校企共建动态课程新体系。

（二）教学模式创新

采用异时异地的私播课（small private online course，SPOC）课程+同时同地的翻转课堂，结合课内课外全流程的项目化教学，以学生为中心，教师引导和陪伴，直接对话企业工程师，使学生认知过程呈现"活动中体验—体验中学习—学习中反思—反思中应用—应用中理解"的螺旋式上升趋势。

（三）评价方式创新

引入企业导师和跨学科课程团队，开展开放的多元化评价，以企业标准对课程项目进行指导、验收与评价，综合考量学生思政素养、专业素养、创新能力等方面情况，有利于产业学院多样化、交叉式、开放性、创业型的人才培养。

四、推广与应用

本课程与机器人产业学院同龄，于 2018 年重建课程内容，实施线上线下混合式教学，2020 年在"中国大学 MOOC"平台发布，2022 年在"中国大学 MOOC"平台视频上线，至今校内外学习人数达 1 813 人。课程广受好评，在线开放课程平台上课程评价 4.7 分、SPOC 课程评价 5.0 分（满分 5.0），并于 2024 年 1 月通过江苏省教育厅推荐申报第三批国家级一流本科课程。

通过本课程的学习，学生工程设计能力大幅提升，课程结束后参加重大学科竞赛即能晋升国赛，近三年获国家级奖项 100 余项，人均 2.2 项。学生完成项目设计后积极申报相关专利，目前已累计申报国家发明专利 37 件，其中授权 9 件。

课程教学模式先后受《光明日报》《中国教育报》、中国教育电视台等媒体十余次深度报道，获得了企业界的好评，企业评价学生"制图能力很好"，假期实习人数增长 300%，实习时长增长 150%；课程同时获得教指委专家的高度认可，并辐射至南京工业大学、江苏大学等兄弟院校的同类课程推广应用。

2023 年 3 月，机器人产业学院获批第二批国家级现代产业学院推荐名额（全省 12 个），以"项目制"培养为核心优势的产教融合教学生态获得专家认可。

五、典型教学案例

第 17 次课　常用件的数字化表达（齿轮）

（一）基本情况

学时安排	线上 35 min + 线下 90 min
章节内容	1. 常用件——齿轮 2. 项目八：齿轮 3. 课外综合项目：书签自动穿流苏设计（流苏旋转平台的驱动机构设计）
教学目标	1. 明确齿轮的结构，理解直齿圆柱齿轮的基本参数及尺寸关系 2. 掌握常用件齿轮及其啮合的数字化表达方法（Toolbox 的使用） 3. 运用齿轮数字化设计和表达方法解决实际工程问题
育人目标	积极探索，勇于创造
重点难点	数字化表达直齿圆柱齿轮及其啮合的规定画法

（二）教学设计思路

采用 BOPPPS + 翻转课堂的教学模式，以项目实践为引领，专业知识与思政元素相融合，理论与实践交互递进，实现学生动起来，课堂活起来的教学效果。

（三）教学实施

1. 课前

课前，线上完成知识预习。项目作业发布和学习效果评估工作如图 1～图 3 所示。

(1) 导入（B 阶段）。

图 1　课前导入

(2) 目标（O 阶段）。

图 2　QQ 群提前发布项目任务

(3) 前测（P 阶段）。

 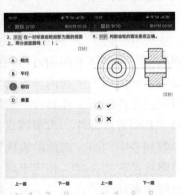

图 3　线上"前测"摸底

2. 课中（参与学习 P 阶段）

(1) 前情回顾（5 min）。

(2) 线上内容翻转（40 min）。

由学生回答知识点的问题,通过问题反映学生掌握情况。鼓励学生针对课前知识点及翻转内容提出不懂的问题和个人见解。对个人提出的见解不直接给出答案,由学生讨论,最终形成正确答案。

【问题1】 齿轮各几何元素的名称及代号有哪些?
【问题2】 如何绘制圆柱齿轮零件图?
【问题3】 一对圆柱齿轮啮合的规定画法有哪些?

【讨论与总结】
①标准直齿圆柱齿轮几何元素的尺寸计算公式见表1。

表1　标准直齿圆柱齿轮几何元素的尺寸计算公式

名称	符号	公式
分度圆直径	d	$d = mz$
齿顶高	h_a	$h_a = m$
齿根高	h_f	$h_f = 1.25m$
全齿高	h	$h = h_a + h_f = 2.25m$
齿顶圆直径	d_a	$d_a = d + 2h_a = m(z+2)$
齿根圆直径	d_f	$d_f = d - 2h_f = m(z-2.5)$
中心距	a	$a = m(z_1 + z_2)/2$
齿距	p	$p = \pi m$

②表达齿轮一般用两个视图,或者一个视图和一个局部视图。

齿顶圆和齿顶线用粗实线绘制。

分度圆和分度线用细点画线绘制。

齿根圆和齿根线(不剖时)用细实线绘制,也可省略不画。在剖视图中,齿根线用粗实线绘制。

在剖视图中,当剖切平面通过齿轮的轴线时,轮齿一律按不剖处理。

当需要表示斜齿与人字齿的齿线形状时,可用三条与齿线方向一致的细实线表示。

③在齿轮的零件图中,除具有一般零件图的内容外,齿顶圆直径、分度圆直径及有关齿轮的基本尺寸必须直接标注,齿根圆直径不标注。齿轮的模数、齿数和齿形角等参数在图样右上角的参数列表中列出,齿面的表面粗糙度代号标注在分度圆上。

④一对圆柱齿轮啮合时,相当于两个假想圆柱面做纯滚动运动。标准齿轮在标准安装的情况下,该假想圆柱面的直径等于两个啮合齿轮的分度圆直径。

画图要点如下。

在非圆投影的剖视图中,两轮分度线重合,画点画线。齿根线画粗实线。齿顶线一个轮齿为可见,画粗实线,另一个轮齿被遮住,画虚线。

在投影为圆的视图中,两轮分度圆相切,齿顶圆画粗实线,齿根圆画细实线或省略不画。

在平行于直齿圆柱齿轮轴线投影面的外形视图中，啮合区的齿顶线不需要画出，节线用粗实线绘制，分度线仍用细点画线绘制。

（3）参与式学习（40 min）。

齿轮测绘——小型研究性项目：运用本节课所学知识，分组讨论减速器中从动齿轮的测绘和表达方法（见图4），并用 SOLIDWORKS 软件独立完成零件图的绘制。

图4　课堂实景

3. 课后

（1）课中总结回顾（课中 5 min）。

本次课主要介绍常用件齿轮的结构及数字化表达直齿圆柱齿轮的方法。标准直齿圆柱齿轮及齿轮啮合的规定画法要求学生熟记于心。

（2）后测（P 阶段）。

线下完成项目作业和《习题集》作业，如图5所示。

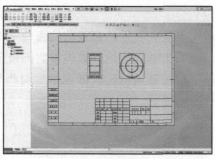

图5　学生作业样例

4. 课外

（1）流苏旋转平台的驱动机构设计。

演示书签自动穿流苏设计的工作原理，学生根据已知条件分组设计、计算和表达流苏旋转平台的驱动机构。已知条件如下。

①转盘直径为 300 mm。

②生产节拍为 1 个/15 s，20 个工位。

学生说明书样例如图 6 所示。

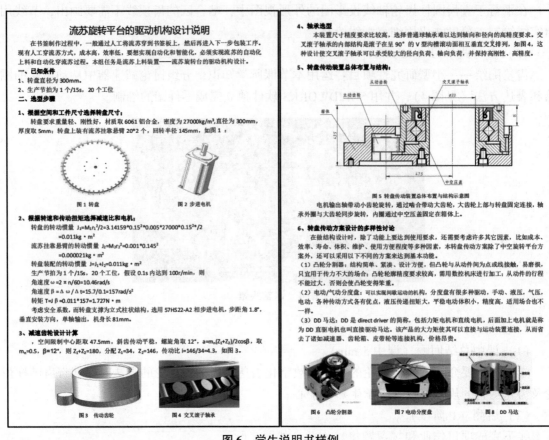

图 6　学生说明书样例

(2) 课后总结（S 阶段）。

本次课重点介绍如何运用尺规和软件绘制规范的齿轮零件图，通过课内项目实践，测绘减速器中一对啮合的齿轮，使学生掌握齿轮模数等参数的概念及其计算和表达方法；通过课外项目实践，设计流苏旋转平台的驱动机构，加深学生对齿轮传动精度高但噪声大的印象，实现知识的灵活综合应用。

作者简介：

朱科铃，常州大学机械与轨道交通学院，教授，硕士生导师，教育部高等学校工程图学课程教指委华东分委会委员，中国图学学会第七届、第八届图学教育专业委员会委员，江苏省"333 工程"中青年学术带头人，江苏高校青蓝工程优秀教学团队成员，省级一流本科课程负责人，出版专著教材 6 部，承担省级高等教育教改课题 1 项，发表核心教研论文 2 篇，获江苏省科学技术一等奖 1 项。

针对应用型院校"工程图学"课程体系的差异化调整

邹凤楼

浙江科技大学

1. 案例简介及主要解决的教学问题

"工程图学"课程是高校机械类人才培养的主干课程,但在不同办学层次院校里,课程的侧重点应有所区别。社会对人才的需求模型如图1所示。一般而言,随着办学层次的递减,学生培养中的应用知识比重应该上升,理论知识比重相应下降;随着办学层次的递增,学生理论知识学习比重应该上升,应用知识比重应该下降,如图2所示。当我国还处在以借鉴、吸收、应用为主的技术发展阶段状况下,理论研究人才需求有限,大多数工科院校的主要办学任务还是为社会培养工程技术人才,这就要求注重应用能力培养的院校在讲授"工程图学"课程时,需要在保证体系完整的同时,把教学重心放在让学生完成工程图样绘制的实践内容上。

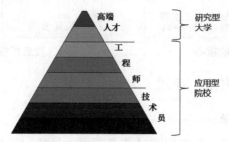

图1 社会对人才的需求模型

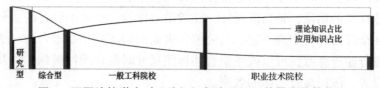

图2 不同院校学生对理论知识与应用知识的需求趋势曲线

从机械企业和校内实践环节的反馈看,高校毕业生的工程图样绘制能力与实际应用存在不小的差距,问题表现主要集中在零件图视图选择及表达方法不够合理简洁、尺寸标注不够清晰合理上,毕业设计图纸中装配图规范性不佳的比较突出。针对这些问题,认真审视图学教学不难发现,这与课程教学中并未安排足够的工程图样绘制教学、练习及考核有很大关系。一直以来,各高校遵循相同的课程大纲,使用高度雷同的偏重原理基础的教材与习题集,授课又局限在课本内容之内,再加上课时被严重压缩,客观上形成了基础部分教学浓墨重彩,工程图样实践教学浅尝辄止的状况。根据教材内容与学时安排粗略统计,课程教学的重心普遍偏向前者,如图3所示。而且,课程对工程图样绘制几乎没有硬性考核要求。这与多数为社会培养工程人才的院校目标有不小的偏离。学生未经应用型画图的充足训练与考核,面对实战画图要求时错误频出就不足为怪了。

本案例根据工程实践环节对课程问题的反馈,根据工程一线出图手段已普遍采用三维CAD软件导图的现状,面向有工程图样能力培养需求的院校,对"工程图学"课程内容的编排进行一定调整,以强化尺寸标注教学为主线,将原来分散到多个章节的尺寸标注内容与技术要求集中到一章重点讲授,还尺寸标注在工程图样中应有的地位;将零件图移至装配图内容之后,深入讲授零件图表达的规则和尺寸标注的合理性应用,增加拆画零件图完整图例和练习;增设"零件常见功能结构与工艺结构画法"一章;装配图中增加设计装配图内容。同时,增加应用型作业练习,结业考试采用绘制工程图样的题型,以达到牵引教师和学生朝着工程应用能力成长方向教与学的目的。调整后,实践应用知识显著增加,课程重心明显后移,如图4所示。调整后,内容体系与工程应用有更好的吻合度,利于教学与工程实际的平顺衔接,利于学生工程图样绘制及应用实践能力的培养。

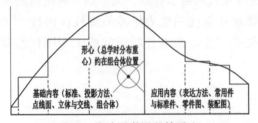

图3 传统图学课程的重心

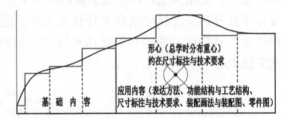

图4 按应用需求调整后的图学课程重心

2. 解决教学问题的方法、手段

2.1 强化尺寸标注教学

从三维CAD软件中导出二维工程图样使画图更为便捷,这使尺寸标注在图纸中的地位更为突出。在传统教材、教学中,尺寸标注内容在多个章节里分散讲授,这种碎片化编排客观上淡化了尺寸标注的地位,是当前尺寸标注教学效率低、效果不够好的重要原因之一。本案例将尺寸标注全部内容集中到一起,与公差、表面结构等技术要求合为一章,作为重点开展教学,集中进行递进练习,可以避免组合体标注尺寸时的合理性模糊,以及纠正尺寸标注在虚线上的错误等,以提高教与学的效率。

2.2 强化零件图绘制练习

在绘制满足工程要求的零件图时,如果不知道该零件承担的功能和装配连接关系,则很难讲清楚其尺寸标注和技术要求的依据,因此,从装配图中拆画零件图才是最好的绘制完整工程零件图的练习方式。本案例把零件图的内容移放到装配图之后,在分析完零件在机器中起的作用、工作位置、安装定位关系等后,选择主视图投影方向,确定尺寸基准并合理标注尺寸,制订符合零件需求的技术要求,并绘制完整的工程图样。

2.3 "零件常见功能结构与工艺结构画法"独设一章

本案例将螺纹、键槽、轮齿等的零件功能结构与工艺结构画法组成一章,在装配图之前、零件形体表达之后讲授。这样既符合机械装备三维设计中,先机件构型、后添加功能结构的零件设计顺序,也形成了符合工程设计进程的机件表达—功能及工艺结构—装配关系—零件出图的教学层次递进,满足了尺寸标注、装配图绘制的教学要求。

2.4 螺纹紧固件等标准件以及其他常用件的装配画法移至装配图中集中讲授

标准件连接画法、标准件选择以及齿轮啮合等内容,本应属于装配图绘制的内容,放在装配画法中系统讲授比较妥当。本案例将他们置于装配画法最前面,再加上其他简单装配结构画法,作为复杂装配图画法的铺垫,有利于学生由浅入深、由局部到整体地学习装配图画法。

2.5 增加"设计装配图画法"一节

本案例设计一个简化的工程案例,讲授装配图形成、绘制的真实过程,让学生初步形成针对工程需求设计零件和机器、绘制表达原理与结构的装配图理念,解决学生在校内的实践环节和初入企业时对装配图绘制无从下手的困难,使教学更符合工程实际需求。

2.6 设计接近工程实际的作业

本案例在实践相关章节都设计了工程应用型作业,帮助巩固课堂知识的同时,进行工程能力培养实践。作业题范例如图 5 所示。

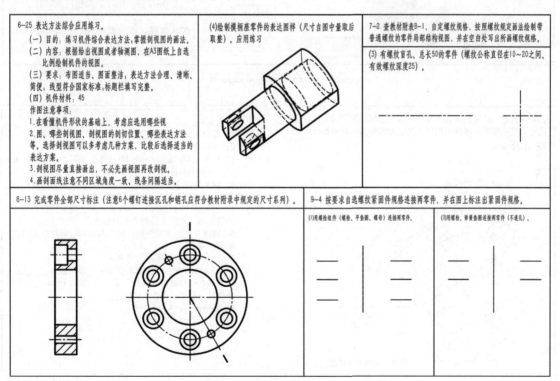

图 5 工程应用型作业题范例

2.7 用绘制工程图样作为期末考题

本案例设计了 20 套根据装配体三维模型爆炸图绘制装配图并拆画零件图的开卷试题范例，如图 6 所示。题型及内容要求在开课时即通告给学生，作为引领教与学的标靶。少学时课程的考题则采用传统题目+绘制零件图的期末试卷（由传统教学向应用型过渡期也可以采用），零件图绘制试题范例如图 7 所示。

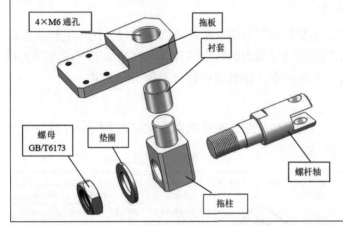

命题：下图是一种连接结构

装配关系为：拖板的大通孔内安装一个长度等于孔所在板厚度的衬套，一起套在拖柱上段轴上，并使下端面与拖柱方形上端面接触，拖动杆带有M20×1.5螺纹一端穿入拖柱圆孔，用一个平垫圈和细牙薄螺母紧固。试绘制其装配图。

试题

一、试绘制连接结构的全剖装配图
（可只画一个主视图，其余不画），并为拖动杆与拖柱孔、拖柱上段轴与衬套孔各选一个间隙配合标注在图中。零件各尺寸可量取整数，或根据螺纹公称直径大致估算，不用标注。

二、选择合适的表达方法绘制拖动杆的零件图并标注尺寸（包括公差）。

三、选择合适的表达方法绘制拖柱的零件图并标注尺寸（包括公差），并选择、标注表面粗糙度。

四、选择合适的表达方法绘制拖板的零件图，可不作尺寸标注。

图 6　应用型期末试题范例

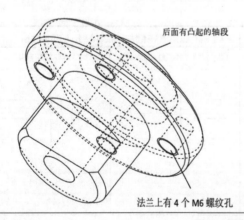

四、选择适当的视图和表达方法绘制下面轴测图所示零件，并标注尺寸和技术要求。零件结构尺寸大小大致测量并取整数即可。
（总计 30 分）。

题目说明：
1、零件名称为支撑法兰。
2、零件材料：45。
3、按基孔制的配合轴为圆柱面Ⅰ选择标注一个过渡配合，并查表标注尺寸公差值。
4、以圆柱面Ⅰ轴线为基准A，为端面Ⅱ标其关于A基准的垂直度公差，公差值为 0.03。
5、圆柱面Ⅰ是配合面，请参考你给它规定的公差等级为其选择、标注合适的表面粗糙度。
6、端面Ⅱ是重要安装面，请为其选择、标注合适的表面粗糙度。
7、其余表面粗糙度标注为 Ra6.3。
8、写 4 条文字技术要求，分别为：未注倒角_____；调质 230～260HB；未注尺寸公差按 GB/T 1804-____级；未注几何公差按 GB/T 1184-____级；
9、零件图号：K3506—06

图 7　零件图绘制试题范例

3. 特色及创新点

本案例针对工程应用型人才需求，对"工程图学"课程的内容编排做了突破传统体系的大胆调整，特色与创新点主要有如下几方面。

3.1 尺寸标注集中讲授

将尺寸标注内容完全集中讲授是对"工程图学"课程体系进行的全新探索之一，其意义在于提升其在教学中的地位，利于学生系统性学习与掌握。本探索也体现了针对学生尺寸标注饱受诟病的问题，以及持续改进课程教学的理念。另外，这一章中还把表面结构内容调整到了极限与配合之后，使内容顺序更符合"依据尺寸的精度规定表面粗糙度"的工程实际。

3.2 将零件图与典型零件图读图调整到装配图后面

在装配图之后，也是在课程的最后讲授零件图，体现了把零件图讲到位、画完整、画合理、练充足的追求。这样的调整更有利于教师讲授，以及学生接受图样表达规则、尺寸标注要求、技术要求撰写规范等，达到让学生了解工程实际的图纸生成顺序、与工程要求接轨的目的。

3.3 增设"设计装配图"一节

通过工程案例的设计过程介绍及绘制装配图，让学生了解工程一线装配图的形成过程，补充了传统教学应用内容的不足，更有利于装配图内容深入展开。

3.4 增加实践应用内容和实例比重

通过增加比较多的三维构型、工程图例和通俗案例，传递工程知识，帮助学生理解零件结构、尺寸标注的设计及加工工艺依据，从而达到提升视图表达合理性、尺寸标注合理性的教学效果。

4. 推广应用效果

（1）本案例的工程图学教学改革自2013年开始在我校内进行教学实践，教师、学生的工程图样能力同步提升，有力支撑了学校应用型人才培养的教学目标。在机械专业工程教育认证审核中，现场考核专家对我校的"机械制图"课程给予高度评价，尤其认为期末试卷题型、测绘图纸质量无可挑剔，有效支撑了解决复杂工程问题的认证目标。

（2）凝聚改革成果的《机械制图》（邹凤楼、梁晓娟主编）教材先后在浙江大学出版社（2014）、机械工业出版社（2019）出版，并于2022年升级为新形态教材。该教材由于应用特色鲜明，被国内多所院校采用，已有学校将教材与本校校情相结合，取得了较好的实践能力培养成效。

（3）近年来，本案例的教学改革受到了同行、专家的关注与肯定，课程组成员受邀在多个全国会议作分享报告。在机工教育大讲堂面向图学教师先后作了《谈谈零件图教学》《谈谈装配图教学》《谈谈尺寸标注教学》3次线上讲座，现场听讲与后续浏览人数已分别达到5 628人、4 977人、3 275人。2019年12月、2020年10月在杭州举办了两期"工程图学应用教学研修班",有全国 77 所院校近 120 名图学骨干教师参与交流学习。

(4) 2015 年,我校"机械制图"课程建设成为浙江省首批精品在线课;课程于 2015 年上线浙江省高等学校在线开放课程共享平台。

5. 由设计任务绘制装配图的教学案例

在传统工程图学教材与教学中,没有设计装配图的介绍,无法满足工程教育需求。本案例通过一个简化的工程设计实例,对照传统二维图纸设计方法和现代三维设计后导出二维工程图样的方法,简要介绍根据设计任务,边设计边绘制装配图的过程,并简要介绍零件构型的依据(省略计算校核及其他专业知识应用)、常见装配结构的应用、装配图各部分内容的完成过程,让学生在学习装配图绘制方法的同时,了解工程设计和出图的概貌,促进教学与工程实际的平顺衔接。压装机设计装配图绘制过程见表 1。

表 1 压装机设计装配图绘制过程

设计任务	设计任务:设计一台简易压装机,把一个聚四氟乙烯环形零件(简称环件)压入一个芯轴零件(简称轴件)的一端,替代人工装配。机器压装力不小于 100 N,压入后环件内孔应平整无翻边。工件尺寸图与装配示意图如下图所示 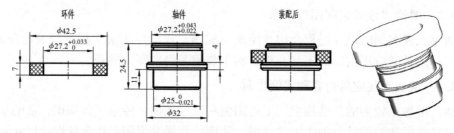
设计方案	1. 设计一个底板作为机器底座,其上通圆孔,为轴件提供竖立支撑、定位功能。 2. 设计一个圆柱形压杆,使其向下运动时用下端将环件压入轴件,上升时留出取件空间。 3. 设计一个带圆孔的导向座,在压杆上方为压杆提供上下运动导向。 4. 选择气缸作为压杆上下运动的驱动件,将其安装在位于压杆上方的安装板上。 5. 设计一个支撑立板,为导向座、气缸安装板提供安装支撑。 机器手工操作:手动放置轴件于底板定位孔中;手动放置环件至轴件顶部;用机器压装环件到位;取下已压装完成的组件 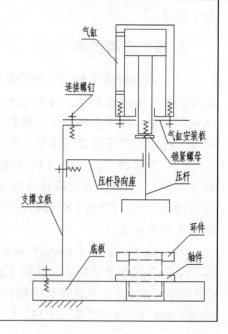

设计出图步骤（文字描述二维图纸绘制，三维设计按零件造型＋装配＋一次导图描述）		
	传统二维画图设计方法	现代三维设计方法
1 设计、 绘制底板	底板平面尺寸按满足其上零件安装、方便压装操作确定，板厚度应大于芯轴下段长度 11 mm 取 15 mm，并在前后居中、左右偏右位置画一个直径等于芯轴直径的孔。绘制底板主视剖视图与俯视图。为方便设计讨论，用双点画线把工件画在工作位置	
2 设计定位 套装配结构	为防止频繁插拔轴件使底板定位孔快速磨损，设计一个带法兰边的耐磨衬套镶嵌在孔内，衬套磨损后可以更换，并起保护台板作用。定位套内孔直径取 ϕ25 mmD9，外径与加大的新底板孔采用过渡配合，镶在孔内部分应略短于底板厚度，法兰边下表面与底板接触。定位套在主视图上同样作全剖视图，并绘制相应俯视图	
3 设计、绘制 环件压杆	从上方将环件压入芯轴的压杆采用圆柱形，绘制在底板孔轴线正上方。压杆下端面设计一个沉孔结构并用局部剖视图表达，孔直径取 ϕ27.5 mm 使其与芯轴有不大的间隙，以满足环件内孔平整无翻边的要求，其深度应大于环件压入后芯轴露出的高度。注意下端与底板端面留出方便取放工件的距离。俯视图补画衬套法兰圆投影	

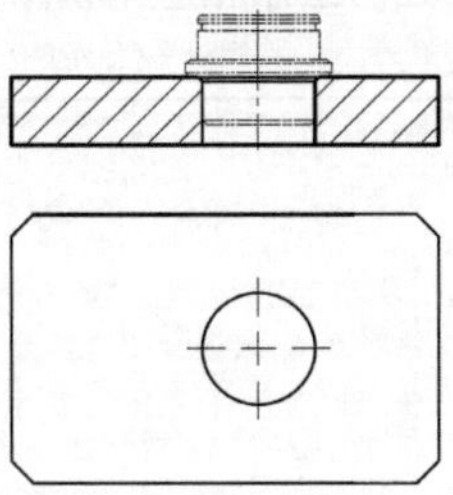

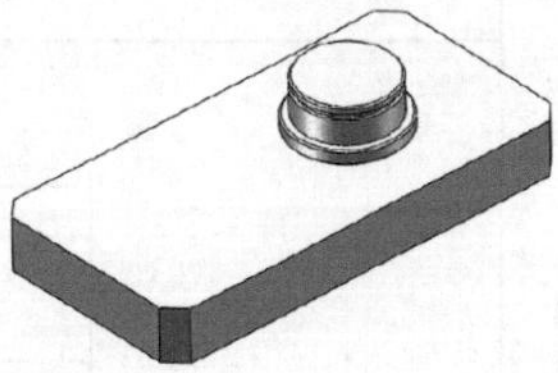

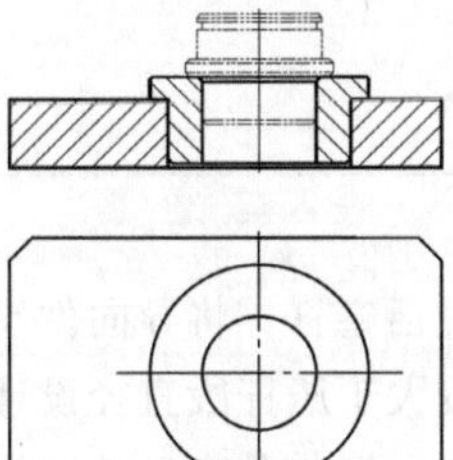

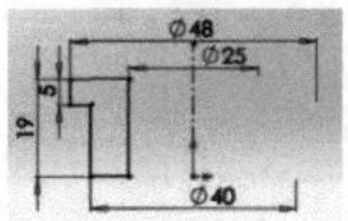

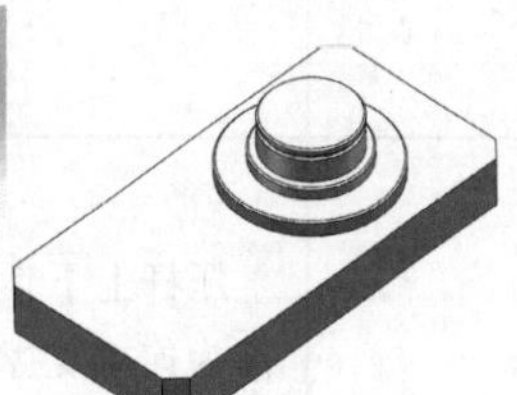

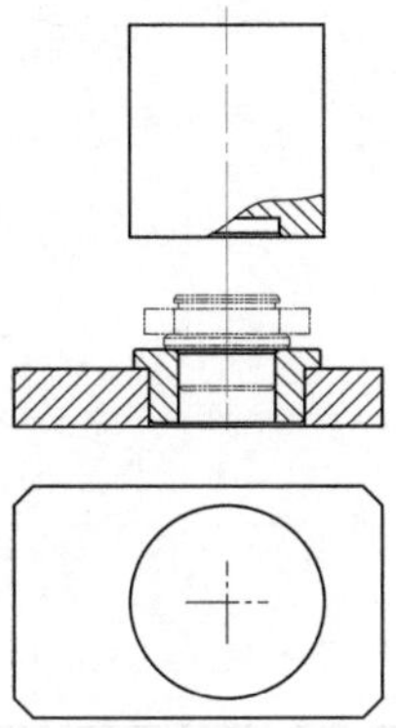

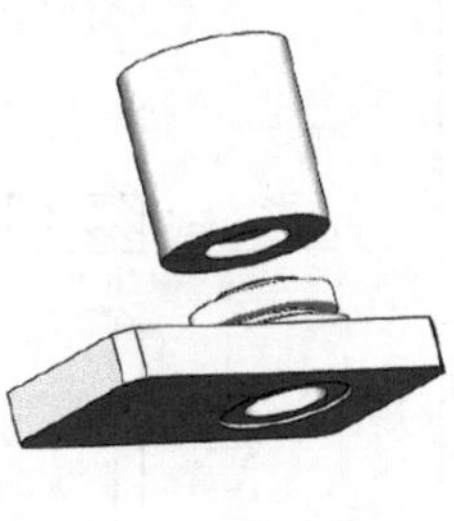

续表

设计出图步骤（文字描述二维图纸绘制，三维设计按零件造型＋装配＋一次导图描述）		
4 绘制压环 连接结构	直接用压杆端面压装环件也不妥当，因端面磨损而更换压杆不经济，故应设计一个耐磨的压环安装在压杆端部，磨损后也可以更换。压环与压杆装配采用过渡配合，并用紧定螺钉轴向定位。在主视图上与压杆一起绘制局部剖视图。这里压杆上用于紧定螺钉止动的结构不是锥坑，而是加工环形槽，思考有什么好处。绘制相应俯视图	
	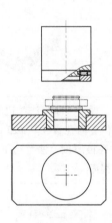	
5 绘制压杆 导向结构	压杆上下运动需要有导向，以保护驱动气缸活塞杆。将导向件设计成厚板形，其侧端面作为连接支撑，称为压杆导座。导座厚度应按大于压杆段直径设计，故将压杆上部导向部分直径减小，以使导座不致过厚。另外考虑到压杆与导座间的磨损问题，在这里设计一个材质稍软的衬套，间隙过大时可以更换。衬套轴向定位采用紧定螺钉。导座高度位置根据压杆行程与装卸工件操作空间确定。导向结构在主视图上作全剖视图。绘制相应俯视图	
	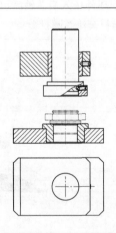	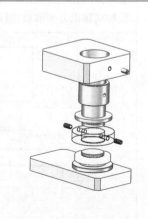

续表

设计出图步骤（文字描述二维图纸绘制，三维设计按零件造型＋装配＋一次导图描述）		
6 绘制气缸 支撑及 气缸活塞杆 与压杆 连接结构	选择压装驱动气缸型号，获取气缸性能及结构数据，在压杆上增加外螺纹结构再以气缸活塞杆端部螺纹孔连接，并且加锁紧螺母锁紧。再增设一个气缸安装板，确定合理高度位置后连接气缸。气缸安装板作全剖视图，压杆螺纹与连接位置作局部剖视图，气缸左上角局部剖开表达气缸安装螺钉与弹簧垫圈。绘制相应俯视图	
	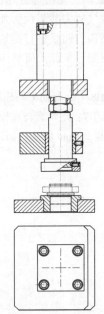	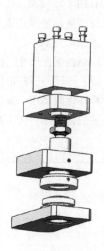
7 绘制支撑 立板及 其连接 结构图	支撑立板是压杆导座和气缸安装板的支撑零件，其上端平面用来连接气缸安装板，中间内侧设一台肩用于压杆导座高度方向的定位，下端采用L形脚与底板安装连接。螺纹紧固件全部采用六角头螺栓连接，加弹簧垫圈防松。按俯视图标注位置，采用两个平行剖切面剖切，以获得包含螺栓连接的全剖主视图。绘制相应俯视图	
	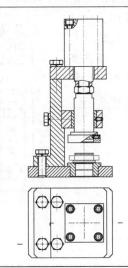	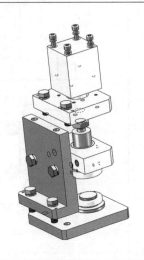

设计出图步骤（文字描述二维图纸绘制，三维设计按零件造型＋装配＋一次导图描述）		
	压装机压装工件时，压杆与下方的定位套有同轴度要求。由于螺栓孔间隙、加工误差的存在，因此，不能保证机器在简单连接后即好用，还需要在装配过程中调试出合理位置。同时，为了防止此调定位置被工作时的振动、冲击等破坏，也为了方便再次装配，应该在可能松动的支撑立板安装脚位置和上端气缸安装板位置加设定位销。压杆导座已有两个定位面，用于在主视图上表达销连接结构，调整平行剖切面位置。气缸安装板定位销连接处采用重合剖面表达。绘制相应俯视图。至此，简易压装机结构设计与图样表达全部完成。 标注配合尺寸：压杆与导向套选定间隙配合 H8/f7；导向套与压杆导座选定过渡配合 H8/k7；压环与压杆定位段选定偏松的过渡配合 H8/js7；定位套与底板孔选定过渡配合 H8/m7。 标注性能尺寸：最大封闭高度 35 mm 及压杆行程 25 mm 留待后面注写在技术要求上方。标注总体尺寸：长、宽、高	
8 绘制圆柱销定位结构，完成装配图投影并标注尺寸	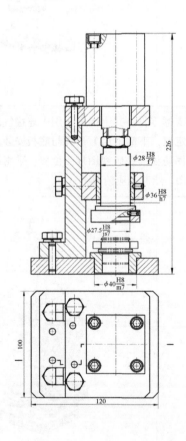	三维 CAD 软件导出装配图，经过编辑后其二维图基本符合国标 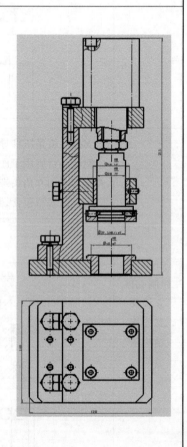

设计出图步骤（文字描述二维图纸绘制，三维设计按零件造型＋装配＋一次导图描述）	
9 选图框，编制零件序号，填标题栏和明细栏、撰写技术参数、技术要求	编制零件序号：零件序号应完整编制在主视图上。不同部位的相同规格平垫圈、弹簧垫圈零件序号可以只标注首次出现者，其余在配用螺栓的备注栏中注明。 填写标题栏：机器名称为简易压装模。代号为 HD‑ZZⅡ‑JYM‑00，其中 HD 为公司名称代号，ZZⅡ为企业自制装备Ⅱ类，JYM 为简易压装模拼音首字母，00 为装配图数字代号。其余按规定填写。 填写明细栏：自下而上，按零件序号逐一填写零件相关内容。其中代号栏中要为每个专用零件编制代号，零件代号前段均为 HD‑ZZⅡ‑JYM‑，代号顺序号自 01 依次编号。螺栓等标准件的代号栏填写标准号；气缸的代号栏空白。数量栏按单台用零件数填写，未注序号的垫圈数量不能忘记统计。材料栏的内容待学习相关课程后可理解掌握。 技术要求前三条是对装配调试提出的要求，第四条是机器保养维护要求。 导图方法成图时，可以生成零件序号、明细栏，再进行必要的编辑后可达到出图要求

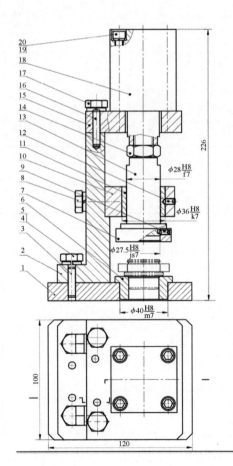

在工程一线，几乎已全部采用后一种由三维 CAD 软件导出二维工程图样的方法完成装配图及零件图。由此简化案例可以看出，二维工程图样已可由三维实体模型快速生成，成图工作重点后移为：视图选择、剖视处理、尺寸标注、技术要求制订。因此，对于以应用型培养需求为主的院校的"工程图学"课程教学，可将点线面、截交相贯、"由二求三"、标准件画法的学时，匀出一些给装配图、零件图的实践教学，以满足社会对学生应用能力的需求，提升课程效率与应用价值。

作者简介：

邹凤楼，浙江科技大学（中德应用型院校合作办学示范性院校）教授级高级工程师，双师型工程图学教师，对工程图样的技术进展、企业一线对学生图样能力的需求、传统工程图学教学与工程实际的差距有着真切的感触。多年来，坚持不懈地开展"工程图学"课程的应用型教学改革，为面向应用能力培养的"工程图学"课程分类教学进行了有效的探索。主编《机械制图》教材获浙江省优秀教材三等奖，参编教材 2 部。曾获省级科技二等奖 1 项；设计专用机械装备 12 台（套），获国家发明专利授权 8 项。

图物互映　唤趣启蒙
——工程图学入门教学案例

王华权

深圳大学

本文将以课程介绍、实施步骤、课程特点小结三个方面，介绍"现代机械工程师启蒙"课程中，物件形体构思、图形表达、实物制作、文档撰写等内容的教学活动。

一、课程介绍

"现代机械工程师启蒙"课程是专为理工科大学一年级学生设置的一门以实践体验为主的项目推进式课程。本课程分为电子控制系统搭建和搬家打靶作业控制软件编程两部分内容。

本课程以一台智能搬运小车的机械手爪 3D 设计及实物数字化制作（数控铣床加工及 3D 打印制作）、车架及附件三维模型创建、整车三维装配模型创建，以及实物装配为教学抓手（见图 1），以搬家打靶为作业目标，搭建电子控制系统，编写控制程序，以学生在学习过程中各阶段的表现及成果，结合小车最终自行搬家打靶作业的表现，作为评定学习成绩的依据。本课程旨在引导学生摆脱中学的应试教育惯性，逐渐形成知行合一、活学活用、以需促学的学习模式，并通过这种学习，提高学生的自学能力、自我管理能力、图文表达能力和机电系统的设计、制作能力。课程安排融合了机械结构表达、实物制作、微电子控制系统搭建、智能作业路径规划、软件编程、系统调试、小车现场运行测评、工程文件撰写等多项内容。

图 1　智能搬运小车

本文将介绍"现代机械工程师启蒙"课程中，机械结构表达、实物制作、工程文件撰写等方面的教学安排及其背后的思考。

二、实施步骤

本课程教室为每个学生配备了一台计算机、一部耳机、一台个人便携式数控机床（personal portable computerized numerical control machine，PPCNC）和一台 3D 打印机。教师将本课程的教学内容录制成视频文件，加密压缩后，存放到每台计算机中。上课时，给学生发放本次课各类文档的解压密码。让学生在同一时刻开始观看视频学习，并按视频的讲解和演示进行实操作业。

本课程选用 SOLIDWORKS 软件作为创建三维模型的设计工具。其理由是：SOLIDWORKS 软件入门简单、界面友好，是现有软件中比较容易上手的软件工具。此外，该软件的零件库资源、外挂插件丰富，用户数量多，有利于学生进入社会后使用。

本部分的教学活动通过 6 次课完成。每次课 3 学时，课内 120 min，课间休息时间为 10 min，由学生自行掌握。6 次课的内容分别如下。

（一）第一次课：新手上路及创建机械手爪的三维模型

第一次课的学习内容有三项：（1）课程概论及学习目标介绍（戴耳机看视频学习约 20 min）；（2）SOLIDWORKS 软件使用入门（戴耳机看视频，边看边操作，约 30 min）；（3）机械手爪三维模型创建（余下的课堂时间进行学习速度比赛）。

上述内容可分成两个主要学习步骤。

1. 打开 SOLIDWORKS 软件，单击菜单栏中的"设置"按钮，弹出"文档属性-尺寸"对话框，如图 2 所示。单击"文档属性"选项卡中"尺寸"命令，在"零"选项组中，选择"引头零值"下拉列表框中"标准"命令，在"尾随零值"选项组中"尺寸"选择"消除"命令，如图 3 所示。通过以上设置，可以让学生熟悉软件的工作环境，让软件显示的数字格式和日常生活中的数字表达方式一致，可避免新手对尺寸显示太多的零值产生不适。

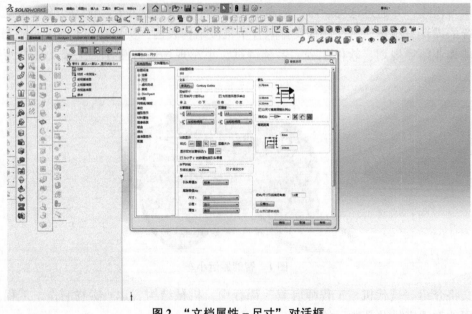

图 2 "文档属性-尺寸"对话框

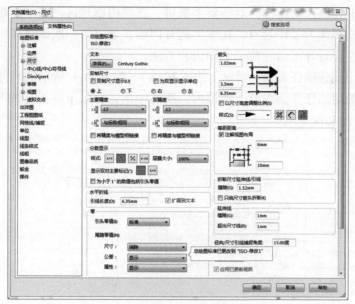

图 3　尺寸设置

2. 创建一个长 240 mm、宽 120 mm、高 60 mm 的矩形长方体模型作为学习软件的入门抓手，随后要在此模型上创建切除拉伸、拉伸凸台、圆角等几何特征，如图 4 所示。在创建这些特征的过程中，为学生演示模型的平移、旋转、特征尺寸输入、尺寸修改、撤销上一操作、定向观察等基本命令及操作方法。

图 4　矩形长方体模型

通过学习内容二，学生可以掌握 SOLIDWORKS 软件的基本操作，作为后续观看视频创建机械手爪的三维模型的知识和技能准备。

学习内容三是创建一个图 5（a）所示的机械手爪三维模型。其尺寸标准如图 5（b）、图 5（c）所示。这些尺寸标准图，连同视频教程一并压缩到一个加密文件中，上课时学生将按教师指令解密后，观看视频的教学内容，进行学习比赛。第一名完成者获得 100 分，后续完成者成绩按排名先后顺序依次递减。本次比赛成绩作为一次平时成绩，计入本课程的总成绩中。

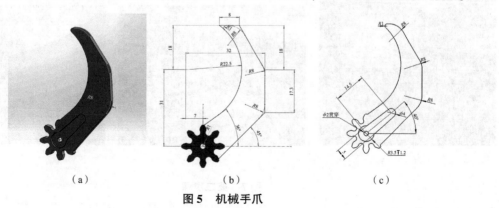

图 5　机械手爪

本模型中有不完整齿轮结构，对于新手来讲，在课内创建这一模型困难较大。为此，本课程将创建好的模型作为工作起点，让学生避开困难，通过第一次课获得较大成就感，同时也能起到诱导学生自行寻求齿轮建模的知识和方法。

对于下课前完成建模任务者，增设了按图6（a）、图6（b）所示的尺寸，创建另一半机械手爪三维模型的附加任务。因此，在课内，所有学生，自始至终都有做不完的任务。我们称这种课堂为："饱和课堂"。

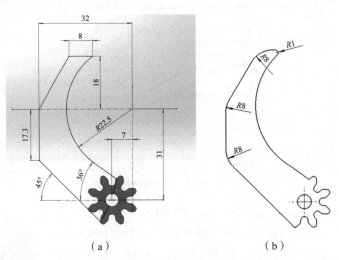

(a)　　　　　　　　　　　　　　(b)

图6　另一机械手爪

（二）第二次课：用PPCNC数控机床加工机械手爪

本次课的学习内容为利用PPCNC数控机床（见图7（a）），将第一次课所创建的机械手爪三维模型，通过数控加工的方法变成实物。

上课现场如图7（b）所示。图7（c）所示工件，为机床上加工完成后的手爪。图8（a）、图8（b）所示分别为从机床上取下的加工件，和经过去毛刺处理后所获得的最终零件。

 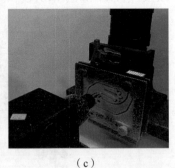

(a)　　　　　　　　　(b)　　　　　　　　　(c)

图7　第二次课

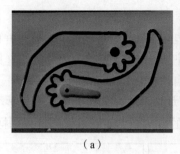
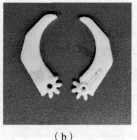

（a）　　　　　　　　　　（b）

图 8　制作完成的零件

本次课设置的目的如下。

1. 用两新（新教学设备、新学习模式）、两自（自行设计、自行制作）的教学安排，赋予学生获得感，唤起学生的学习兴趣。

2. 让学生通过制作实物的过程，获得对数字制造的感性认识。

3. 通过实操体验，让学生了解在目前的技术条件下，零件设计和实物制作的大致流程。

4. 通过操作数控机床、整理工具、清理场地等一系列活动，对学生实施一次劳动教育。

本次课采用"课堂比赛＋排名递减评分法"组织教学。每位学生都配有一台本校自行研发的个人便携式数控机床作为加工工具。每个工位的计算机都兼有观看教学视频和操作机床的功能。上课时，学生戴上耳机，按照视频教程的指导取放工具，操作数控机床加工工件。经教师现场认定工件合格后，学生要在指定的计算机中输入完成时间，以获得比赛名次，并将其换算成本课程的一次平时成绩。

生成数控加工代码，需要经过额外的计算机辅助制造（computer aided manufacture，CAM）软件学习过程。同一时间内，过多的软件操作学习内容，可能导致学生思维混淆，不利于整体学习的推进。鉴于本课程以体验和启蒙为主的初衷，加之课时有限，本课程跳过 CAM 软件学习过程。为此，本课程向学生提供预先编制好的数控加工代码，让学生直接调用这些代码进行数控加工操作，将学生的主要精力集中在获得毛坯装夹、定位、对刀这些操作层面的体验，通过加工实物的过程来感受数字化设计和制作的魅力。这种做法，既避开了学习创建数控加工代码的复杂过程，又可以唤起部分思想活跃的学生对探索自行生成数控代码的欲望，起到了启蒙和诱学的双重作用。

作为本次课的另外一个教学功能，学生在完成零件加工后，还必须按照视频要求，整理工具、清扫机床、打扫课桌和场地，经过其他学生检查合格后方可离开教室，完成一次劳动和学生自治管理的体验。这种做法，客观上也减轻了实验室管理人员的工作负担，缩短了实验教室的整理时间，有利于获得实验室管理方支持，有利于提高实验设备利用率。

本次课设有思考题，提前完成必做任务的学生，要利用余下时间做思考题，使学习内容对于每位学生都达到"饱和"。

（三）第三次课：三维模型创建与工程图输出

本次课的任务如下。

1. 创建机械手舵机架的三维模型。

2. 创建舵机架的工程图样。

3. 创建机械手的装配图。

本次课的教学活动仍然采用边观看视频边操作软件进行建模的方式，并以比赛的方式进行评分。给学生的课内学习资料，除视听教程之外，还提供了舵机架尺寸文档（见图9），该文档采用了分步表达的方式。比赛过程中，要求学生自行读懂图纸，看懂相关视频。教师不回答建模中的技术问题。这种表达降低了对学生读图能力的要求，有利于学生建立学习信心。此时段，教师不回答作业中的问题，旨在促进提高学生的自学能力。舵机架的工程图样如图10（a）所示。

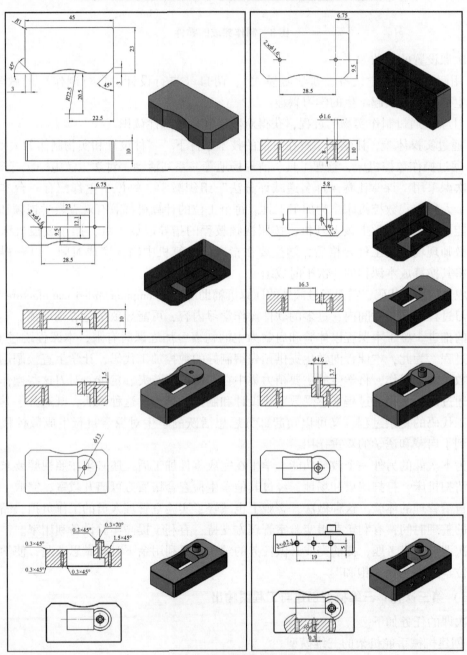

图 9　舵机架尺寸文档

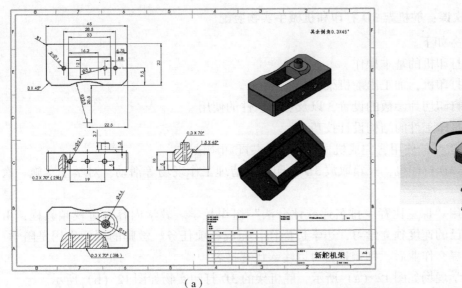

(a) (b)

图 10　舵机架的工程图样和机械手的装配图

在创建机械手装配图的过程中，需要利用机械手爪、舵机和本次课创建的舵机架零件模型以及部分螺钉。机械手爪、舵机架的三维模型，随其他电子文件一并提供给学生。

创建好舵机架的三维模型和工程图样之后，学生即可按视频教程的进度，创建机械手的装配图，如图10（b）所示。图11所示的装配体工程图样和制作该图的视频，可作为补充内容，用于填补提前完成规定任务学生的剩余课堂时间，实现了同一时间、同一地点、同一教师、同一最低标准，差异化的"饱和课堂"分层次教学。

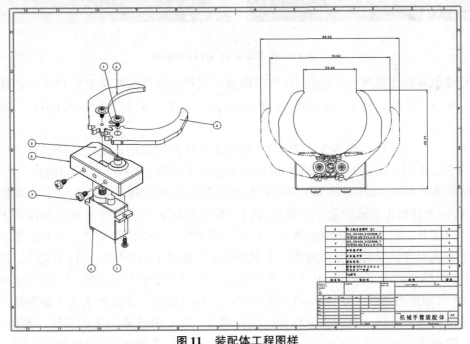

图 11　装配体工程图样

（四）第四次课：舵机架 3D 打印和机械手实物装配

本次课的任务如下。

1. 学会 3D 打印机的基本操作。
2. 利用 3D 打印机，加工出舵机架。
3. 学习 3D 打印切片参数的设置，以及切片软件的使用。
4. 学习 3D 打印工件的结构设计技巧。
5. 学习装配工具的使用，完成机械手实物的装配和调试。
6. 通过借用 3D 打印机，开箱取放 3D 打印机及清理工作现场等活动，对学生实施一次劳动教育。

本次课仍采用"课堂比赛＋排名递减评分法"组织教学。教学内容通过视频教程，由学生按照适合自己的速度独立学习，边学边操作，完成各项任务。教师的课堂作用是陪学、督学，并在学生提交作业后，判定是否可以输入比赛排名。

本次课的教学现场如图 12（a）所示，舵机架的 3D 打印实物如图 12（b）所示。

（a）　　　　　　　　　　　　（b）

图 12　教学现场及 3D 打印实物

机械手爪装配操作流程：创建 3D 打印模型→用切片软件对模型进行切片→创建打印加工代码→加载加工代码到 3D 打印机，进行打印加工→取下零件，经检查合格后，进行总体装配。

如果按照上述流程，则学生从学习 3D 打印切片软件的使用、完成零件切片和创建打印代码直到学会 3D 打印机的基本操作，需要耗费一大半的课堂时间，此段时间内，3D 打印机处于闲置状态。另外，3D 打印加工零件过程也需要较长的时间。此外，对于大多数学生来讲，3D 打印零件加工完成后余下的课堂时间，难以从容地完成机械手装配和调试工作，以及其他学习任务，甚至出现拖堂的现象，由此会导致学生产生焦躁情绪，不利于教学。

鉴于优化课堂教学时间安排考虑，本次课给学生提供了预先做好的打印文件，优先安排了 3D 打印机操作的学习内容。让学生首先学会 3D 打印机的基本操作，然后迅速进入到舵机架的 3D 打印加工流程。3D 打印机进入正常的工作过程后，不需要人工干预操作，此时可让学生腾出精力和时间，观看教学视频，执行第 3、第 4 项任务。这种安排，避免学生手、脑闲置，实现了上述第 2、第 3、第 4 项任务的并行实施，提高了课内时间的利用率。

舵机架零件 3D 打印结束后，即可开始按照视频教程的演示，进行实物装配。进行实物装配所需要的工具和附件如图 13（a）所示，装配完成后的实物如图 13（b）所示。

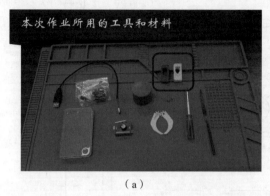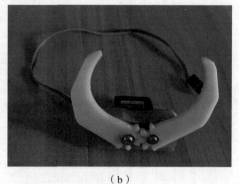

（a） （b）

图 13　实物装配工具、附件及最终实物

在规定的任务中，没有涉及舵机架 3D 打印零件的结构设计及创建舵机架 3D 打印加工代码。这些内容可作为本次课程的"饱和课堂"后备内容。

（五）第五次课：智能小车钣金车架 3D 模型创建及总装配图创建

本次课的任务如下。

1. 学会利用 SOLIDWORKS 钣金模块的基本操作。
2. 创建车架钣金零件三维模型。
3. 创建小车总装配的三维模型。
4. 创建车轮三维模型。

本次课仍采用"课堂比赛＋排名递减评分法"组织教学。

任务 2 的创建流程如图 14 所示。完成本任务所需的尺寸标注图如图 15 所示。这些文件作为附件，随教学视频一并提供给学生。

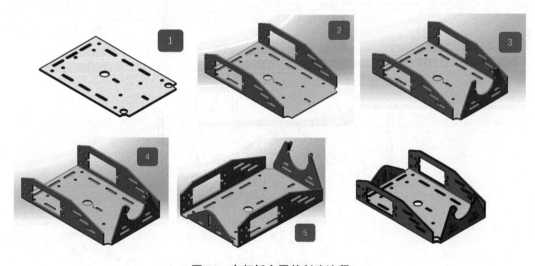

图 14　车架钣金零件创建流程

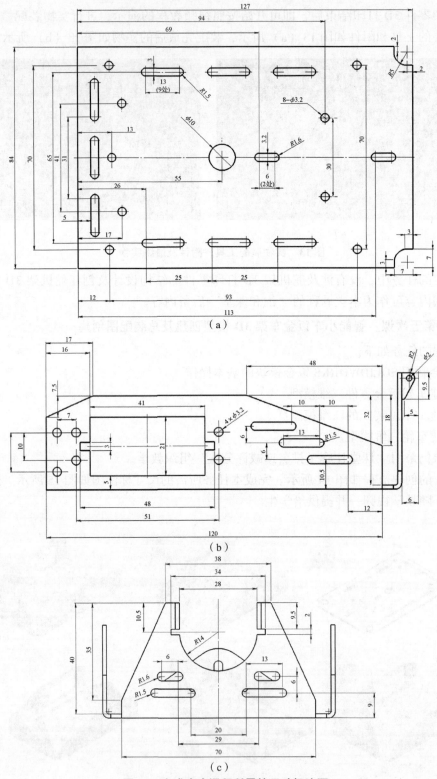

图 15 完成本次课程所需的尺寸标注图

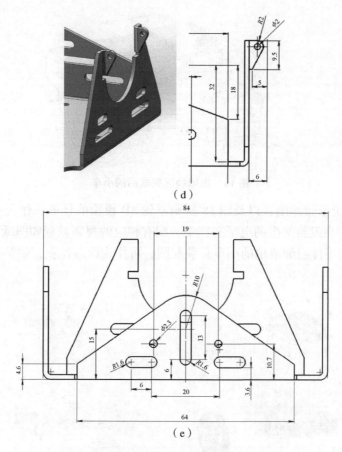

图15 完成本次课程所需的尺寸标注图（续）

任务1仅通过一段视频教程，演示SOLIDWORKS软件中钣金模块的打开过程即可完成。

任务2需要学生从零开始，按照图14所示步骤和图15所示尺寸，完成车架三维模型的创建。本环节的尺寸较多，且大部分是一些简单、枯燥的重复性尺寸标注，耗时费力，知识性和技巧性不强。这样的操作无助于激发学生的求知欲。为此，本课程将图15（a）~图15（c）的尺寸创建成"块"嵌入到作业模板中，并将这种带有"块"模板的电子文档，随教学视频一起发给学生。课内比赛开始时，学生只要打开下发的模板，即可使用这些"块"，来创建图15（a）~图15（c）的模型。这种预制模板发给学生的教学安排，让学生跳过了重复标注尺寸的简单枯燥步骤，使学生感到工作量不多，成就感却满满，能迅速调动学生的学习兴趣。图15（d）、图15（e）两部分开孔建模工作，仍由学生在课内完成。在学生兴致高昂时跳过前面枯燥、烦琐的操作，巧妙地避免了学生因内容枯燥而产生的厌学心理。这样的安排，既能保证学生在有限的课堂时间内完成建模，又能唤起学生对"块"这种功能的好奇，从而诱导学生在课后探索更多课内没有介绍的软件建模技巧，激发学生的自学热情。

任务3所需要的其他零部件模型文件，随视频教程一起提供给学生。学生完成任务2之后，按照视频的进程，完成整车的三维虚拟装配，如图1和图16所示。

工程图学类课程教学方法创新优秀案例

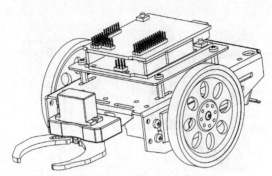

图 16　虚拟装配完成后的小车

将创建图 17 所示爆炸图，以及图 18 所示车轮 3D 模型的任务，作为本次课程的"饱和课堂"后备内容。在发给学生的电子文档中，配有相应的视频教程和图纸资料。

带有标题栏和零件明细清单的小车总装配图，可作为课后作业，供学生选做。

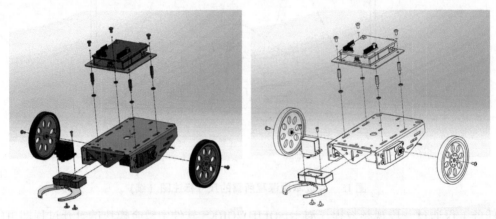

图 17　爆炸图

图 18　车轮 3D 模型

（六）第六次课：工程文件撰写、运动仿真、知识产权保护

本次课任务如下。

1. 了解工程文件的作用，创建计划进度表（甘特图）。
2. 学会编制树状文件目录。
3. 了解知识产权保护的基本知识。
4. 学习用电子表格软件创建函数曲线，以及求解数学方程。
5. 通过单摆模型运动仿真实例，了解 SOLIDWORKS 软件中 Motion 模块的仿真功能。

本次课仍采用"课堂比赛+排名递减评分法"组织教学。

学生通过观看教学视频在课堂内自行学习任务1、任务2、任务3。余下部分时间用于课堂学习比赛，任务4为本次比赛的内容。任务5录制成视频教程，作为后备内容。

工程文件编制是工程知识积累的重要手段，在发达的工业体系中，工程师或研究人员会花费大量的时间和精力来撰写工程文件。撰写工程文件是现代工程文化的重要组成部分，是现代工程师必备的技能。

国内理工科教育中这部分内容相对薄弱。为此，本课程加大了这些内容的施教力度，自始至终关注对学生撰写工程文件能力的培养。

项目进程的甘特图，也是本课程的教学进程计划表，是交给学生的第一份工程文件，如图19所示。这项安排旨在培养学生的工程进度计划意识，避免产生"拖延症"。

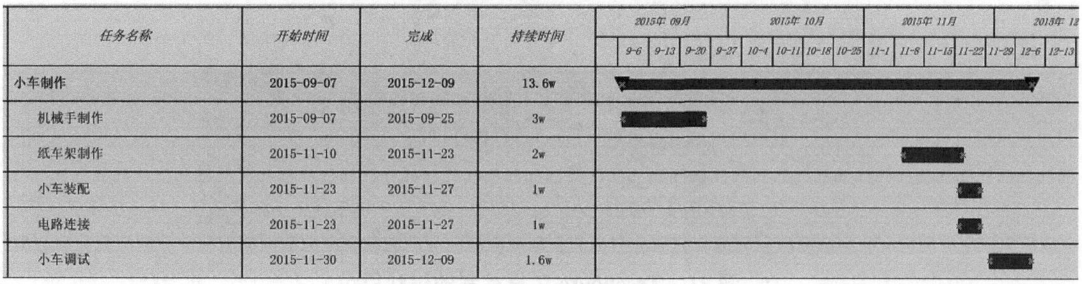

任务名称	开始时间	完成	持续时间	2015年 09月				2015年 10月				2015年 11月				2015年 12	
				9-6	9-13	9-20	9-27	10-4	10-11	10-18	10-25	11-1	11-8	11-15	11-22	11-29	12-6	12-13
小车制作	2015-09-07	2015-12-09	13.6w															
机械手制作	2015-09-07	2015-09-25	3w															
纸车架制作	2015-11-10	2015-11-23	2w															
小车装配	2015-11-23	2015-11-27	1w															
电路连接	2015-11-23	2015-11-27	1w															
小车调试	2015-11-30	2015-12-09	1.6w															

图19 项目进程甘特图

树状目录是工程文件的一种形式，它可以清楚地表达具有隶属关系的事物。本次课要求学生学会利用树状目录表达小车各个零部件与总体之间的隶属关系，如图20所示。现有的多种软件都具有创建树状目录的功能，如 Microsoft Word、Microsoft Visio 等。

SOLIDWORKS 软件中的 Treehouse 工具，具有从3D装配图创建树状目录的功能。教会学生使用该工具可以获得直观清晰，且容易修改的树状目录，如图21所示。本课程配有 Treehouse 的教学视频。

本次课的任务3是一个比赛项目。设置此内容，旨在引导学生学习 Excel 电子表格软件的使用，以便以后在工程项目中进行数学计算。此任务通过三角函数表制作，函数图像绘制，函数值及求解，非线性函数的反函数求解介绍 Excel 软件的基本功能。本次课将该任务制作成无师自通的教学视频，作为学生课内自学、比赛的教程。最终输出结果如图22所示。

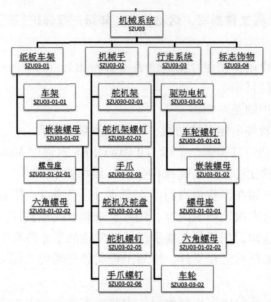

图 20　树状目录

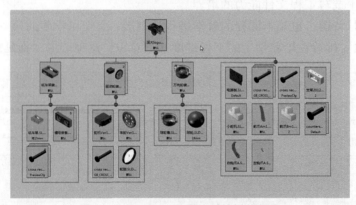

图 21　Treehouse 工具绘制的树状目录

x(rad)	x(°)	y=sin(x)	y=sin(x)+x/5
0	0	0.000000	0
π/12	15	0.258819	0.31117892
π/6	30	0.500000	0.60471976
π/4	45	0.707107	0.86418641
π/3	60	0.866025	1.07546491
5π/12	75	0.965926	1.22772521
π/2	90	1.000000	1.31415927
7π/12	105	0.965926	1.33244497
2π/3	120	0.866025	1.28490442
3π/4	135	0.707107	1.17834568
5π/6	150	0.500000	1.02359878
11π/12	165	0.258819	0.8347777
π	180	0.000000	0.62831853
13π/12	195	-0.258819	0.42185936
7π/6	210	-0.500000	0.23303829
5π/4	225	-0.707107	0.07829138
4π/3	240	-0.866025	-0.0282674
17π/12	255	-0.965926	-0.0758079
3π/2	270	-1.000000	-0.0575222
19π/12	285	-0.965926	0.02891185
5π/3	300	-0.866025	0.18117215
7π/4	315	-0.707107	0.39245065
11π/6	330	-0.500000	0.65191731
23π/12	345	-0.258819	0.94545814
2π	360	0.000000	1.25663706

图 22　Excel 输出结果

作为内容的拓展，本次课将建立机械手爪的开口尺寸与手臂转角的关系曲线，作为课后作业，用以激发学生自学 Excel 软件的兴趣。作业需要同时用到 SOLIDWORKS 软件工程图样的知识和 Excel 软件图形插入功能，如图 23 所示。在对工程图样添加标注的过程中，巧妙地插入了替换位置的表达方法。这种多种软件交互使用的操作，对提高新生的工程软件使用能力和文件编撰能力，起到了较好的启蒙作用。

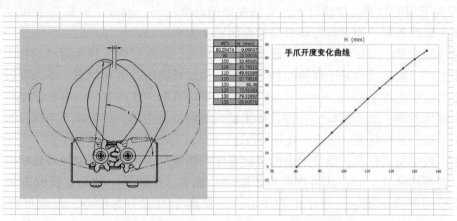

图 23　SOLIDWORKS 工程图和 Excel 软件结合使用

图 24 所示为任务 5 所对应的学习内容。该任务为用 SOLIDWORKS 软件的 Motion 模块对一个在重力场中的单摆，进行无阻尼摆动和有阻尼摆动的运动仿真。此任务向学生介绍计算机运动仿真的基本概念。

大一年级的理工科学生，同时在上物理课，这个单摆仿真很贴近物理课的内容，其物理意义易于学生理解。通过此任务的学习，学生能初步了解用计算机仿真物理现象的方法，为学生解决工程中的物理问题开辟了一个未曾了解的思路，也为后续专业课的深入学习做了铺垫。

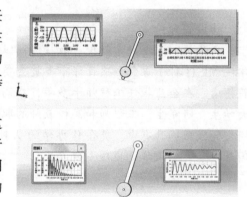

图 24　单摆的运动仿真

三、课程特点小结

本课程的教学设计和组织模式有以下特点。

1. 创造了游戏比赛与理实结合的教学模式，很好地践行了"知行合一""活学活用"的教学理念。

2. 编制了无师自通的教学视频课程，打造了以学生为中心、以自学为主的教学环境。

3. 创造了"饱和课堂"的授课模式，实现了同一时间、同一课堂、有底无顶的分层教学模式。既照顾了接受能力缓慢者的学习需求，又为学有余力者配备了足够的课内学习内容。打造出人人集中精力、开足马力学习知识和技能的课堂氛围，课堂内玩手机的现象近乎绝迹。

4. 使用了 SOLIDWORKS、Word、Excel、3D 打印切片、CAM（自行开发）等多种软件，使用 PPCNC、3D 打印机及多种五金工具进行教学活动，诱导学生用先进的软件工具和数字化制作工具，开展工程设计、样机制作等活动，实现了知识与技能的"与时俱进"。

5. 创建了多维度评价的"排名递减"评价体系，纠正了传统考评方法导致的为考试分数而学习的弊端，将学生引导到为提高综合能力而学习的新轨道。

6. 实现了理论教学、技能培养、劳动育德的高度统一，形成了极具"亲和力"的德育教育模式。思政教育、德育教育和劳动教育润物于无声。

经过深圳大学十多年的教学实践探索，以上特点已经深度融入教学活动的各个环节，形成了易于推广，教学质量易于保障的教学模式。经过长期的打磨和积累，本课程已经具备了内容丰富的模块化教学资料，形成了与时俱进的更新机制。这些教学内容更新操作简单，容易形成个性化教案，能大幅减少任课教师年复一年的重复劳动，也为缺乏本课程教学经验的教师承担本课程教学任务，创造了良好条件。

采用本教学模式教学，教师课内的劳动强度大幅降低，可有效减少教师患咽炎等职业病的概率。教师的课堂活动，从讲课变成了陪学、督学，开创了一种涵盖授课方式、评价方式、课堂管理方式变革的，以学生为中心、以提高学习能力为中心，开放可控的教学新模式。

作者简介：

王华权，深圳大学教授，教授级高级工程师，深圳市享受政府津贴专家，美国麻省理工学院 MISTI 种子基金会项目评审委员会委员，国家科技进步奖、广东省高等教育教学成果奖获得者。在企业担任工程师十多年，在高等院校从事一线教学工作近三十年。具有从钳工到大学生、研究生、工程师和高校教师的职业经历；具有在中、美两地企业从事复杂机电系统研发的经历；具有中、英合作办学的从教经历；曾为美国 MIT 博士生上示范课，曾指导德国慕尼黑大学来华交换硕士研究生。

上海海洋大学"工程图学"课程思政典型案例

毛文武

上海海洋大学

1. 目前"工程图学"课程思政存在的问题

近年来，课程的育人作用越来越受到重视，习近平总书记在全国高校思想政治工作会议上，指出"要坚持把立德树人作为中心环节，把思想政治工作贯穿教育教学全过程，实现全程育人、全方位育人""要用好课堂教学这个主渠道，思想政治理论课要坚持在改进中加强，提升思想政治教育亲和力和针对性，满足学生成长发展需求和期待，其他各门课都要守好一段渠、种好责任田，使各类课程与思想政治理论课同向同行，形成协同效应"，中共中央、国务院印发的《关于加强和改进新形势下高校思想政治工作的意见》中指出"充分发掘和运用各学科蕴含的思想政治教育资源，健全高校课堂教学管理办法"。2020年5月28日教育部印发的《高等学校课程思政建设指导纲要》中指出"课程思政建设工作要围绕全面提高人才培养能力这个核心点，在全国所有高校、所有学科专业全面推进，促使课程思政的理念形成广泛共识，广大教师开展课程思政建设的意识和能力全面提升，协同推进课程思政建设的体制机制基本健全，高校立德树人成效进一步提高"。国内各个高校"工程图学"课程都纷纷进行了课程思政融入课程教学的探索和实践，但目前存在课程思政内容较为雷同、与专业课课程思政案例类似、缺乏课程特色和学校特色、学生兴趣不够高等问题。

因此，深入挖掘"工程图学"课程蕴含的思政资源，充分运用"工程图学"课程教学内容中的CAD三维建模、三维渲染、动画仿真等技术制作彰显学校特色的思政案例，对激发学生"工程图学"课程的学习兴趣，提高"工程图学"课程思政效果，潜移默化培养学生的爱国荣校情感具有重要意义。

2. 上海海洋大学"工程图学"课程思政

"工程图学"课程是上海海洋大学海洋渔业科学与技术、食品科学与工程、食品质量与安全、建筑环境与能源应用工程、能源与动力工程、包装工程、制药工程、机械设计制造及其自动化、工业工程、测控技术与仪器、电气工程及其自动化、机器人工程、环境工程、环境技术、生态学等专业的学科基础必修课程，此外，水族科学与技术、海洋技术、物流管理等专业也开设了"工程图学"选修课程。其中机械设计制造及其自动化和工业工程专业大一第一学期和第二学期分别开设"工程图学（一）"和"工程图学（二）"课程；建筑环境与能源应用工程、能源与动力工程、食品科学与工程、食品质量与安全专业开设"现代工程图学 A"课程；海洋渔业科学与技术、包装工程、制药工程、测控技术与仪器、电气工程及其自动化、机器人工程、环境工程、环境技术、生态学、水族科学与技术、海洋技术、物流管理等专业开设"现代工程图学 B"课程。

自 2018 年 9 月以来，笔者牢记立德树人使命，结合我校学生和专业的特点，重塑"工程图学"课程内容，改革教学方法，打破课堂沉默状态，焕发课堂生机活力，发挥课堂教学主阵地、主渠道、主战场作用，并有效利用网络教学平台开展线上线下混合式教学。笔者深入挖掘了"工程图学"课程蕴含的思政资源，制作了一批彰显上海海洋大学特色的"工程图学"课程思政案例，将中外工程图学的杰出成就、社会主义核心价值观、工程师职业道德、红色革命精神、大国工匠精神、上海海洋大学特色校园文化有机融入"工程图学"课程各章内容的教学、上机实验与课程作业中（见表1），潜移默化培养学生的民族自豪感、爱国荣校情怀，提高"工程图学"课程思政的高阶性、创新性与挑战度。

表 1 "工程图学（一）"课程教学内容各章节对应的主要课程思政素材及教学方法

序号	课程思政素材	对应课程内容	教学方法
1	战国中山王墓出土的"兆域图" "彩虹鱼"万米载人深潜器机械图	绪论	讲授
2	公元前 700 多年的《周礼·考工记》 "规""矩""绳墨""水平"	第一章 绘图工具	讲授
3	社会主义核心价值观 上海海洋大学勤朴忠实校训	第二章 制图国家标准 计算机绘图长仿宋体	上机实践
4	法国科学家加斯帕尔·蒙日（Gaspard Monge 1746—1818）在画法几何方面的开拓与贡献	第三章 投影的基本知识	讲授
5	虎门销烟炮台 解放战争炮弹 长征系列运载火箭	第四章 立体的投影	互动式教学 上机实践
6	上海海洋大学校园景观"七道门" （1912 年建校来各时期的校门）	第四章 CAD 三维实体建模	启发式教学 上机实践
7	因螺钉 0.01 mm 误差导致的英国航空 5390 航班事件对比四川航空公司 3U8633 航班驾驶舱右座前风挡玻璃破裂脱落事件 "中国民航英雄机组"	第五章 组合体尺寸标注	讨论式教学
8	公元前 32—公元前 22 年间古罗马工程师维特鲁威（Marcus Vitruvius Pollio）著《建筑十书》 公元 1097—1103 年北宋著名建筑学家李诫著《营造法式》	第六章 轴测图的基本知识	问题为导向教学

续表

序号	课程思政素材	对应课程内容	教学方法
9	《武经总要》 北宋 骑兵旁牌图	第七章 视图	比较式教学
10	中国国际"互联网+"大学生创新创业大赛、全国三维数字化创新设计大赛、"汇创青春"上海大学生文化创意作品展示活动、"上图杯"先进成图技术与创新设计大赛、上海红色文化创意大赛等学科竞赛和创新创业活动	创新创意作品设计	项目式教学 CAD 上机实践

3. 上海海洋大学"工程图学"课程思政特色及创新点

面向上海海洋大学双一流学科特色和"多科性应用研究型"大学发展定位，笔者以立德树人为根本，基于成果导向教育（outcome based education，OBE）理念，以学生为中心、以成果为导向，深入挖掘了"工程图学"课程蕴含的思想政治教育资源，积极探索创新课程思政教学方法，以赛促学，教学内容体现思想性、前沿性与时代性，教学方法体现先进性、互动性与针对性。我校"工程图学"课程思政建设的特色及创新点如下。

（1）坚决贯彻习近平总书记新时代中国特色社会主义思想铸魂育人，优化课程思政内容供给，将社会主义核心价值观、工程师职业道德、红色革命精神、"大国工匠"精神、中外工程图学的杰出成就、上海海洋大学112年特色校园文化有机融入"工程图学"课程的教学、上机实验与课程作业中。挖掘了一批彰显上海海洋大学特色的"工程图学"课程思政典型案例，如"勤朴忠实校训"、1912年建校以来各时期的校门、"彩虹鱼"全海深载人潜水器等，培养学生认真负责的工作态度、严谨细致的工作作风，培养学生创新意识和社会责任感，激发学生民族自豪感和爱国荣校情怀。

（2）以赛促学，将中国国际"互联网+"大学生创新创业大赛、全国三维数字化创新设计大赛、"汇创青春"上海大学生文化创意作品展示活动、"上图杯"先进成图技术与创新设计大赛、上海红色文化创意大赛、上海高校学生创造发明"科创杯"、上海设计双年展、"科创中国"上海"新特杯"数字化创新设计大赛等学科竞赛和创新创业活动融入"工程图学"课程的教学、讨论、作业和CAD上机实践中，提高课程的高阶性、创新性与挑战度。

（3）改革"工程图学"课程思政的教学方法，深入开展启发式、互动式、问题导向式、批判讨论式、项目式等多元化教学方法改革与实践，以OBE理念推动课程教学的持续改进，加强课程思政教学效果的及时检验，形成了较完善的课程思政渗透教学成效的评价方法。

4. 推广应用效果

近年来，上海海洋大学"工程图学"课程与课程思政的有机融合教学已取得一定成果并向校外推广。笔者主持的"工程图学课程群教学团队建设"获评2018年度上海海洋大学优秀教学团队；主持的"现代工程图学"于2019年4月获评上海海洋大学课程思政重点课程建设项目优秀课程，并于 2019 年 9 月获上海海洋大学"育才奖"；主持的"水产及渔业装备工程图学教学团队"获评 2020 年度上海海洋大学优秀教学团队；主持的"工程图学（一）（二）"于 2020 年 9 月获上海市重点建设课程；主持的"现代工程图学"课程于 2023 年 6 月获上海海洋大学线上线下混合式一流课程，2016 以来主讲的"工程图学（一）""工程图学（二）""现代工程图学"等课程获评校"好课堂"15 门次；主持的"工程图学（一）"于 2024 年 1 月获评上海市一流本科课程。

2018 年以来笔者指导学生参加"互联网+"大学生创新创业大赛、全国三维数字化创新设计大赛、"汇创青春"上海大学生文化创意作品展示活动、"上图杯"先进成图技术与创新设计大赛、上海高校学生创造发明"科创杯"、上海设计双年展、"科创中国"上海"新特杯"数字化创新设计大赛等学科竞赛和创新创业活动获奖 30 余项，指导学生获第 46 届世界技能大赛 CAD 机械设计项目上海市本科生选拔赛第一名，入围上海市集训队。

2020 年 12 月笔者撰写的上海海洋大学课程思政成果"不忘初心、方得始终——工程图学课程跨学院跨专业'三全育人'的探索和实践"入选上海海洋大学一流学科文化著作《"三全育人"的理论和实践——基于上海海洋大学的探索》，作为学校课程育人的优秀工作案例之一向校外辐射示范。2023 年 5 月 27 日笔者受邀在上海市图学教育专题学术交流研讨会（东华大学松江校区图文信息中心）作了"上海海洋大学工程图学系列课程探索与实践"的报告，向上海市各高校介绍上海海洋大学"工程图学"课程教学改革和课程思政经验。

5. 特色校园文化融入"工程图学"课程思政案例

2018 年以来，笔者深入研究了上海海洋大学自 1912 年创校以来的校园文化历史积淀、校训、校史、校歌等校本文化资源和"把论文写在世界的大洋大海和祖国的江河湖泊上"的办学传统，深入挖掘、提炼和制作了一批彰显上海海洋大学 112 年校园文化特色的"工程图学"课程思政典型案例，并将其融合到"工程图学"课程的教学、上机实验、课程讨论及课后作业中，潜移默化、润物无声培养学生的爱国荣校感情和创新创业意识，并取得了较好的效果。

图 1 所示为将我校"勤朴忠实"校训有机融入工程图学长仿宋体训练的上机案例，该案例已出版在 2019 年 8 月笔者主编的普通高等教育农业部"十三五"规划教材《现代工程图学习题与上机实验》中。在学生进行 AutoCAD 长仿宋体上机练习的同时，将我校"勤朴忠实"校训的渊源与含义向学生娓娓道来："1912 年，在著名教育家黄炎培的襄助下，江苏省立水产学校正式创办，首任校长张镠对学生提出希望'五事'，即勤勉；造成诚朴之校风；戒浮嚣；勿空谈国事；当自食其力。1914 年 9 月 1 日'勤朴忠实'四个大字正式定为校训。2004 年，学校对校训内涵提出新诠释：勤——勤奋敬业，即学习勤奋，工作勤勉，反对消极怠惰；朴——质朴大方，即做人求真，多做少说，反对奢华浪费；忠——爱国荣校，即忠于祖国，热爱母校，反对薄情寡义；实——求真务实，即重视实践，讲求实效，反对弄虚作假"。

图1 "勤朴忠实"校训融入工程图学长仿宋体训练的上机案例

图 2 所示为指导学生制作的,将校园景观品读上海海洋大学"七道门"融入工程图学组合体 CAD 三维建模课程思政案例。第一道门:江苏省立水产学校;第二道门:国立中央大学农学院水产学校;第三道门:上海市立吴淞水产专科学校;第四道门:上海水产学院;第五道门:厦门水产学院;第六道门:上海水产大学;第七道门:上海海洋大学。在案例教学的同时,给学生讲解学校的历史:从炮台湾出发,历经上海春江、重庆合川、上海复兴岛、厦门集美、上海军工路,最后来到东海之滨滴水湖畔,一路走来,筚路蓝缕,成为一流学科建设高校,来之不易。

图2 校园景观品读上海海洋大学"七道门"融入工程图学组合体 CAD 三维建模课程思政案例

图 3 所示为指导学生设计的彰显我校特色校园文化的纪念餐盒,将团头鲂、罗非鱼、中华绒螯蟹等上海海洋大学获得国家科技进步奖的项目,和我校选育的水产新品种淡水珍珠蚌、助力西藏亚东县脱贫的"亚东鲑鱼"等重大科研成果,以及各时期校渔业捕捞实习船等融入"工程图学"课程的教学、上机案例和课程作业中,立德树人,潜移默化培养学生爱国荣校的情感。

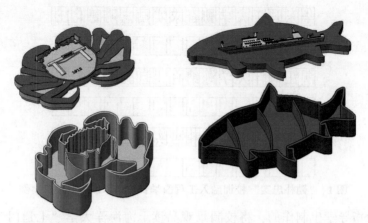

图 3　以学校获得的国家科技进步奖项目及渔业实习船等思政元素为基础设计的校园文化餐盒

2024年1月17日，笔者在泛雅网络教学综合服务平台中对2023年秋季学期主讲的"工程图学（一）"课程思政目标达成度进行了调研，统计结果如图4所示。参与调研的2023机制3、4班同学共64人中，45人反馈非常好，占比70.3%；17人反馈较好，占比26.6%；2人反馈一般，占比3.1%；反馈较差和非常差0人。

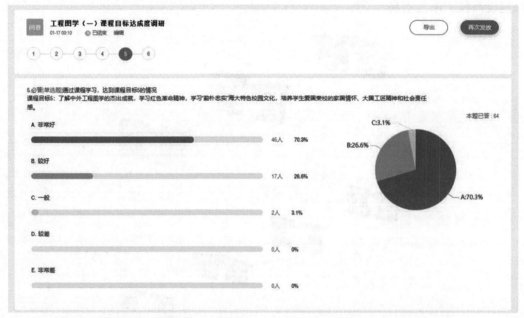

图 4　2023年秋季学期"工程图学（一）"课程思政目标达成度调研统计

作者简介：

毛文武，上海海洋大学工程学院副教授，博士，"工程图学（一）"上海高校市级一流本科课程负责人，教育部高等学校工程图学课程教学指导分委员会华东地区工作委员会委员，上海市图学学会图学教育专业委员会副主任。

建 筑 篇

目次

融合课程思政面向"卓越工程师培养计划"的工程图学创新教学实践

吴新烨

厦门大学

课程思政是实现思想政治教育贯穿人才培养全过程的重要渠道，是落实教育要立德树人这一根本任务的必然要求。教育教学必须紧紧围绕"培养什么人、怎样培养人、为谁培养人"这一根本性问题以及卓越工程师人才培养这一中长期目标，使思政理论与学科专业知识相互融合、相互映衬。"工程图学"课程必须注重对学生形象思维能力和创新思维能力的培养，以及对学生综合素质的提高，通过引导学生自觉树立规矩意识，涵养道德素质，厚植家国情怀，培养学生工程素养和科学探索精神。在创新教学实践中必须致力于构建助力学生思想成长的教学模式，采用现代教学手段，注重设置贴近工程师培养实际需求的教学内容，激发学生的学习兴趣和创新能力。课程必须通过生动、丰富的案例分析和实践性教学以及鼓励学生参加创新大赛，引导学生将理论知识与工程实践相结合，培养学生的创新、团队和榜样意识。

作为"工程图学"课程任课教师，需牢固树立课程思政理念，积极探索课程思政与"工程图学"课程的融入点，在教学改革与实践中进行大胆的尝试与创新，结合中国工程教育专业认证及学校专业课时总体要求，重新规划"工程图学"课程教学新体系，丰富教学手段与教学方法，强化学生的综合素质培养，涵养工科学生的家国情怀，切实做到"守好一段渠，种好责任田"，探寻出一条具有课程特色的课程思政教育之路，为国家培养出更多"又红又专"的社会主义建设者和接班人。

1. 案例简介及主要解决的教学问题

1.1 改革背景

大学生思想政治教育工作是实现全面提高高等教育人才培养质量的重要渠道。在全国高校思想政治工作会议上，习近平总书记强调，要坚持把立德树人作为中心环节，把思想政治工作贯穿教育教学全过程，各类课程与思想政治理论课同向同行，形成协同效应，实现全员全程全方位育人。

土木建筑类"卓越工程师培养计划"旨在促进我国高等工程教育改革和创新，全面提高我国工程教育人才培养质量，是我国高等工程教育的重大教学改革项目。卓越工程师培养方案中要求："工程图学"课程的教学目标是通过画法几何及制图理论的学习，以及建筑工程制图实训实践，培养用计算机手段、尺规及徒手绘制工程图样的能力，熟悉建筑制图国家标准的规定，掌握并应用各种图示方法来表达和阅读建筑工程图样；培养良好的工程意识，贯彻、执行国家标准的意识。在"卓越工程师培养计划"方案中,"工程图学"是工科专业必修的基础课程,也是后续专业课程、课程设计以及毕业设计的先修课程。

1.2 改革目标

为了实现"卓越工程师培养计划"的目标,"工程图学"课程的教学改革与实践必须优化重组现有的课程体系以及改进相应的教学方法。"工程图学"课程的教学目标有技术层面的教学目标(包括知识和能力目标)和非技术层面的教学目标(即价值目标),如图1所示。技术层面的教学目标主要是培养学生具备工程图样的绘制和阅读能力,拥有空间想象力和空间分析能力。非技术层面的教学目标主要是培养具有家国情怀和工匠精神的新时代大学毕业生。技术层面的教学目标在教师的常规知识讲授以及学生的练习实践过程中达成,而非技术层面的教学目标则需要实施课程思政来达成。

图1 土木工程类"工程图学"课程的教学目标

通过教学改革与实践,在保证学生具备扎实的图学基本理论知识的前提下,着力培养学生分析问题、解决问题的能力以及在工程活动中的协作能力,同时注重提升工科学生的综合素质并具备强烈的家国情怀,力争做到作为教育者以实际行动真正回答"培养什么人、怎样培养人、为谁培养人"这一根本问题。

2. 解决教学问题的方法、手段

为了达成面向"卓越工程师培养计划"的"工程图学"课程教学目标,按照如下几个方面开展相关的教学改革与实践。

(1) 融合课程思政,培养工科学生的家国情怀。以绘图训练为抓手,锻炼学生的实践能力,培养学生科学的思维方法以及树立严谨负责的职业道德观。以施工图样为导向,培养学生的工程意识以及贯彻、执行国家标准的意识。以工匠精神为主线,培养学生家国情怀,力争做到作为教育者以实际行动真正回答"培养什么人、怎样培养人、为谁培养人"这一根本问题。

(2) 依托翻转课堂教学理念,打造适合学生发展的优质课堂。积极开展翻转课堂教学实践,培养学生独立思考和自主学习的能力。以"大学慕课"为载体,借助"雨课堂"等现代教学平台,转变教师教学行为与观念,让学生克服依赖教师"教"的学习习惯,采用翻转课堂教学模式,从而做到教学相长,打造适合学生全面发展的优质、高效课堂。

（3）"工程图学"课程体系教学计划调整。从应用型人才必需的知识结构出发，结合土木工程评估认证及学校专业课时总体要求，重新规划"工程图学"课程新体系。整个"工程图学"课程的教学内容都由"工程图学"课程教学团队来完成，使"工程图学"课程学时更加合理、教学体系更加完整，教学效果提升明显，教学质量得到进一步保障。

（4）丰富考核形式，强化过程考核，改变一卷定成绩的格局。原来的评价方式主要是基于期末考试，并辅以一些平时作业成绩的一卷定成绩方式。该方式略显单一，不够科学。为了提高人才培养的质量，同时满足专业工程认证的需求，将课程考核方式进行调整，立体化考查考勤、课堂表现（综合考量课程思政）、作业成绩、期中考试成绩、期末考试成绩等多个维度，使课程考核方式更加合理，考核内容更加全面，考核节点更加丰富，考核形式更加科学，考核成绩能够合理地衡量出学生在这门课程的总体表现。

（5）鼓励参加创新大赛，强化学生的综合素质培养。"卓越工程师培养计划"为未来各行各业培养各种类型的优秀工程师，鼓励学生参加全国大学生先进成图技术与产品信息建模创新大赛、技能培训和认证考试，促进"卓越工程师培养计划"的目标顺利实现。

3. 特色及创新点

3.1 特色

（1）知行耦合的土木建筑类课程新谱系。知识结构从传统知识进阶型向工程能力提升型转变；课程设置从"知识型零散式"向"项目型集成式"转变；教学任务从知识传授型向能力培养型转变。在"工程图学"课程教学实践中，以立德树人为根本，充分挖掘蕴含在专业知识中的思政元素，在教学目标中增加思政育人目标，并细化成具有思政教育点的教学单元设计。根据"课程思政"目标设计相应教学环节，并将"课程思政"元素融入学生的学习任务中，体现在学习评价方案中。"工程图学"课程能够从树立坚定的责任意识，分清对错、诚信制图、一丝不苟、精益求精等方面，充分地将责任感、讲诚信和"大国工匠"意识等融入教学当中。

（2）时空融合的虚实结合课堂新模式。开展慕课+翻转课堂实践，促进优质教学资源共享。根据工程教育专业认证通用标准和土木建筑类专业培养标准，组织开展多层次、全方位的学生课外实践活动，实施时空融合多维共进的课堂教学新模式。在形成性考核中，通过小组讨论、第二课堂实践等活动，以学生撰写课程论文等形式考核思政教育效果；在终结性考核中，以开放式、非标准化的考题形式评价学生对内含思政教育教学专业知识的掌握，考查思政教育的教学效果。

（3）构建师生互动的课程教学新关系。突破过分重视课中"满堂灌"教学，引入"翻转课堂"，强化课前线上研习，注重课后线上研讨线下实践，构建课前、课中、课后的虚实维度互动关系；冲破过分关注结果考核陋习，引入师生联合交流机制，作业和考试结合的考核抓手，构建平时与期末有机结合的过程维度互动关系；打破一课一师一班传统授课体系，构建不同学校不同时空一课多师下师生、生生、师师的多元维度互动关系。推进学生自主、协作学习，为大类课中开展讨论式教学、研究性学习提供了成功典型范例。整合思政教师、专业课程教师、学生辅导员和班主任，组建良性互动的课程教学团队，组织授课教师与思想政治课教师交叉备课，邀请思政教师进入专业课堂共同学习讨论，开展形式多样的"课程思政"与"思政课程"同向同行协同育人的教学研究活动，实现专业课学习与思政教育的有机融合，将思政教育贯穿人才培养的全过程，助力学生的全面发展。

3.2 创新点

（1）注重课程节点与理想信念相结合。本课程是大一学生最先接触的一门专业基础课程，有着育人的先导性。讲授绪论时结合本专业和国家的发展战略，引导学生树立远大理想和爱国主义情怀，树立正确的世界观、人生观、价值观，勇敢地肩负起时代赋予的光荣使命，全面提高学生思想政治素质。

（2）注重知识传授与价值引领相结合。在绘图技能的训练中，培养学生敬业、精益、专注、创新等方面的"工匠"精神，以及认真负责、踏实敬业的工作态度和严谨求实、一丝不苟的工作作风。通过学习制图国家标准，使学生养成严格遵守各种标准规定的习惯，培养良好的行为习惯，增强遵纪守法意识。结合画图和看图训练，使学生学会用唯物辩证法的思想看待和处理问题，掌握正确的思维方法，养成科学的思维习惯，培养学生逻辑思维与辩证思维能力，提高职业道德修养和精神境界，促进学生身心和人格健康发展。

（3）注重专业知识与人文素养培养相结合。引入我国著名的土木建筑，如介绍世界现存最大、最完整的木质结构古建筑群——北京故宫等，增强专业自豪感和民族自豪感，潜移默化地进行爱国、热爱土木建筑事业的情怀教育。以图纸出错会给生产带来损失甚至是严重的生产事故教育学生，帮助学生养成严肃认真对待图纸、一线一字都不能马虎的习惯，从而培养学生的责任感和使命感。

（4）注重规矩意识与综合评价相结合。在实践教学中，要求学生严格执行专业教室的管理规范，培养良好的行为习惯和爱护公共财物的优秀品德。分组讨论教学时，通过合理分工和有效组织，培养学生团队合作精神和服务意识。"工程图学"课程考核采用灵活多样的方式，综合全面地评价学生，而非单独评价学生的知识技能情况。

（5）树立以学生为主体的教学观念，注重创新的教学方法改革。翻转课堂让学生真正成为学习的主人，突破传统课堂教学的时空限制，有力增加了学习中的互动。翻转课堂最大的好处就是全面提升了课堂的互动，具体表现在教师和学生之间以及学生与学生之间。采用"翻转课堂"模式，学生在家通过教学平台先完成学习，使课堂变成教师和学生之间互动的场所，通过答疑解惑、完成作业等，达到更好的教育效果。

4. 推广应用效果

课程思政是一种教育教学理念。课程教学不仅承载着传授知识、培养能力的使命，还承载着培养世界观、人生观、价值观的担当。"工程图学"课程一直秉承立德树人的教学理念，将标准意识、工程意识、规矩意识、工匠精神等融入课程。通过修订教学大纲，设置课程思政目标，明确课程考核中的思政要求，提出与知识点融合度更高、更丰富的思政元素，将家国情怀、价值引领与几何构型、制图技能、标准化意识及专业绘图有机结合。通过介绍"画法几何"课程是由厦门大学首任校长萨本栋和著名教育家蔡元培翻译定名，阐述我国古代在工程制图方面的成就，增强专业自豪感和民族自信心，潜移默化地激发学生的爱国情怀及对建筑事业的热爱和兴趣。讲解图纸上长仿宋体字的要求应"笔画清晰、字体端正"时，教导学生做人也要如汉字一样，清清白白，堂堂正正，寓价值观引导于知识传授和能力培养之中，帮助学生塑造正确的世界观、人生观，在知识传授中实现价值观的同频共振，培养学生精益求精的"大国工匠"精神，激发学生科技报国的家国情怀和使命担当。"工程制图"课程思政已入选厦门大学课程思政资源库，并由厦门大学推荐在新华网"新华思政"平台（全国高校课程思政教学资源服务平台）交流展示，如图2、图3所示。"工程制图"课程在"中国大学MOOC"平台具备完整的教学资源，包括教学视频、课程标准、教学课件、章节测试和期末试题等，在"中国大学MOOC"平台已成功开课至第六期，如图4所示。

图2　厦门大学课程思政示范课程——"工程制图"

图3　新华网"新华思政"平台交流展示

图 4　"工程制图"课程在"中国大学 MOOC"平台成功开课至第六期

5. 典型教学案例

案例课信息见表 1。

表 1　案例课信息

案例课名称	工程制图绪论——投影的基本知识
教学目标	（包括知识目标、能力目标、价值目标） 1. 知识目标 （1）掌握投影原理、投影法的分类及各投影法的特点。 （2）掌握三视图的概念、三视图的形成原理及投影规律。 （3）掌握三视图的一般绘图原则，应用投影作图方法达到形—图—形的正确转换，掌握图的表达、产生和应用。 （4）掌握立体的投影表达以及学会阅读三视图，准确阅读三视图的信息和绘制符合国家标准的工程图样，了解第三角画法的基本原理。 （5）了解当今投影技术的应用和发展趋势。 2. 能力目标 （1）学会运用标准规范的作图方法和技能进行三视图绘制。 （2）通过类比及实物对照，利用构型和表达设计的方法，提升学生的逻辑思维和形象思维能力，增强图形表达能力，接受初步的工程意识启蒙。 （3）能够利用所学的投影知识进行分析，利用学科交融进行分析和解决实际问题。

续表

案例课名称	工程制图绪论——投影的基本知识
教学目标	3. 价值目标 （1）鼓励学生平时多关注生产、生活中遇到的各种建筑形体的形状，培养其空间想象力和逻辑思维能力，增强工程意识。 （2）通过课堂上的相互讨论、交流与合作，促进学生养成认真细致严谨的学习态度，培养学生团队协作精神。 （3）从工程应用角度出发，重视工程图样中每条线、每个符号的意义，建立工程科学观及严谨细致的工作态度；学会用联系、全面、发展的观点看问题，形成科学的世界观和方法论，具有责任感和使命感。
教学内容	（包括课堂设计思路、教学重点、教学难点以及对重点、难点的处理） 1. 课堂设计思路 以教学内容要求为导向，扎牢专业知识基础：通过对工程制图的学习，使学生掌握正投影的基本画法及绘图技能，培养学生绘制和阅读建筑工程图样的基本能力，培养用计算机手段、尺规及徒手绘制工程图样的能力，熟悉建筑制图国家标准的规定，掌握并应用各种图示方法来表达和阅读建筑工程图样；培养良好的工程意识，贯彻、执行国家标准的意识。 以教学模式要求为抓手，提升解决问题的能力：本课程采用理论教学和实验教学交叉进行的教学方式，授课方式为多媒体教学，精心设计课堂教学环节，如讲授、练习、制图、讨论等多种实践活动。实践课以学生动手画图、识图为主，在掌握基本理论的基础上增加制图、识图的能力，注意教与学之间的信息沟通与反馈。 以课程教改要求为指导，增强融会贯通素养：以现代教育理念为指导，融合经典内容与现代技术，将三维几何原理、方法和技能融合渗透到"工程图学"课程中，使画法几何、建筑制图、计算机绘图三部分内容融会贯通，培养学生熟练地在二维平面中表达空间三维形体的形状、大小和相对位置。 2. 教学重点 投影的形成及其分类；平行投影的特性；三面投影的投影关系及其作图方法；三视图的形成及投影规律；立体三视图的表达及特点；阅读三视图；第三角投影的表达。 3. 教学难点 投影的形成，三视图的形成及投影规律；阅读三视图，第三角投影的表达。 4. 对重点、难点的处理 在本节的教学中，将采用"主导—主体（分享—互助提升）"的设计模式，引导学生进行自主探究、知识建构和能力拓展。总体教学流程为"情境导入—知识建构—合作探究—总结提升—能力拓展"。 （1）通过日常生活现象进行情境导入，使学生联系生活实际，激发学生对本节内容产生强烈的求知欲望。

续表

案例课名称	工程制图绪论——投影的基本知识
教学内容	（2）利用点光源和平行光源、投影仪、立体模型等教具演示中心投影、平行投影下物体形状、大小的变化，使学生深刻体会各投影类型的特点。 （3）结合生活中的立体模型及自建三面投影体系阐述三视图的构建过程，师生共同总结三视图的关系及投影规律。 （4）学生根据三视图之间的关系及投影规律，应用制图的基本知识和技能分组讨论探究三视图的绘制。 （5）学生展示绘制的三视图，师生共同总结三视图的投影规律。识读三视图练习，体验三视图在技术交流中的作用并拓展学生应用能力。 （6）在深入了解第一角三视图形成以及展开的基础上，通过同一形体第三角投影的形成以及展开，充分了解第三角投影的表达特点以及与第一角投影表达的异同点，扩大投影表达的国际化视野。
课程组织与实施	（包括教学过程、教学方法、教学活动设计以及思政元素融入等） 1. 教学过程 | 教学环节	教学内容及教学方法	备注
---	---	---
导入主题	以中央电视台财经频道播放的《大国建造》这一大型纪录片探秘新地标背后"中国制造、中国建造和中国创造"的奇迹，阐述大国建造的国家自信以及民族自豪感，并引入大型建设工程从规划到实现中重要的一环：工程图样。	
展开阐述	（1）介绍工程图样的作用及特点、中国古代建筑制图的成就、工程制图的理论形成以及中国学者厦门大学萨本栋校长译著的《画法几何》。 （2）投影法的基本理论及分类，工程常用的投影图及其特点。 （3）三视图的形成及基本规律。	
深入研讨	在掌握第一角投影的基础上，探讨同一形体在第三角的投影特点及其与第一角投影的异同点。	
巩固加深	（1）通过投影法在艺术与建筑欣赏中的体现（欣赏世界名画《最后的晚餐》），来体现学习与实践相结合的理念，让学生在学习了相关理论后，提高生活与实践的能力。 （2）通过VR技术介绍，让学生了解投影理论的发展，激发学生不断学习，努力创新的热情。	
总结提高	在全面掌握投影法特点及分类的前提下，重点掌握第一角三面正投影的形成及特点，融会贯通了解第三角三面正投影，增强国际化视野，通过投影法在艺术与建筑欣赏中的体现以及VR技术视频介绍，厚植学生学习与实践相结合的理念，激发学生不断学习、深入思考、努力创新的热情与动力。		

案例课名称		工程制图绪论——投影的基本知识
课程组织与实施		2. 教学方法 　　本次课通过视频、图片、场景互动等引导学生掌握投影法的基本理论以及多面正投影图。由于目前学生还没有系统地建构起三面正投影的基本理论，因此课堂教学必须以教师讲授为起始，引导学生正确建立多面正投影的概念及相关内容，并以此为基础结合现实的对照空间进行深入思考。 　　【互动法】 　　设置课堂提问环节，增强学生对知识点的理解，设置讨论时间，让学生思考与讨论。 　　【类比法】 　　在教师的引导下，根据教室等场景，类比三面投影体系的建立以及三视图的展开，熟练掌握三面投影图的形成。 　　【案例教学法】 　　在教师的指导下，对选定的具有代表性的工程形体乃至世界名画，进行有针对性的分析和讨论，应用已有知识进行总结、凝练与提升。 　　3. 教学活动设计 　　本次课的任务主要分为如下 6 个部分。 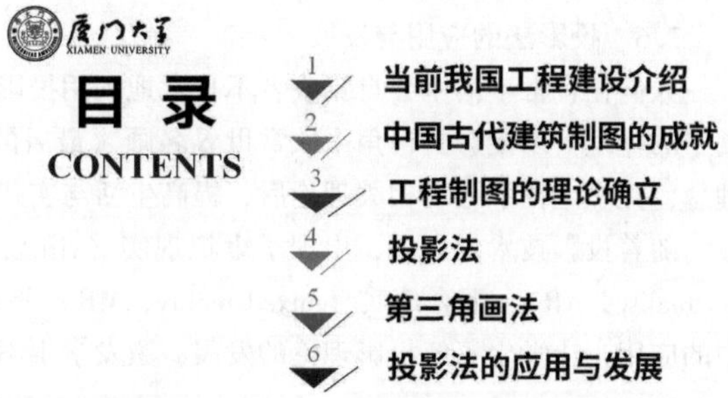 目录 CONTENTS 1 当前我国工程建设介绍 2 中国古代建筑制图的成就 3 工程制图的理论确立 4 投影法 5 第三角画法 6 投影法的应用与发展 　　3.1　当前我国工程建设介绍 　　以中央电视台财经频道播放的《大国建造》这一大型纪录片为背景，用震撼的视觉奇观揭秘新地标的建造过程，讲述新时代高质量发展的中国故事。通过这个环节激发学生的国家自信和民族自豪感。从而引出大型建设工程从规划到实现过程中重要的一环——工程图样，并介绍工程图样的作用与特点。 　　3.2　中国古代建筑制图的成就 　　我国是世界上的文明古国之一，长期的生产实践中，在图示理论和制图方法的领域里，积累了许多丰富的经验，并创造了辉煌的成就。 　　3.3　工程制图理论的确立 　　随着生产的发展，对生产工具和建筑物的复杂程度与技术要求越来越高，直观的写生图已不能表达工程形体了，因此，迫切需要总结出一套正确绘制工程图样的规律和方法，而这些规律和方法是许多工匠、技师、建筑师和学者从生产实践活动中逐步总结积累和发展起来的。

案例课名称	工程制图绪论——投影的基本知识
课程组织与实施	18 世纪末，法国工程师和数学家加斯帕·蒙日全面总结了前人的经验，著述《画法几何学》。从此，画法几何学便成为几何学的一个分支和一门独立的学科，奠定了工程制图的理论基础，使工程制图在生产中获得广泛应用。 　　以后各国学者又在投影变换、轴测图以及其他方面不断提出新的理论和方法，使这门学科日趋完善。 　　3.4　投影法 　　人们受到光线照射物体会在平面上投下影子这一自然现象的启示，对其进行了科学的抽象：假设物体是透明的，从而产生了投影法。同时介绍国标规定的第一角情景。 　　在工程实践中，根据不同的投影法，作出的投影图主要有四种：透视投影图、轴测投影图、标高投影图以及多面正投影图。 　　因为三面投影图正投影图具有作图方便、易于度量等特点，所以在工程上得到广泛应用。学习三面投影体系的建立、三面投影图的展开以及三面投影图的度量对应关系。 　　3.5　第三角画法 　　随着我国国际化交流的不断深入，将会更多接触到非第一角画法国家的图纸，所以需要学生拓展了解第三角画法的特点。通过某一形体的轴测图要求绘制形体的第一角和第三角投影，并说出两者的区别，加深学生对第一角和第三角投影的认识与理解。 　　3.6　投影法的应用与发展 　　人们在日常生活中会自觉或者不自觉地利用投影几何知识。投影法在艺术与建筑欣赏中的体现：以投影的视角来欣赏世界名画《最后的晚餐》，体现学习与实践相结合的理念，让学生在学习了相关理论后，提高生活与实践的能力。 　　随着投影技术的发展，出现了虚拟现实（virtual reality，VR）、增强现实（augmented reality，AR）、混合现实（mixed reality，MR）等新技术。通过 VR 技术在建筑设计中的应用，让学生了解投影理论的发展，激发学生不断学习，努力创新的热情。

案例课名称	工程制图绪论——投影的基本知识
课程组织与实施	4. 思政元素融入 　　通过追古溯今，让学生了解中国在古代和现代建筑工程上所取得的辉煌成绩，激发学生的国家自信和民族自豪感，树立正确的人生观和价值观。课程思政应落实于"工程制图"课程教学的理论学习、实践教学和创新教学各环节。课程思政的实施有助于学生具备工匠精神，坚定文化自信、制度自信。 　　在理论教学中融合工匠精神。将工匠精神作为主线贯穿整个授课过程中，要求学生在绘图时注重细节，一丝不苟，做到精益求精。在尺寸标注的教学过程中，引导学生树立诚实守信、严谨负责的职业道德观；在建筑形体的表达方法部分，引导学生能够站在他人的角度思考问题；在课堂教学的价值传播过程中，注重知识底蕴的凝聚，培育和塑造正确的价值观，培养学生崇高的理想、良好的职业道德和团队协作精神。 　　在实践教学中融合文化自信。在绘图实践环节中，选取具有思政元素的示例，将第六批全国重点文物保护单位——厦门大学的群贤楼群、建南楼群、芙蓉楼群和博学楼等作为训练内容，让学生在学习绘图技巧的同时，深刻地理解所抄绘对象的重要内涵，进行爱国主义教育，增强文化自信。 　　在创新教学中融合制度自信。通过课程的构型设计环节，结合思政内容给构型设计命题，培养学生的创新意识，让学生在构型设计时，将思政内容融入所设计的构型当中；同时通过构型设计答辩，让学生交流设计理念，潜移默化地将思政内容与"工程图学"课程相融合，培养学生的家国情怀，使学生相信国家的发展就是施展才华的大舞台，进一步增强制度自信。

作者简介：

吴新烨，工学博士，厦门大学建筑与土木工程学院副教授。主要从事结构静动力数值模拟仿真、车辆安全以及道路交通安全方面的研究。主持国家自然科学基金青年项目、福建省"2011协同创新中心项目"子课题等多个项目，发表科研论文二十余篇，其中SCI/EI收录十余篇。承担"工程图学"课程的教学工作，主持教育部产学合作协同育人项目等教改项目8项，主讲一门省级一流本科课程，发表教改论文近十篇。"工程制图"课程思政在新华网"新华思政"平台（全国高校课程思政教学资源服务平台）交流展示。作为第一指导教师，指导学生在全国大学生先进成图技术与产品信息建模创新大赛、福建省大学生先进成图技术与产品信息建模创新大赛、福建省土木工程材料创意大赛屡获佳绩。曾获得厦门大学教师教学比赛一等奖及最佳教案奖，厦门大学教学成果一等奖（排名第四），第二届福建省高等学校教师图学与机械课程示范教学与创新教学法观摩竞赛一等奖，福建省首届高校教师教学创新大赛选拔赛三等奖，厦门大学德贞社会课堂基金优秀指导教师，厦门大学厦航奖教金、鹭燕奖教金和曹德旺奖教金，厦门大学建筑与土木工程学院世茂地产奖教金（师德师风奖、学科竞赛奖），厦门大学95周年校庆优秀工作者，厦门大学优秀共产党员等荣誉称号。

"画法几何及工程制图"课程混合式教学模式

王子茹 马 克 覃 晖

大连理工大学

1. 案例简介及主要解决的教学问题

1.1 案例简介

培养高素质创新型人才是建立创新型国家、实现人才强国战略的基础。研究型大学是培养创新型人才的基地,肩负着培养创新型人才的重任,而创新型人才需要具有科学的创新思维,"画法几何及工程制图"课程正是培养学生空间创新思维能力的课程。

本课程长期以来形成了培养理念传统、教学方式陈旧及评价机制单一等问题,如填鸭式的全堂授课方式,造成学生习惯了"从听中学"的被动学习方式。学生缺乏空间想象力和对工程实际方面的感性认识,使课程中的某些内容成为难点,如空间概念的建立,"投影几何"成了"头痛几何"。学生的空间思维能力受到压抑,与学校的发展理念有差距。针对这些教学痛点问题,课程组对"画法几何及工程制图"课程进行了深入研究和改革,取得了以下主要成果。

1.1.1 构建了以能力为导向的三段式精品课程教学新体系

新体系将课程划分为三大阶段,即画法几何、投影制图、计算机工程制图,实现了三者之间的有机融合,形成以学生为中心、以能力为导向的人才培养课程体系结构(见图1)。

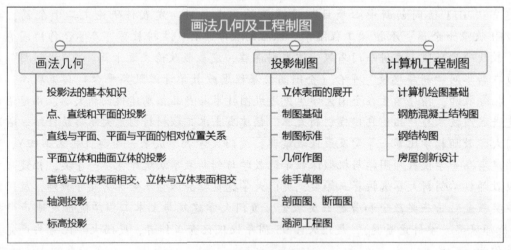

图1 课程内容新体系

1.1.2 构建了基于"做中学"的工程制图课程教学创新模式

围绕本课程在知识、能力和素质等方面的培养目标，针对学情分析的问题，历经多年的国家精品课程建设，形成了基于"做中学"的国际教育理念，构建了"做中学""学中做"的工程制图教学创新模式，充分体现了成果导向的能力培养＋实践探究＋人格养成的育人途径与方法。

1.1.3 一流课程赋能，构建混合式教学模式

提出线上、线下混合式教学模式的研究与实践，通过大班授课、小班实训，线上与线下、课内与课外双轨并行，实现互联网技术与教学的深度融合，促使学生自主学习，培养空间思维、形象思维能力及解决复杂工程问题的能力。

1.1.4 课程思政引领，教学中落实立德树人

深入挖掘课程思政元素，有机融入课程教学，引导学生发现工程背后的科学精神，促使学生在工程制图中树立正确的价值观和工程伦理观，学习工程建设中的"大国工匠"精神并培养学生的家国情怀。

1.1.5 建立过程性考核与结果性考核相结合的课程考评制度

以课程目标为导向，坚持学术诚信与品格塑造相结合、知识考核与能力考核相结合、过程性考核与结果性考核相结合，全面考核学生对知识的掌握和运用，以考辅教、以考促学，引导学生自主性学习、探索性学习、实践性学习。

1.1.6 教材改革创新

根据教改的总思路，课程组为"工程图学"必修课和选修课编写了系列教材20余部，如《画法几何及工程制图》《画法几何及工程制图习题集》（人民交通出版社，2019年，2版）、《建筑制图》（大连理工大学出版社，2014年）、《阴影与透视学》（高等教育出版社，2023年，2版）、《计算机图形学》（哈尔滨工业大学出版社，2009年）。其中2部为全国教育科学"十五"国家规划立项重点课题，2部为高等学校水利学科规划教材，2部为"双一流"工程图学类课程教材，2部为普通高等院校土建类专业"十三五"创新规划教材。课程组还制作完成新形态数字课程《画法几何及土木工程制图》教材1部。《建筑制图》教材获首届全国教材建设奖全国优秀教材一等奖，《阴影与透视学》获大连市优秀著作二等奖，《画法几何及工程制图》获中国工程图学学会优秀教材奖。

课程建设取得了丰富成果。"画法几何及工程制图"2007年获评国家精品课；"画法几何"2014年获评辽宁省精品资源在线课；"画法几何及土木工程制图"2018年获评国家精品资源在线课程、2020年获评国家一流课程。课程组创新成果获辽宁省教学成果二等奖4项、教育部"全国多媒体课件大赛"微课奖、首届全国高等学校土木工程专业多媒体课件竞赛奖、大连理工大学教学成果奖等多奖项。课程负责人王子茹教授先后荣获宝钢优秀教师、辽宁省教学名师、辽宁省最美教师等多项奖励。团队成员在改革进程中积极探索、总结，近年来出版教材20余部，发表教学研究论文40余篇。

1.2 主要解决的教学问题

（1）解决画法几何、工程制图、计算机绘图课程体系构建问题。

(2) 解决学生空间想象和形象思维能力不足问题及图示表达问题。

(3) 解决工程制图实践教学中"重知识传授，轻创新能力培养和综合素质提升"的问题。

(4) 解决互联网资源建设、系列教材数字化建设问题。

(5) 解决考试模式改革问题。

(6) 解决知识拓展延伸，提升工程图学水平问题。

2. 解决教学问题的方法、手段

2.1 构建新型课程体系

根据研究型大学对人才培养的规格，按照土建类本科培养计划，以培养学生工程设计的图示能力、空间思维能力、设计创新能力和提升学生工程综合素质、全面提高教学质量为目标，构建了以能力为导向的"画法几何及工程制图"课程新体系，形成了"理论与实践并重，知识层次递进"、思政融合、强化创新的教学理念，解决了课程之间内容递进及新知识点融入等问题。

2.2 创新工程制图实验教学模式

构建了基于"做中学"的工程制图课程教学新范式，提出了基于"做中学"模式的工程模型制作教学实验和在工程制图课中开展创新设计的研究与实践。通过动手做，完成了图、物之间内在规律的认识，从根本上解决了空间想象力和形象思维欠缺、识图困难等问题，学生的创新实践能力、综合素质得到提升。

2.3 构建有效的混合式课堂教学模式

根据本课程的教学目标，构建了基于混合式教学的大班授课和基于"做中学"的小班实训，实现了线上与线下、课内与课外、理论与实践相结合，发挥了传统课堂和互联网教学的优势，学生的空间想象能力和图形表达能力得到很大提高。

2.4 立足价值引领，建设课程思政案例

全面开展课程思政教学内容建设，从顶层设计课程思政结构，围绕社会主义核心价值观、人文素养、科学精神、职业道德4个板块，深入挖掘思政元素，建设了课程思政案例90个。通过线上阅读、视频，工程案例分析讨论，线下课堂讲解等多种形式，实现多维度、全方位、全过程润物无声的德育教育。

2.5 建设工程图学系列教材数字化

编写出版了系列教材20部，数字课程教材1部。在"中国大学MOOC"平台上，建设了"画法几何及土木工程制图"80学时的网络电子资源，包括按照知识点划分的教学视频、教学课件、课程导学、在线测试、单元考试等多项内容，并在教学活动栏目中设计了答疑、讨论、课程作业、试题、试卷等多项内容。在本校建立了基于"中国大学MOOC"平台的私播课（small private online course，SPOC）课堂学习环境，引入全部课程学习资源，真正解决了数字资源不足的问题。

2.6 建立过程性考核与结果性考核的考试模式

体现了知识与能力考核并重,有效杜绝了传统考试的弊病。

3. 特色及创新点

3.1 构建了适合土建类的画法几何及工程制图课程新体系

编写了数字化教材;探究了教学方法与手段;实践了教学改革创新等。整个课程的教学过程,其理论体系完整,实践性强。通过创新活动,学生对投影理论、工程图表达得到了本质上的认知。

3.2 创新了工程制图实验教学新范式

在国内率先提出并实施了基于"做中学"的土建类工程图学系列课程教学的创新与实践,实施了基于"做中学"模式的工程模型制作教学实验和在工程制图课中开展创新设计的教学实验。学生通过查阅文献资料、创意思考、方案设计、画图、模型制作、创新设计、技术总结、答辩、成果展示等一系列学习活动,在实践中对问题得到解答并对理论知识实现验证,提高了对图与模型之间内在联系与规律的认识,锻炼了形象思维,激发了学习的兴趣和团队合作精神,从根本上解决了空间想象力和形象思维欠缺、识图困难等问题。

3.3 构建了有效的混合式课堂教学模式

混合式教学,大班授课,小班实训,改变了传统的教学理念,强调实体课堂与在线学习的深度融合与对接,突出了以学生为中心,推进教学组织形式、学习方式和管理模式的变革创新,促进学生主动学习,空间思维能力、逻辑思维能力、图形表达能力得到提高。

3.4 实现了教学方法改革上的三个转变

教学方法从以教为主向教学结合(学为主)转变;从以课堂为主向课内外结合(课外为主)转变;从以结果性评价为主向过程性评价转变。

4. 推广应用

4.1 应用

(1)学生动手能力和创新实践能力显著提高。线上线下、多层次、多平台、开放的工程制图教学模式的实施,使学生学习的主动性增强,提高了学生的科研素养和创新思维能力,为优秀学生脱颖而出提供有利的环境。该项案例应用于我校建设工程类各专业(土木、水利、道路桥梁、交通、工程管理等),每届学生人数 400 余人;应用于我校城市学院土木工程、工程管理、工程造价等专业,每届 350 余人。近 6 年培养学生 4 500 余人。经过多年的教改立项及对课程的建设,此项研究已在本校建设工程类各专业学生的培养实践中得到有效应用,实现了研究型大学工程图学类课程的教学培养目标,从思维机制上把握住了改革的方向,在培养创新型人才上发挥了重要作用。

（2）全面提升了任课教师的理论水平和育人能力，全面推广了"浸润式"课程思政在课程教学中的实施。课程思政建设以来，经过多次线上线下教学培训和理论学习，团队教师的思想水平和建设意识显著提升。团队教师编写的系列课程思政教学指南有效指导和辅助了课程思政在课程教学中的全面开展，实现了课程线上线下多维度、全方位、全过程"浸润式"的育人效果。

4.2 成果共享

4.2.1 教材成果共享

多年来，课程组为"工程图学"必修课和选修课编写了系列教材，包括《画法几何及工程制图》《画法几何及工程制图习题集》（人民交通出版社，2019年，2版）、《建筑制图》（大连理工大学出版社，2021年，2版）、《阴影与透视学》《阴影透视学习题集》（高等教育出版社，2019年，2版）、《建筑工程识图》（中国建材工业出版社，2019年，2版）、《画法几何及土木工程制图》数字教材（高等教育出版社，2021年）等20余部（见图2）。其中主编的《建筑制图》获首届全国教材建设奖全国优秀教材一等奖。这些教材被多所院校使用，获得了明显的社会效益。

图2 教材成果共享

4.2.2 教改论文成果共享

团队教师在改革进程中，积极探索、总结，近年来在各种刊物上发表了教学研究论文40余篇（见图3），论文 Research on Graphics Teaching Mode 被EI收录（EI检索号：20205109664628）；并多次在中国图学大会、中日图学会议、国际几何学与图学大会上做报告，受到与会者的关注和好评，并被国内同行借鉴。

图3 论文成果共享

4.2.3 "做中学"实践教学成果共享

首次提出基于"做中学"的工程模型制作实验教学，使学生从认知工程与设计入手学会动手，将知识点链接运用，构筑了研究性学习框架，提高了学生解决工程问题的能力。教学成果得到了教育部专业教学评估组专家、同行的好评。大连理工大学新闻网在2013年、辽宁电视台在2021年9月12日先后对"做中学"的改革成果作了报道。课程负责人王子茹教授被评为辽宁省最美教师，并在中国图学大会、中日图学会议、国际几何学与图学大会上做报告，国内诸多同行借鉴了这一做法（见图4）。

（a）

（b）

（c）

图4 新闻报道"做中学"教学改革成果

(a) 辽宁新闻报道；(b) 王子茹教授被评为辽宁省最美教师；(c) 大连理工大学综合新闻

4.2.4 混合教学模式成果共享

混合教学模式创新实践取得了满意的教学效果，在大连理工大学教发中心组织的教学沙龙上与多位教师分享交流了经验做法，大连理工大学新闻网对"构建有效课堂，全面提高课堂教学质量"作了报道。创新成果在第19届国际几何学与图学大会上做了报告，受到与会者的关注和好评（见图5、图6）。

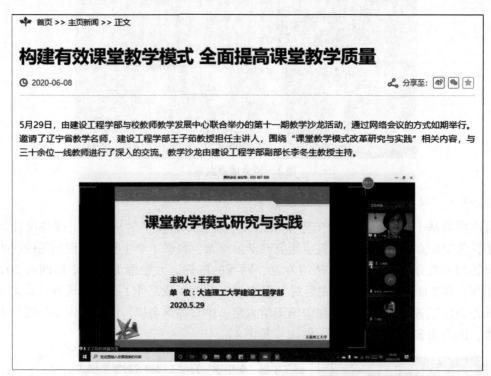

图5　大连理工大学教学沙龙

图6　第19届国际几何学与图学大会

4.2.5　国家精品资源在线课程（国家一流课程）建设成果共享

"画法几何及土木工程制图"课程于2018年获国家精品资源在线课程，2020年获国家一流课程。自2017年上线以来，已在"中国大学MOOC"平台完整运行13期，课程累计学习人员15万余人（见课程数据）。参与学习的学生专业包括建筑工程技术、建筑工程管理、道路桥梁工程技术、水利水电建筑工程技术、土木建筑专业及机械工程。参与学习的学生来自全国的300多所高校（如上海交通大学、上海中华大学、北京理工大学、同济大学、天津大学、河海大学、吉林大学、中国矿业大学、武汉大学、辽宁师范大学、辽宁科技大学、南京林业大学、大连大学、大连民族学院、大连海事大学、昆明理工大学、华北水利水电大学等），大中专科等多所学校疫情期间直接采用该课程视频在教室播放讲课。课程组同时编写了数字课程教材，由高等教育出版社出版，为国内多所高校本科教学提供了教学支持，促进了教育资源的社会共享（见图7）。

图 7　在线课程建设成果共享

（a）国家精品在线课程；（b）数字课程；（c）"学习强国"每日慕课

在线课程除了在"中国大学MOOC"平台，还在远程教育学院联盟的全国各大平台播放，也是最早入选"学习强国"平台"每日慕课"及"酷学辽宁"等平台的课程之一，被多所院校跨校修读学分，目前累计受众人数近30万人。课程受益面广，应用效果显著，取得了良好的教学效果及社会效益，被评为工学前十的热门课程。

5. 典型教学案例

"第三章　第二节　直线的投影"教学设计（45 min）

5.1 选取章节

第一篇"画法几何"，第三章"点、直线和平面的投影"中第二节"直线的投影"。主要内容为线段的实长及其对投影面的倾角；直线上的点；两直线的相对位置。

5.2 教学目标

5.2.1 知识目标

明晰线段的实长及其对投影面倾角的求法、直线上点的投影特性及在平面上作点和直线的方法；解析两直线相对位置的判别和确定。

5.2.2 能力目标

具有空间思维和逻辑思维能力、徒手绘图和尺规绘图的能力及利用投影知识解决实际问题的能力。

5.2.3 素质目标

树立工程意识、标准化意识，养成严谨认真的工作作风和实事求是的科学态度，培养具有国际视野，对民族、社会具有强烈责任感的工程界精英人才。

5.3 教学思想

本教学节段的教学思想是基于正投影法的基本理论，学习直线的投影。在教学中，坚持"以学生为主体，以教师为主导"，通过引入工程实例和实体模型引导学生将抽象问题具体化，帮助学生在平面图形中建立空间概念，锻炼学生空间想象能力和形象思维能力；注重与学生的互动和交流，时刻关注学生的状态和反馈，引领学生共同思考、解决问题；运用现代化教学手段使授课内容更加生动、直观，增强学生的主动探究意识和自主学习能力；设计学生动脑环节，增强学生的参与意识，并体现课堂教学中学生的主体地位。

5.4 教学分析

本教学节段主要讲授直线的投影，是在学生掌握了多面正投影法的基本原理，点和特殊位置直线的投影特性及作图方法基础上开展的学习，可以为进一步学习工程图的阅读和绘制打下基础。

5.4.1 本教学节段的教学内容

（1）认识实际工程中的一般位置直线，掌握利用直角三角形法求一般位置直线实长及其对投影面倾角的方法。

（2）掌握直线上点的投影特性，能够利用点分割线段的比值在投影之后不变的性质求取直线上的点。

（3）掌握空间内平行两直线、相交两直线、交叉两直线的投影特性，能够利用投影特性判断空间两直线的位置关系。

5.4.2 本教学节段的教学难点

（1）利用直角三角形法求一般位置直线的实长及其对投影面倾角时，直角三角形的构建方法及三条边的含义。

（2）判断空间两直线位置关系时，交叉两直线的投影特性及其与平行两直线、相交两直线在投影图中的区别。

5.4.3 本教学节段的创新点

（1）将实际工程需求同课程知识紧密结合，让学生易于理解，增强学习兴趣。

（2）通过提出问题，并带领学生不断探索解决问题的过程，激发学生的探索精神。

（3）通过创新作业促使学生自主学习，培养空间思维与形象思维能力。

5.4.4 本教学节段的思政元素

通过介绍我国自主设计建造的世界上首座跨度超千米的公铁两用斜拉桥——沪苏通长江公铁大桥，让学生学习精益求精的工匠精神。

5.5 教学方法和策略

本教学节段采用"'雨课堂'+多媒体动画+实体模型+板书"的教学方式，包含课程导入、核心内容讲解、例题巩固、课堂小结四个部分。

5.5.1 课程导入

（1）通过展示桁架结构桥梁中的杆件（见图8），简要回顾特殊位置直线的类型及其投影特性。

图8　桁架结构桥

（2）引入一般位置直线的定义及其在工程上的应用，通过介绍我国自主设计建造的世界上首座跨度超千米的公铁两用斜拉桥——沪苏通长江公铁大桥（见图9），深刻揭示工匠精神的当代教育价值，提升学生的民族自豪感。

图9　沪苏通长江公铁大桥

（3）简要介绍一般位置直线在桥梁工程中的应用（斜拉索），由此引出本教学节段的主要内容——一般位置直线的实长及其对投影面的倾角。

5.5.2 核心内容讲解

（1）利用多媒体动画讲授如何通过构造一个直角三角形（见图10）来求取一般位置直

线的实长及其对投影面的倾角；利用"雨课堂"平台设置一道测试题让学生作答，根据作答情况了解学生对该知识点的掌握情况，针对答错的部分详细讲解。

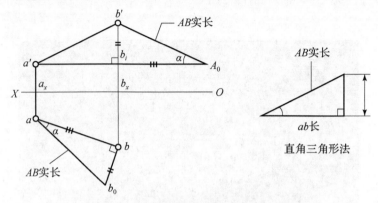

图10　直角三角形法

（2）讲授直线上点的投影特性，利用多媒体动画介绍点分割直线后，线段在各投影图中的比例关系。

（3）从建筑中管线的工程案例（见图11）引出空间两直线存在平行、相交及交叉三种位置关系；分别讲解不同空间位置关系的直线在投影图中的投影特性，以及利用投影图的特性判断空间两直线位置关系的方法；利用"雨课堂"平台设置一道测试题让学生作答，了解学生对两直线位置关系的掌握情况。

图11　工程中两直线的位置关系

5.5.3　例题巩固

（1）以已知线段实长和一个投影，求另一个投影为例，引导学生进一步掌握直角三角形法的原理及作图方法，包括：①判断直角边和斜边；②作出高度差；③利用"长对正"及高度差在V面投影中的含义，作出直线的另一个投影。

（2）以通过比例关系求直线上点的投影为例，加深学生对"点分割线段成定比、投影成比例"的理解，引导学生通过定比关系将线段分成所求比例，再到投影图中作出所求的点。

（3）以判断投影图中两直线位置关系为例，引导学生进一步掌握两直线位置关系的投影特性。

5.5.4 课堂小结

（1）回顾本教学节段中讲授的一般位置直线的实长及其对投影面的倾角、直线上点的投影及两直线的相对位置关系等内容。

（2）布置创新作业（见图12）。根据所学知识，制作一个线框模型，要求：①模型中包含直线的三种位置关系；②两人一组，自由组队，每组提交一个模型和一份设计说明；③每组绘制一张A3的模型投影图；④每位学生提交一份心得报告。

图12　创新作业

（3）布置预习作业。要求学生登录"中国大学MOOC"平台预习平面投影的相关内容（见图13）。

图13　"中国大学MOOC"平台线上教学资源

5.6　教学安排

具体教学安排见表1。

表 1　教学安排

教学环节	时长/min	累计时长/min
复习、师生互动	1	1
课程导入	1	2
核心内容 1 讲解	12	14
例题巩固	5	19
核心内容 2 讲解	3	22
例题巩固	2	24
核心内容 3 讲解	9	33
例题巩固	5	38
课堂小结	4	42

大连理工大学覃晖课堂教学实录视频

作者简介：

王子茹，工学博士，大连理工大学教授，博士生导师；国家级精品在线开放课程、国家一流课程"画法几何及土木工程制图"课程负责人，辽宁省精品资源共享课"画法几何"课程负责人；辽宁省教学名师、宝钢优秀教师奖获得者；英国巴斯大学高级研究学者，兼任中国图学学会理事、图学教育专业委员会委员、图学学科发展工作委员会委员等。主编教材 20 余部，其中《建筑制图》获首届全国教材建设奖全国优秀教材一等奖。主持和参与完成教育部、高等教育研究会、建设部、辽宁省等省部级教育教改项目 15 项，获辽宁省教学成果一、二等奖 8 项。主持和参与完成国家自然科学基金等项目 20 余项，发表论文 100 余篇。

马克，大连理工大学教授，博士生导师；国家优秀青年基金获得者，中国科学技术发展基金会孙越崎青年科技奖获得者。长期从事岩石力学与岩体工程基础理论与智能监测预警、工程制图的教学研究工作。主持国家基金 5 项，中国博士后基金 1 项，省部级科研课题 10 余项；获省部级/行业协会科技进步奖一等奖 4 项，二等奖 1 项；出版专著 3 部；发表 SCI/EI 论文 60 余篇，授权中国发明专利 5 项，软件著作权 5 项。

覃晖，大连理工大学建设工程学院副教授，博士生导师；大连市高端人才，国际勘探地球物理学会、中国图学学会、中国岩石力学与工程学会会员。主持国家自然科学基金 1 项，发表学术论文 30 余篇，核心教学论文 2 篇；获卓越大学联盟高校教师教学创新大赛二等奖 1 项，辽宁省科技进步二等奖 1 项。

"土木工程制图"课程思政建设与教学改革实践

何蕊

哈尔滨工业大学

一、案例简介及主要解决的教学问题

(一) 案例简介

"土木工程制图"课程的前身是1920年建校初期开设的图画、用器画课程,1922年学校更名为哈尔滨中俄工业大学后改名为"画法几何和绘图"课程。2000年6月,同根同源的哈尔滨工业大学、哈尔滨建筑大学合并,根据不同专业的需求,"画法几何和绘图"课程又具化为"机械制图""土木工程制图""建筑制图"课程。

"土木工程制图"课程为土建交大类专业基础课,主要培养学生土木专业制图识图能力和制图相关知识及技能,是学生学习其他课程及进行课程设计、毕业设计的基础。

本案例主要探索课程思政与教学全过程的融合,对标哈尔滨工业大学(以下简称哈工大)培养学术大师、工程巨匠、治国栋梁、业界领袖四类人才的培养目标,将课程思政理念全面融入教学全过程,使学生掌握专业知识及能力的同时达成课程思政目标。

(二) 主要解决的教学问题

作为一门实践性与理论性相结合的课程,本课程除了实现相关的教学目标之外,还探索挖掘了与课程内容相关的思政育人内涵,并将其贯穿于课程目标设计、教学大纲修订、教材编审选用、教案课件编写各方面,通过课堂授课、教学研讨、实验实训、作业论文各环节,实现课程思政的融入,在课程内容教授过程中实现思政育人功能。

目前教学过程中存在的痛点及难点有,本门课程主要开设在大一学年,学生高中知识固化,课程结束后仍有学生在度量单位、线型选用等知识的学习中沿用高中知识进行解题;进入大学后未及时调整学习方法,对课程内容中需要空间逻辑分析的内容存在畏难情绪,失去学习兴趣;对本专业及本门课程在专业中的地位了解不足,没有学习动力。

针对存在的痛点难点,课程组在教学全过程中,通过挖掘课程中蕴含的思政育人资源,在讲授专业知识的同时用道理赢得学生的认同,达到激发学生学习兴趣的目的,使学生具备主动学习、团结协作的能力;帮助学生产生专业认同,培养学生爱岗敬业、实事求是的态度,使学生具备良好的职业道德素养及精益求精的科学家精神。

二、课程思政教学实施方法、手段

(一) 修订教学目标

结合学校培养厚基础强实践的拔尖创新型人才的办学定位,以及土木专业对本课程的定位,制定教学目标及课程思政目标如下。

掌握投影理论相关知识,掌握空间实体(三维)——平面图(二维)——空间实物(三维)的转换理论,能够绘制阅读工程图样。具备利用投影理论解决空间问题的能力,具备运用计算机初步设计工程图样的能力。

养成贯彻国家标准、追求卓越、精益求精的工匠精神和认真严谨的工作作风,厚植爱国主义情怀,牢固树立科技报国的终身理想,继而成为创新、专注、敬业的行业领军人才。

(二) 课程思政内容供给

结合专业特色和人才培养要求,梳理课程脉络,深入发掘思政元素,探索思政元素与知识点有机结合的方式,完成教学过程的调整及修订。如图 1 所示,本课程可以融入的课程思政元素及案例主要集中在红色基因、工匠精神及科技发展史中的中国亮点、智能制造 2025、职业伦理、国产工业软件、新技术等方面。"航天精神""大国重器""龙江振兴""卡脖子技术""西迁精神""自主攻关""八百壮士精神"等均蕴含着哈工大人的智慧,均可拓展为生动的教学案例。

图 1 课程思政内容供给

我国在制图领域有着丰富的底蕴,在图学发展史中写下了浓墨重彩的一笔。

春秋时代的《周礼·考工记》中就有记载规矩、绳墨、悬锤等古老绘图的工具;1701 年宋代建筑师李诫编撰的《营造法式》6 卷 1 000 多张图样奠定了我国在图学史上的历史地位,中国在世界图学发展史中的亮点突出贡献均能帮助学生树立文化自信。建筑大师梁思成从 1937 年起,踏遍中国 15 省 200 多个县,测绘和拍摄了 2 000 多件各代保留下来的古建筑遗物,通过此案例可向同学们展示精益求精的工匠精神。我国第 1 份国家标准《标准格式与幅面尺寸(草案)》(GB 1—58)便是制图标准,通过此案例可使学生建立起标准化意识。20 世纪 50 年代,新中国建设需要大量技术工人,赵学田为此编著了

《机械工人速成看图》，快速培养了大批技术骨干，通过此案例可引导学生强化科技强国的责任感。学习过程中突出珠港澳大桥、天眼工程等含有哈工大技术的工程，引发学生深入了解中国基建遇山开路、遇水架桥的精神，激发学生树立献身大国基建的使命感。通过介绍哈工大教师为助力龙江振兴设计的建筑、桥梁、寒地建筑等案例鼓励学生扎根东北建设龙江。结合汶川重建的速度、质量、效率，火神山医院修建中黄锡璆总设计师无偿捐赠小汤山图纸等案例，帮助学生初步建立职业道德意识。结合实际工程案例、工程事故案例，突出结构力学计算、足工足料对建筑安全的重要性，建立起工程伦理意识。通过介绍国产工业软件坚持研发、不断创新的发展之路，并讲授中望建筑CAD的基本操作，强调国产软件是制造强国、网络强国、数字中国建设的关键支撑，鼓励同学选择、推广国产工业软件，助力国产软件振兴崛起。

（三）教学设计及教学过程

为保障教学质量，在课堂教学环节积极引入先进的教学理念及现代信息技术。课堂教学采用 B–O–P–P–P–S 有效教学模式。强调以学生为中心，结合手机 APP 及 SPOC 社区工具辅助打造互动式课堂，如图2所示。

图2　互动式课堂

为培养学生创新意识，鼓励学生在生活中、校园中发现造型之美，还设置了小组项目学习环节，培养学生领导力及团队合作能力，体现出课程的高阶性，如图3所示。

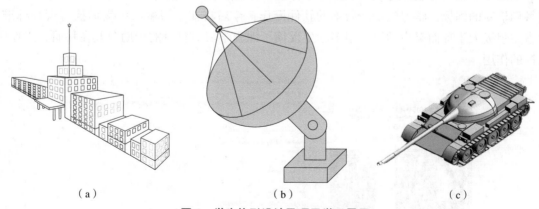

（a）　　　　　　　　　　（b）　　　　　　　　　　（c）

图3　学生构形设计及项目学习展示

(a) 哈工大主楼；(b) 雷达；(c) 国产59式坦克

(d) (e) (f)

图 3 学生构形设计及项目学习展示（续）

(d) 3D 打印；(e) 海报张贴互评；(f) 项目答辩

三、特色与创新

经过课程组多年来的教学改革及课程思政探索，主要特色、亮点及创新点体现在以下几个方面。

（一）特色

1. 考核方法改进

采用多环节累加式考核方法，平时成绩由小作业、网络测验、设计作业、小组作业等几部分组成，并由老师批阅，组内匿名互评得出。

2. 创新竞赛

选拔优秀学生参与大学生创业项目、创新创业项目及学科竞赛，以国家级高水平学科竞赛为抓手，以赛促教，以赛促学。目前哈工大已经连续 10 年获得全国大学生先进成图技术与产品信息建模创新大赛一等奖并 5 次获得总分第一名。

3. 评价与反馈

如图 4 所示，学生纷纷表示在学习中体会到了创造的乐趣，了解到细致工作的重要性，接触到最新的国标，学习到最新版本的软件操作；今后将在学习生活中贯彻执行现行标准，为参与超级大工程而努力学习。很多学生反馈了课程学习对自身的帮助及其在科研、工作中发挥的作用。

图 4 学生反馈与评价

（二）创新

（1）贴合课程内容——引人入胜：以学科发展的历史脉络为主线，以工程图学系列课程中知识点为引子，充分挖掘与课程内容相关的人物故事、历史故事中的思政育人资源，用故事讲清道理，以道理赢得认同。

（2）联系工程实际——与时俱进：关注新技术、新产业、新业态，以国家关键科学技术突破性进展为目标，以国家发展的重大需求为导向，激发学生的民族使命感与责任感，激发其为国家和人民学习的热情和动力。

（3）充分发挥网络优势——便于推广：本课程配有相应线上课程，课程内容始终坚持正确的政治方向，弘扬社会主义核心价值观，遵循教育规律，全部采用现行国家标准，同时增加国产工业软件中望建筑 CAD 的操作章节。

（4）课后延伸——助力成长：以国家级高水平学科竞赛为抓手，对拔尖创新人才的领导力、创新力、号召力、团队协作能力等方面的训练行之有效，学生通过系统的集中训练在专业知识领域取得了飞速的发展。

（5）教材及辅助资源建设——不断更新：根据行业发展及现行标准规范的更新，结合工程实际主编并出版了"十三五"规划出版物《画法几何与土木工程制图》教材。该教材根据行业标准，结合新时代人才培养需求，重新组织内容。教材配有二维码，可通过扫描二维码观看视频，视频包括构件的 VR 模型展示及相应的思政拓展资源。

四、推广应用效果

本案例的课程思政研究受到同行肯定，项目负责人受邀参与机械工业出版社高等教育课程思政系列讲座并作主题报告；在教育部工程图学虚拟教研室主题报告会"教师教育教学能力提升与创新"、陆军工程大学课程思政讲座、"职教国培（2022）"——中高职人工智能领域专业骨干教师示范培训班等会议和讲座中分享报告十余场，同时积极投入到学院课程思政教学研究分中心建设工作中，积极带动全院教师参与课程思政教学改革研究工作。

五、典型教学案例

典型教学案例见表1。

表1 "土木工程制图"建筑施工图－首层平面图

课程基本情况	
课程名称	土木工程制图
本节名称	建筑施工图－首层平面图
授课对象	土建交大类本科生
教学方法	讲授式，启发式，互动式
课外支持	"爱课程"平台、"中国大学 MOOC"平台"土木工程制图"课程
课程主要内容	介绍建筑施工图概念，建筑平面图概念，国家标准相关规定，首层平面图绘制阅读方法

续表

课程基本情况	
知识目标	学习国家标准中关于建筑施工图的一般规定，学习建筑施工图中首层平面图的图样绘制和阅读知识
能力目标	具备查阅国家标准的能力，掌握阅读和绘制简单及复杂的首层平面图的能力，掌握初步的测绘能力，掌握计算机辅助设计能力
价值引领目标	养成贯彻执行现行国家标准、追求卓越、精益求精的工匠精神，认真严谨的工作作风，了解国家在建筑中的大师事迹和优势强项，树立道路自信，了解国家在建筑领域的弱项，厚植爱国主义情怀，对行业内"卡脖子"问题深入思考，继而成为合格的国家建设者及接班人
重点难点	平面图的图示内容。建筑平面图的图示内容琐碎而繁杂，讲授过程中要层层深入，有理有据，引导学生慢慢体会每一部分在平面图中的作用，将复杂化简，循序渐进，从简单工程图到复杂工程图
学情分析	学生已经掌握画法几何，简单形体的剖面图、断面图部分的知识，这些知识是学习本节内容的基础，本节内容贴近工程，对帮助学生进入专业领域，养成职业素养有着重要的作用。 授课过程中应注重激发学生的学习热情，引导学生产生探究心理，树立工程伦理思想，塑造工程价值观
智慧教学平台及工具	MOOC 平台资源及手机 APP
教学组织与实施	
课前	学生通过"爱课程"平台配套在线课程预习
课中	为保障教学质量，打造并突出以学生学习成效为中心的互动式课堂教学模式，在课堂教学环节积极引入先进的教学理念及现代信息技术。课堂教学采用 B－O－P－P－S 有效教学模式，将每堂课内容划分为导言、学习目标、前测、参与式学习、后测、总结 6 个环节，并通过前测后测形成学情的过程性分析，掌握思政目标的达成情况。采用 B－O－P－P－S 有效教学模式可将课堂分解，让学生注意力集中在各环节及互动中，提高学习效率。在授课过程中，强调以学生为中心，结合手机 APP 及 SPOC 社区工具打造互动式课堂，时刻以各种方式采集学生反馈，及时调整方式方法，达到最佳目的

续表

教学设计及教学过程——50 min		
教师	学生	目标
导入（5 min）：介绍中国基建方面的成就，引出施工图的重要性。介绍相关国家标准，介绍房屋建筑相关概念。以四川震后高效重建、火神山医院建设过程中的中国速度、捐献小汤山设计图纸的黄锡璆事迹，引入建筑施工图纸在建筑环节的重要性  	对建筑施工图的概念、作用有一个初步的认识，了解建筑施工图的重要性	引入知识点
目标（2 min）：介绍本节课程知识点，通过本节课的学习应掌握的知识与能力 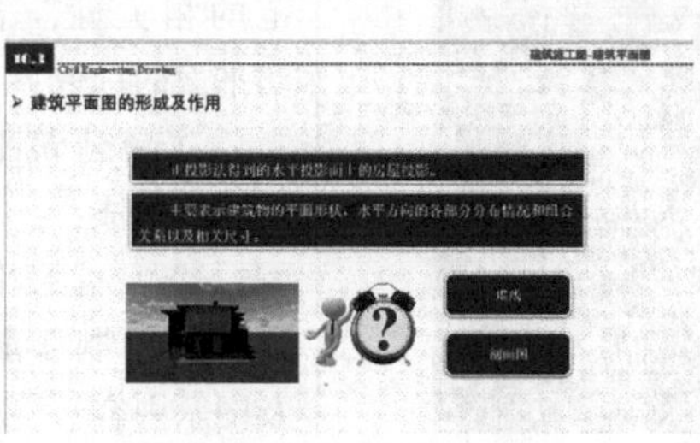	将本门课程已有的知识与本节课程的知识体系串联起来，明白本节课程的学习目标	阐明知识目标

续表

教学设计及教学过程——50 min		
教师	学生	目标
前测（3 min）：询问学生对施工图的了解程度，根据已有的知识分析施工图需要包含哪些内容，询问学生对施工图设计过程中应用的软件有多少了解	在手机 APP 中回答自己思考后认为施工图中图示所表示的内容是什么，回答自己了解的建筑设计软件有哪些	对本节课的内容有一个初步的印象
互动式教学（30 min）： 1. 通过模型演示、讲授、互动式提问，引发同学思考中学习； 2. 介绍建筑平面图的形成及分类； 3. 以 VR 视频展示建筑平面图的形成及分类； 4. 用板书结合动画的形式分步骤分层次讲授平面图的绘制过程； 5. 介绍建筑设计过程中的先进设计技术及相关软件，分析国产设计软件的优势及弱点，指出国产设计软件依然存在的"卡脖子"技术。 在教学过程中强调逻辑性，通过比对教师的教学思路和自学的过程，学生可分析出自学过程中有待加强的部分 	1. 观察房屋建筑模型，区分房屋各部分组成； 2. 讨论如何解决建筑平面投影图中的虚线问题； 3. 根据已有知识分析讨论建筑平面图的剖切位置； 4. 观看视频，结合房屋模型掌握建筑平面图的形成，讨论不同位置剖切平面下形成的平面图特点，总结剖切平面的选取原则并给出依据； 5. 分组讨论并绘制建筑模型的首层平面图草图，并进行分享 	1. 掌握国家标准相关规定及房屋建筑概念和术语； 2. 明确建筑施工图的系列图纸理念，通过讨论进一步观察房屋建筑，体会房屋建筑与图纸之间的关系； 3. 掌握建筑平面图的由来，剖切平面与设计规范的相关性，剖切平面的选取； 4. 了解建筑平面图的形成； 5. 夯实首层平面图的绘制步骤及图示内容

续表

教学设计及教学过程——50 min		
教师	学生	目标
后测（5 min）：利用手机 APP 向学生发布选择题目，查看学生掌握程度 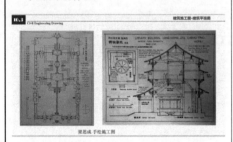	通过手机 APP 答题，了解课程内容掌握程度 	了解本节课重点及难点
总结（5 min）：介绍梁思成夫妇为保护中国古建筑的事迹，展示梁思成手绘作品，鼓励学生培养严格细致的工作作风。 布置测绘作业  梁思成手绘施工图	总结本节课程讨论模型测绘步骤，课下分组讨论，形成正式图纸	通过绘制首层平面图，总结阅读首层平面图的方法、步骤，并总结方法指导下一章节内容的学习。 了解测绘作业要求
课后作业设计：本门课程还设置了小组项目学习环节，在本节课开始布置，学生组队思考，带着问题学习。 施工图课程学习结束后，学生可以通过合作完成建筑三维信息模型的创建任务，并了解建筑行业前沿技术的发展，通过小组答辩的形式进行展示，培养学生领导力及团队合作能力，体现出课程的高阶性	学生组队完成课后作业，在最后一节课进行答辩展示，对施工图整个学习阶段做一个总结	扎实掌握课程内容，贯彻执行国家标准，了解建筑设计前沿技术，了解国家在相关方面领先技术及"卡脖子"技术

作者简介：

何蕊，哈尔滨工业大学机电学院教师，博士，副教授。"土木工程制图"课程群负责人，机电学院课程思政教学研究分中心副主任。负责黑龙江省线上一流课程、精品在线开放课程及线上线下精品课各1门，获得第五届全国高等学校中青年教师图学与机械课程示范教学与创新教学法观摩竞赛一等奖；第二届卓越大学联盟青年教师创新教学法竞赛一等奖；第三届省高校教师教学创新大赛一等奖；连续10年指导学生参加国家级学科竞赛获团体一等奖。主持省级以上教改项目6项，主编"十三五"国家重点出版物规划教材2本，参编5本，以第一作者发表教研论文14篇，主持科研课题2项。

基于 OBE 的"阴影透视"在线开放课程建设和实践

黄 莉

广州大学

人工智能（artificial intelligence，AI）时代以网络为介质的教学方式和学习途径正在改变人们的学习模式与场景，秉承成果导向教育（outcome based education，OBE）的理念，本案例注重教学产出成果的获得，注重透视效果应用呈现及透视理论知识迁移应用能力的培养。案例教学设计关注学员如何掌握透视的基本概念、原理和分类等知识，并将其作为后续学习和实践的坚实基础。案例教学过程关注学员如何理解透视在实际应用中的作用，通过了解透视在绘画、建筑、产品设计等领域中的应用，更好地理解透视原理在实际工作中的作用和意义。案例教学目标关注透视图绘制的基本技能，通过课程实践和练习，学员可以掌握透视表现技法和基本绘制技能，以及怎样确定视距、视角和视高等问题。由于学习透视知识需要学员具备一定的细节观察能力和空间形象化分析能力，因此，通过案例的学习，学员可以锻炼自身敏锐的细节观察能力和空间型位分析能力，从而更好地理解和应用所学知识。

1. 案例简介及主要解决的教学问题

在线教育是以网络为介质的教学方式，在移动互联的 AI 时代背景下，笔记本电脑、智能化手机、平板电脑和可穿戴式学习设备不断普及，通过这些移动终端设备，人们可以随时随地查看信息、分享数据、查找位置、学习知识、交流体验并利用 AI 异地协同工作。这些崭新的人类日常行为和生活场景，使移动互联网成为当前推动教育教学方法、科学技术、产业乃至经济社会发展的强劲技术力量。《中国教育现代化 2035》和《加快推进教育现代化实施方案（2018—2022 年）》指出，从全球来看，互联网、AI 等新技术的发展正在不断重塑教育形态，知识的获取方式和传授方式、教和学关系正在发生深刻变革。对于如何进行在线教育和学习，许多在线教育的教学模式依然只是停留在"一头热"阶段，一方面，学员的学习热情很高；另一方面，在教学资源和课程建设上，很多在线课程只是单纯地把线下学习模式下的课表、教材、教案和教学设计等直接搬上互联网，简单说就是教学手段变化了，但是教学内容、教学模式和教学方法有待提升。

"阴影透视"是一门建筑学、城乡规划、风景园林、室内设计和空间设计等专业必修的重要专业技术基础课程，课程内容既有系统理论知识又有操作绘图技巧。它重点研究绘制建筑透视与阴影的理论和方法，为设计作品的表达和呈现，提高设计表现技法等提供技术与方法。本课程应用中心投影法和平行投影法表示空间形体的图示图解理论，研究空间形体的阴影与透视表达方法，培养和发展学员空间想象能力、空间构思能力、分析问题能力、创造能力和审美能力，培养学员具有绘制建筑物透视阴影图的能力，为后续课程打下必要的基础。

本案例题目为透视图的基本画法，主要内容包括了解透视图的作图原理，通过理解建筑师法，掌握迹点灭点法、量点法、距点法的作图原理及其透视作图方法，求解斜线的灭点和平面的灭线。基于 OBE 的"阴影透视"在线开放课程教学，可解决现阶段在线教育及在线课程的以下问题：线上教学的教学理念落后、缺乏创新的教学设计、缺乏深入的适合线上教学特点的教学研究和教案设计，从而导致对所有学员进行毫无差异性的单向填鸭式教学，对学员学习能力差异的反馈、学员学习效果的科学评价和学员创新能力的提升和把控无法做出精准回应和修正等。本案例如果仅按照学科知识的内在逻辑和体系架构展开讲解，仅仅注重讲解阴影和透视的基本原理和基本绘图步骤和方法，必然无法应对 AI 时代工程设计问题的表达及表现要求难度和实践问题的综合性，不符合学员对复杂工程问题的认知规律，容易造成学员课堂听课时完全理解懂得，但是一遇到自己做设计或是面对实际具体问题时就束手无策，不知从何下手，完全无法联系并利用已经习得的知识，去解决实际设计需求的问题。无法解决学员对知识的学习缺乏深层次理解，新知识的迁移和实际应用能力弱，应对工程实际问题思维能力欠缺等问题。因此，案例的设计和实施必须摆脱单向填鸭式教学方法和教学过程，力争对学员学习能力的差异做出适当反馈，对学员学习效果进行科学评价，并对学员创新能力的提升和把控做出精准回应和修正。

2. 解决教学问题的方法、手段

从 AI 时代应该"培养什么样的设计人员"和"怎样培养 AI 时代的设计人员"这两个问题来思考，可以厘清 AI 时代基于 OBE 的"阴影透视"在线开放课程建设的核心价值是什么。

OBE 理念，又称能力导向教育、目标导向教育或需求导向教育理念。AI 时代的技术人才应该是擅长数字化构思（conceive）、能够进行数字化设计（design）、懂得数字化实施（implement）、熟悉数字化运行（operate）的现代工程师和数字技术从业者。针对以往工程教育领域重视知识学习而轻视开拓创新设计能力培养、偏重理论学习忽视工程实践操作、强调学术知识学习轻视应用能力培养和知识迁移能力引导等问题，本案例依托 OBE 理念，以学员为本，以学员数字化设计成果表现能力为目标导向，采用"逆向设计"的方式，来思考和回应 AI 时代工程教育目标，力争使基于 OBE 的"阴影透视"课程的学习与实践结果支撑学员掌握建筑设计数字表现技法，并能够针对特定的、复杂的建筑设计提供综合性数字化设计表达解决方案，直接为学员们在专业后续课程学习和专业课程设计过程中奠定了数字化设计表现专业基础。具体教学方法和手段如下。

2.1 提升学习内容数字化挑战度——教学内容的切分、整合与重组

为了给学员提供一种强调工程基础，建立在真实世界的产品和数字化系统的构思—设计—实施—运行过程环境基础上的工程教育体验，课程从提供数字化创造能力增长机会的角度出发，以项目设计实例为导向进行课程内容安排，以"逆向设计"的思维方式实现课堂内容组织，力求实现"先学后教，以学定教"的教学模式。课程通过解析若干难度工程设计实例案例中相关知识点，实现学习内容综合性和设计表现难度的层层递进，形成相互支撑并可以扩展的有机整体，使每个具体的设计实例都体现学科知识点和理论内容，每个教学环节都为整体的工程设计能力提高做贡献，强化学员的数字化创新实践能力及工程职业素养，为学员具备创新能力提供条件。

2.2 增加课程内容难度和广度——教学过程的改变、融合与提升

学习内容以模块化供给不同层次的学员，探究出在线开放课程中，线上互动的合理模式和良好互动的前提条件，课程中掌握创造这些条件的方法，并结合具体的技术条件和教学实际进行不同环节的优化设计。基于OBE的"阴影透视"在线开放课程，教师必须于课程开始之前，构建出全方位覆盖的课程知识点，无缝衔接的教学视频内容和课程资源，以及教学实施互动环节和考核方法等相关内容，从而构建线上学习和论坛讨论互动、课内课外及跨学科知识相融合的动态持续建设的课程新体系。

2.3 拓展课程趣味和实用性——考核内容的开放性、结果的发散性与方法的针对性

课程的特点是实践性非常强，学员通过大量动手实践，了解建筑透视图形图像的基本知识和基本原理，理解设计作品的表达方案和呈现形式，为提高设计表现技法等提供技术与方法。这些认知和经验为今后数字作品设计生成、三维实体设计建模、图形图像采集编辑、绘制修整、数字图像处理、不同场景使用等操作的全过程提供支撑，为后续课程描述工程数字化设计构思、表达设计方案、模拟实施和运行工程设计项目，以及课程设计、毕业设计、后续设计实践工作打下坚实的基础。课程通过若干个设计项目，提出目标和要求，让学员们自己查找相关信息和资料，以设计表现成果和提交口头报告视频等方式完成考核和学习。

3. 特色及创新点

为增强学员项目开发、设计表现和建造构思的能力，基于OBE的"阴影透视"在线开放课程探索和实践的是理论学习和实践学习在内容交汇上的融合，是多维教学目标在不同维度上的混合和翻转。教学内容设计时，以学员为中心，把学科知识点抽出、剥离、打散、重新排列组合，将每次课程不同知识内容安排贯穿在若干难度不同的设计项目实例中，通过大量的设计项目实践练习，尝试在"学中实践"，并在"实践中学"，使学员学科知识的学习认知和工程数字化设计能力的获得过程整合一致。

3.1 模块化聚焦能力提升

精确科学分解课程知识点，把知识合理分解为互相有内在联系的若干小段，并提供难度渐次提升的若干等级的设计项目实例，供学员自行选择学习实践。

线上教学课件和微视频每段讲解时间约为 15～20 min，注意每段教学知识之间的内在逻辑性和课程进度的节奏感。每 15～20 min 设置一个问题作为阶段性的小结和停顿，以充分提高学员线上学习的注意力，使学习效率提升。由认知和脑科学的研究结果可知，大脑中央控制区的一个重要功能就是将注意力聚焦于核心工作任务。有相关研究显示，英国大学生课

堂听讲时，集中注意力的平均时间只有十几分钟时间，所以线上微课教学和学员视频观看的时间不宜太长，以免学员注意力下降导致学习效率低下。

3.2 清晰映射能力升级

合理设置课程案例、设计命题的难度及提升等级的关系，注意设计命题结果的发散性引导，同时也便于学员线下动手操作、个人设计作品展示等多样化教学成果的开展。

由于课程体系的合理构建对达成学习成果尤为重要，课程须使学员能力结构与课程体系结构构成一种清晰的映射关系，能力结构中的每一种能力要有明确的课程学习内容来支撑。本课程体系与学员能力结构存在这种清晰映射关系，学员完成课程体系的学习后就能具备预期的能力结构和学习成果。

3.3 反向设计考核方式

注重学员开拓创新设计能力的培养，强调理论结合实践的教学环节和活动，关注学员在线协同数字化创新能力的训练。

学习成果不只是学员相信、感觉、记得、知道并了解，更不是学习的暂时表现，将学员线上学习内容和线下设计实践操作过程融合，结合生活实际，开展极富生活趣味的线下设计实践，会极大提高学员的学习兴趣和热情，也是学员将知识内化到心灵深处的有益过程。基于OBE的"阴影透视"在线开放课程探索和实践聚焦学习成果的教学模式和实施方法，将教学评价聚焦在学习成果上，采用多元和梯次的评价标准，强调达成学习成果的内涵和个人学习能力的进步。

课程以学员工程素质提高为导向，以学员主动学习为目的，以数字化创新设计能力的培养为原则，教学过程中以项目设计实例为载体，整合了学科知识传授和学员工程设计创新能力的培养。在课程实践教学中坚持从设计实例出发，引出需要解决的工程问题，通过分析设计需求的产生，详细讲解如何解决这些需求，培养学员牢固掌握学科知识，以及实际问题的分析判断能力，并了解工程实践问题的分析解决流程。

4. 推广应用效果

本课程为广东省本科高校在线开放课程指导委员会2022年度研究课题项目（基金项目编号：2022ZXKC380），适合有设计图示图解等表现需求的专业，特别是高等学校如建筑、城规、园林、地理类等专业的学员了解并学习。通过本课程的学习可以参加"大学生计算机图形大赛""全国高等院校学生'斯维尔杯'BIM–CIM创新大赛""谷雨杯全国大学生可持续建筑设计竞赛""中国建筑新人赛"和"大学生计算机设计大赛"等比赛。广州大学授课教师指导学员2021年5月参加第十二届全国高等院校学生"斯维尔杯"BIM–CIM创新大赛获综合应用三等奖，2022年5月参加第十三届全国高等院校学生"斯维尔杯"BIM–CIM创新大赛获《正向一体化应用》二等奖，授课教师均获优秀指导奖。课程教学模块中的教学案例《一个虚拟的建筑施工现场》获2020年度广东省课程思政优秀案例（〔2021〕15号，2021年1月14日）和2023年广州市课程思政示范项目。部分获奖证书如图1所示。

图 1　部分获奖证书

　　OBE特别强调学员学到了什么而不是老师教了什么，特别强调教学过程的输出而不是输入，特别强调研究型教学模式而不是灌输型教学模式，特别强调个性化教学而不是"车厢"式教学。基于OBE的"阴影透视"在线开放课程教学经过3学年共计300多人的教学实践，引发了学员们对于身边真实设计案例和生活实例的好奇心和求知探索的欲望，部分课程设计内容来自生活，课程有大量难度不同的动手实践和操作练习，学员们在自己能力范围内的完成率较高。

　　课程强化场景体验的教学模式，以建筑和园林局部场景设计专题为引领，对应逐次展开的建筑阴影及透视知识点分析，将建筑阴影及透视效果图实例和案例贯穿于各个教学环节，开展案例研讨、反向设计启发式教学，让学生根据设计题目同步构思、设计相关的阴影及透视效果图图样。根据维果斯基的"最近发展区理论"，教学活动应着眼于学员的最近能力发展区，为学员提供有可能调动积极性的、带有一定难度的学习内容，以便于发挥学员潜能并超越最近发展区，从而达到更高阶段的知识发展水平。

　　教学评价方面，学员们对课程的评价很高，同时写下了很详细而又中肯的课程学习心得，"老师治学严谨，循循善诱，注意启发和调动学生内心的动力和学习积极性，课程案例丰富""喜欢老师的课堂，专业知识信息量大而且满满正能量""老师授课有条理有重点，课程生动幽默，语言生动，条理清晰，举例充分恰当，相当有趣"。成绩考核方面，15%~20%的学员成绩为优秀，50%~65%的学员成绩为良好，15%~20%的学员成绩为中等，只有5%的学员成绩为及格，学员们的学习热情高涨，学习状态和学习效果非常好。

5. 典型教学案例

5.1　课程题目

透视图的基本画法。

5.2　教学目标

了解透视图的作图原理，通过理解建筑师法，掌握迹点灭点法、量点法、距点法的作图原理及其透视作图方法，求解斜线的灭点和平面的灭线。

基于 OBE 理念，本节课程教学的产出成果主要包括以下几个方面。

（1）掌握透视的基本理论：通过课程学习，学员可以掌握透视的基本概念、原理和分类等知识，为后续的学习和实践打下坚实的基础。

（2）理解透视在实际应用中的作用：学员可以了解透视在绘画、建筑、产品设计等领域中的应用，从而更好地理解其在实际工作中的作用和意义。

（3）掌握透视的基本技能：通过课程实践练习，学员可以掌握透视表现技法的基本技能，例如，如何确定视距、视角和视高等。

（4）提高学员的观察能力和分析能力：学习透视需要学员具备一定的观察能力和分析能力，通过课程学习，学员可以锻炼自己的观察能力和分析能力，从而更好地理解和应用所学知识。

5.3 教学内容

（1）建筑师法；

（2）迹点灭点法；

（3）量点法；

（4）距点法；

（5）斜线的灭点和平面的灭线。

课程建设了丰富翔实的"中国大学 MOOC"电子课程讲解视频资源，方便学员的预习、复习和练习辅导。

5.4 课型

本节课程属新授课。

5.5 课时

课程共 180 min，4 学时。

5.6 教学重点

（1）视线迹点法作透视图；

（2）全线相交法作透视图；

（3）量点法；

（4）距点法的作图原理及其透视作图。

5.7 教学难点

（1）量点法；

（2）距点法；

（3）斜线的灭点和平面的灭线。

5.8 教学过程

课前学员通过"中国大学 MOOC"提前预习内容部分，如图 2 所示。

图 2　课前预习

5.8.1　导入新课（20 min）

（1）回顾上节课程的重点和难点知识要点。

（2）结合新课内容介绍当前国家相关新闻和新技术，提升学员们的好奇心和专业背景知识，提高专业素养。

"中国大学 MOOC"学习资源部分如图 3 所示。

图 3　"中国大学 MOOC"学习资源部分

5.8.2　讲授新课（120 min）

（1）利用多媒体课件讲授建筑师法和迹点灭点法的作图形成原理及作图步骤和过程（60 min）。

学：理解透视的基本原理，包括一点透视、两点透视、三点透视等，并能够在实际绘画中正确应用透视原理。透视原理涉及复杂的数学和几何概念，对一些学员来说可能较为抽象和难以理解，应尽量多举实例帮助加深理解。

提问：建筑师法和迹点灭点法的作图步骤分别是什么？

练：教学设计实例难度层级一——初级设计项目实例内容包含课程基本知识要点和核心内容，要求学员掌握透视的基本原理。让学员绘制个人喜欢的身边小物品和小场景透视图，为今后的学习打下认识基础。

课程集中答疑和练习互动讲解图片如图 4 所示。

（2）利用多媒体课件和动画演示分解示范量点法（含距点法）作图原理及作图步骤（30 min）。

学：大体量形体空间感的表现，包括远近和前后关系等。学员需要通过掌握透视、构图、色彩等技巧，使作品在空间上具有立体感和深度感，空间感的表现需不断实践和反复尝试。

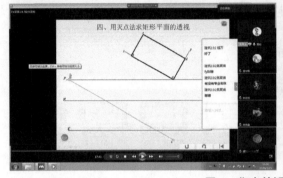
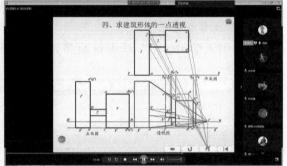

图 4 集中答疑和练习互动讲解

提问：平面图形量点法的绘制步骤是什么？

练：教学设计实例难度层级二——中级设计项目实例包含核心课程和设计的一些基本方法和步骤，从生活实际应用出发制订设计目标，利用专业知识进行设计应用，让学员懂得怎样依据设计需求选取知识和设计工具。选取学员身边建筑物和构筑物的透视效果图，并进行三维建模产生实体，进行多角度动态观察。

部分答疑模型及作图过程讲解如图 5 所示。

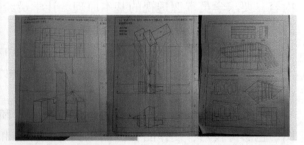

图 5 部分答疑模型及作图过程讲解

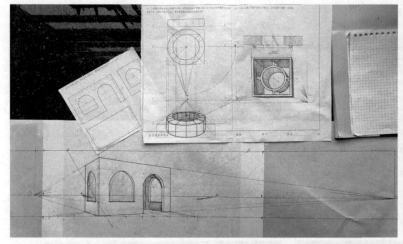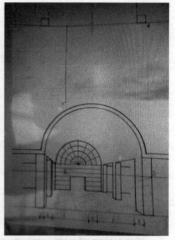

图 5　部分答疑模型及作图过程讲解（续）

（3）小视频演示、图片讲解透视图中视距、视角和视高等的确定原则和方法（30 min）。

学：透视图中视距、视角和视高等的确定原则和方法，对于学员设计结果的表达效果至关重要。绘制透视图需要学员在绘画中发挥创意和表现力，表达自己的想法和情感。如何在透视作品中加入个性化的创意和表现力无疑是一个难点，这涉及绘画技巧和笔触处理，包括透视图中视距、视角和视高等的确定，线条、阴影、纹理等的表现。学员需要掌握不同的绘画技法和笔触，使作品更加细腻和真实。

提问：两点透视图中，视距、视角和视高等的确定原则分别是什么？

练：教学设计实例难度层级三——高级设计项目实例嵌入核心和难点课程内容，结合生活实践，加入与体验和认知感受相关的教学内容，从工程实际应用出发制订设计目标。为增强这些能力，有必要设置一些需要进行发散性思考，允许开放式设计结果的项目实例。例如，让学员自行搜寻几个透视图图片，指出他们认为可借鉴的好的地方，同时，指出不足和有待改进的地方，说明原因和理由，并给出改进意见和方案。这一级设计项目实例以前两级设计项目实例中的设计结果为基础和蓝本，加入一些产品设计、建筑设计和园林设计的专业知识，依据产品和建筑实际设计需求和设计流程，从实用性、经济性和美观性出发，将学习内容延伸到空间实体的设计，引导学生推敲设计作品的尺度和体量，形式与功能，材质与表达效果。本项目内容和难度比前两级设计项目实例有明显增加，可以让学员通过参与工程设计来学习设计并理解设计。

为实现对不同学员学习能力和学习进度的差异进行适当的跟踪和反馈，对学员学习过程和效果进行科学评价，课程使用了学员在线学习进度跟踪与管理监督系统，如图 6 所示。

教学过程中可根据上述统计数据，对学员的学习进度和过程做出精准回应和修正。

5.8.3　基本知识巩固练习（25 min）

课堂基本能力训练：《建筑透视与阴影教程习题集》习题 2 – 6 和 2 – 14 题（附参考答

案和详细讲解解答视频），以此基本知识训练模块，作为本部分知识最基本能力保障点。

练习参考答案如图 7 所示。

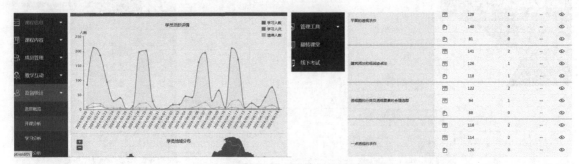

图 6　在线学习进度跟踪与管理监督系统

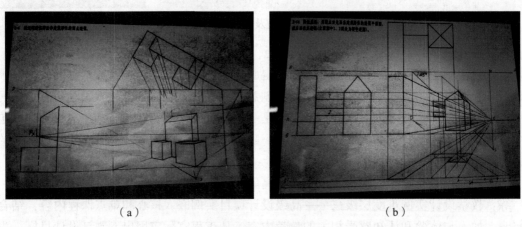

图 7　练习参考答案

（a）2-6（二点透视）参考答案；（b）2-14（一点透视）参考答案

从教育心理学和认知心理学的角度来看，教师的教学效果和学员的学习成效取决于学习过程中学员参与全过程的主动程度；学习过程中循序渐进的经验积累过程能否有持续深入的推进步骤作为保障；不同类型的学习过程和学习条件能否区别对待；依据学习的规律能否对学员给予及时并准确的教学活动反馈这四个方面因素。本课程能够给出学员及时的学习训练和学习效果评价，极大提升了学员的积极性和兴趣。AI 时代背景下，改变教学模式，创新教学技术和方法才能培养出适应时代发展和需要的数字化技术劳动者和创意设计人才。

5.8.4　归纳小结（15 min）

（1）归纳本节课程的重要知识点。

（2）简介下节课程的内容及希望同学预习的"中国大学 MOOC"相关内容。

作者简介：

黄莉，广州大学建筑与城市规划学院副教授，硕士。主要研究方向为计算机图形图像技术，数字化建筑设计，城乡数字化信息建设与管理，传统村落保护活化技术。作为主要参加者参与24项科研课题（主持10项），发表论文23篇。主编、参编出版专业教材17本，2010年获广州市第一批市属高校优秀教材二等奖，2003年获广州大学第一届青年教师课堂竞赛一等奖，2008年获广州大学第三届教学成果一等奖，2009年获广州市高等学校第七届市级教学成果一等奖。

高 职 篇

"以学生为中心"的"机械制图"课程教学改革与实践
——"机械制图"课程教学方法优秀案例

高红英 刘军旭 袁惊滔

陕西工业职业技术学院

本案例总结了"机械制图"课程为践行育人目标而实施的教学改革创新,在重构课程教学资源、建设课程教学团队、课程应用成效与特色等方面对课程改革与实践情况进行了总结与探索,希望本案例能够为"机械制图"课程教学改革提供有益的参考价值。

"机械制图"课程的教学内容、学习方法、思维方式与基础课不一样,学生心理上往往会产生一种陌生感和畏惧感,针对此问题,陕西工业职业技术学院"机械制图"课程教学团队在教学中积极探索,实施教学模式改革,重新架构课程内容,重构考核评价制度,创设翻转课堂,重构课程教学资源,运用各种手段,调动学生的学习积极性,引导学生把理论与实际联系起来,激发学生的学习热情。

一、践行育人目标,教学设计实施"三变一动"

(一)变教法,适应信息化,实施线上线下"混合式"教学模式改革

在教学方法改革中,适应信息化、智能化,设计发挥学生主体性的教学活动,实施线上线下"混合式"教学。学生线上学习重点内容,对于难点,老师线下答疑解惑。采用"雨课堂"平台、公众号、在线开放课程等网络资源实施线上线下"混合式"教学模式。"混合式"教学实施课前探学—课中导学—课后拓展的教学环节,每个教学环节采取线上线下结合的教学形式。采用项目教学、案例教学、情景教学等方法,使用翻转课堂等手段改革课堂教法,开展"师生互动—生生互动"互动式教学策略,图1为教学团队"混合式"教学的实施路径。

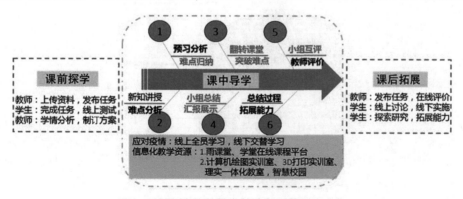

图1 教学团队"混合式"教学的实施路径

（二）变内容，以岗位能力需求为导向，重新架构课程内容

为适应现代企业对绘图能力的需求，将机械制图与CAD绘图有效融合，在理论课中选择企业典型案例，融合CAD二维和三维建模方法开展教学。在实训中对项目实现从手工绘制草图，计算机绘制平面图，拓展到三维建模，践行理实一体、学做合一的教学模式，培养学生专业绘图能力和创新设计能力。教学模块以典型机构为载体，以简单零件投影为切入点，学习三视图的画法→机件的表达方法→标准件应用→零件图绘制、识读与建模→装配图绘制与读图。突破传统的学习形式，实现过程创新，完成由二维视图→三维建模→3D打印→产品装配这样一个符合实际产品设计周期的过程，表1为融合CAD的课程改革实施方案。

表1 融合CAD的课程改革实施方案

序号	课程模块	教学内容	典型案例	教学方法
1	平面图形的绘制	机械制图国标基本规定，平面图形的画图方法	用CAD绘制手柄图样	开展线上线下"混合式"教学模式，学做练一体化教学方法，利用"雨课堂"平台、在线课程动画、微课、视频和"十二五"规划教材等资源实施项目学习、情景展示，提高学习兴趣和学习效果
2	简单形体视图的绘制与识读	投影基础、基本体投影及交线、轴测图、组合体和机件的表达	手工绘图+CAD绘制机用虎钳中零件的二维视图和基本形体三维建模	
3	典型零件视图的绘制和识读	轴、轮盘、叉架和箱体类零件视图画法和识读	绘制机用虎钳中活动钳身零件图并进行3D建模	
4	典型部件装配图的绘制和识读	机用虎钳装配图的绘制，微动机构装配图的识读	利用AutoCAD绘制机用虎钳装配图；利用动画演示部件的仿真运动，掌握读图方法	

（三）变考核，激励学习积极性，重构考核评价制度

变考核即注重过程学习评价，改变以往以期末终结性评价为主的考核评价制度，将每个教学环节按学生学习情况量化考核，对学生专业基础能力和素质进行综合考评，建立过程性考核体系。新的考核评价制度如图2所示，过程性考核评价系统见表2。

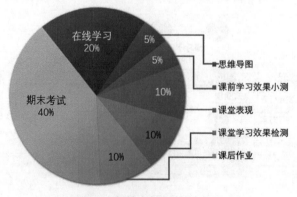

图2 新的考核评价制度

表2 学生学习过程性考核评价系统

阶段		项目名称	考核形式	标准分值		评价依据
定量评价（过程性评价）	课前自学阶段	课前自测1	选择题	1分/题		学堂在线"雨课堂"大数据分析
		课前自测2	选择题	1分/题		
		课前自测3	主观题（绘图或读图）	内容完整	2分	
				线形恰当	1分	
				标注正确	1分	
				图列准确	1分	
	课中阶段	平面图形的绘制	判断对错	抢答正确	2分/次	
			图线质量	符合要求	3分/次	
		轴承座三视图绘制及尺寸标注	视图正确 尺寸完整	组内互评（40%）	0~5分	
				组间互评（60%）		
		典型零件视图的绘制和识读	轴类零件绘图、识图	客观题	2分/次	
			建模	主观题	3分/次	
		装配图的绘制和识读	画图、读图装配	小组PK获胜	5分	
				辩论抢答	3分/次	
	课后阶段	课后作业	教师打分	习题册 学堂在线	0~5分	
定性评价	能力环节	小组协作能力	动手能力	制图能力	识图能力	标准分制	评价依据
	拆装模具	✓	✓			每项技能1分，可累计	小组依据完成情况得分
	测量标准	✓	✓				
	手工绘图	✓		✓	✓		
	计算机绘图与建模	✓	✓	✓	✓		

（四）"三变"促使学生课堂学习"动起来"

通过变教法、变内容、变考核，激发和鼓励学生的学习积极性。通过创设翻转课堂，课前布置学习任务，学生自行查找资料，课堂组织学生上讲台，变被动学习为主动学习。

鼓励学生结合课程内容查找资料、开展研究和分析，并进行3D建模设计，进行课堂展现、共享和交流讨论，图3为翻转课堂教学实施情景。

图3　翻转课堂教学实施情景

二、多方合作，重构课程教学资源，构建共享型课程

联合国内应用型本科教师、国有大型企业人员和985院校教授一起开发课程资源，对全课程知识点进行重构，建成1 200多个教学微视频、动画、微课、课件和习题等资源。将多维的信息化资源以二维码形式镶嵌在纸质教材里，利用手机扫码，让教材立刻"动起来"，学习内容直观呈现，增强学习兴趣，提高学习质量。编写并出版"十二五"国家规划教材《机械制图项目教程》和《机械制图项目教程习题集》，该教材荣获陕西省2020年优秀教材一等奖。2019年建成机械制造与自动化省级资源库和院级在线课程，实现优质资源共享，图4为立体化教材《机械制图项目教程》，图5为"机械制图与计算机绘图"在线课程。

图4　立体化教材《机械制图项目教程》

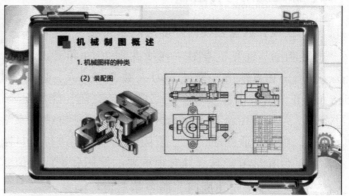

图5 "机械制图与计算机绘图"在线课程

三、建立一支"合作→发展→创新"的课程教学团队

自2012年来,陕西工业职业技术学院组建了一支老中青结合的教学团队,团队成员由校内教师和校外兼职的企业高级工程师组成。教学团队由机械学院院长负责领导,由教研室主任和长期从事教学工作的老师参与,其中教授1人,副教授7人,高级工程师2人,讲师3人,老中青结合,人员结构合理。

课程教学团队不断进行教学方法创新研究,积极参加各种比赛,新教师参加教学能力过关赛,青年教师参加教坛新秀赛,骨干参加教师教学能手大赛。通过大赛改革教学方法,提升教学质量,近年来教学团队指导学生参加机械制图3D建模和产品创新设计国家级赛事,取得国家级赛事二等奖的成绩。

课程教学团队教师每年走进企业,下沉一线,掌握新技术、新工艺、新规范,对接1+X证书培训,具备双师型教师能力,同时参与国际国内交流学习、学术研讨、科研项目等,进一步提升创新能力。

几年来,教学团队先后参与院级以上教学改革课题7项,取得院级赛项荣誉6项,省部级赛项荣誉10项。通过长期合作、不断磨合、不断发展,形成了有协作精神、乐于奉献、勤于钻研的队伍,图6为课程教学建设与改革发展历程。

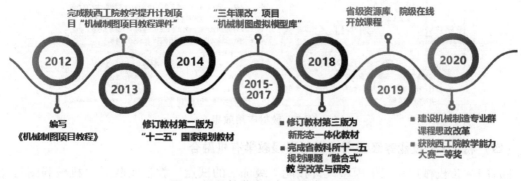

图6 课程教学建设与改革发展历程

四、课程应用与特色

（一）在线开放课程校内外应用效果显著

“机械制图与计算机绘图” 在线课程 2019 年开课以来，平台数据显示学员分布全国 27 个省、自治区和直辖市，累计学习人数 9 615 人，服务本校学生 5 100 人，外省学习人数 4 515人。在线开放课程实现了网络学习与交流，能满足不同人群、不同时间、不同场所的学习需求。尤其是在新冠病毒肆虐期间，学生能继续在家学习在线课程，真正做到停课不停学。另外，对于企业在职员工、下岗职工等不能进行全日制学习的人员，网络学习提供了良好的学习平台和学习资源，具有很重要的使用和推广价值。

（二）课程标准走出国门，服务第三世界国家

“机械制图与计算机绘图” 课程标准不仅被省内外院校学习使用，机械学院机械制造与自动化专业教学标准也进入赞比亚国民教育体系，并被尼日利亚 6 所高校引进，“机械制图与计算机绘图” 课程标准走出国门，国际影响力持续提升。

（三）教材建设成效显著，社会服务性好，应用广泛

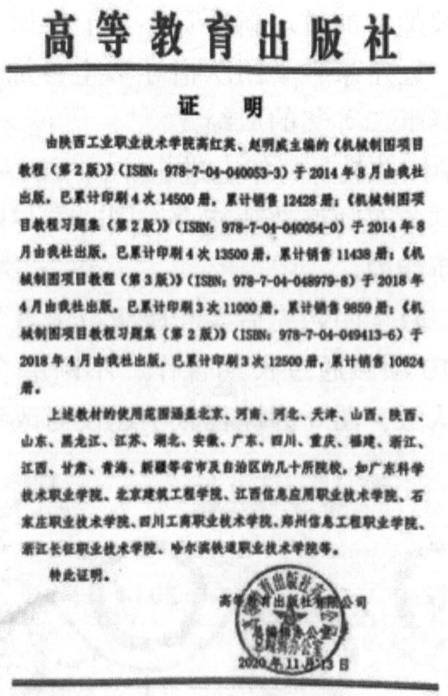

《机械制图项目教程》和配套习题集出版后，得到许多高职院校的选用。根据高教社内部数据，从 2012 年到 2019 年有陕西、广东、湖南、黑龙江等 20 多个省的学校使用过该教材，教材使用量达到 6. 1 万册以上，图 7 为教材应用效果。

教材名称	《机械制图项目教程》	册次	第三版第 3 次
国际标准书号（ISBN）	978-7-04-048979-8	出版单位	高等教育出版社
证明单位	陕西国防工业职业技术学院智能制造学院		
证明单位联系人	王新海	电话	029-81481030
教材教学应用及效果	1. 教材特点 该教材以“必须、够用”为原则，以培养学生绘图能力和读图能力为目标，内容采取由易到难、循序渐进的方法设计，适合高职学生学习。 教材采用数字化的技术，将动画、微课和视频等信息化教学资料以二维码的形式镶嵌在纸质教材中，学生可通过扫码学习相关的知识，动态了解作图方法和过程。本书在编写形式上采用“项目教学法”的思路，模式新颖。 教材中的图形和案例多来源于企业典型案例，将教材内容融入到实际生产当中，实现了校企共建、产教融合。 2. 应用效果 由于教材提供了丰富的教学资源，并能扫码观看视频、动画和难点习题的解题过程，对学生线上线下学习提供保障，尤其是疫情期间保证了学生学习需求。教材内容比较全面，适合机械类和近机械类相关专业使用。		
教育行政主管部门意见	以上情况属实。 负责人签字： （单位公章） 2020年11月27日		

注：1. 根据实际情况，选择 1-2 家证明单位。
2. 教育行政主管部门一般应为证明单位所在地市级层面的教育行政主管部门。

高等教育出版社

证　明

由陕西工业职业技术学院高红英、赵明威主编的《机械制图项目教程（第 2 版）》（ISBN：978-7-04-040053-3）于 2014 年 8 月由我社出版，已累计印刷 4 次 14500 册，累计销售 12428 册；《机械制图项目教程习题集（第 2 版）》（ISBN：978-7-04-040054-0）于 2014 年 8 月由我社出版，已累计印刷 4 次 13500 册，累计销售 11438 册；《机械制图项目教程（第 3 版）》（ISBN：978-7-04-048979-8）于 2018 年 4 月由我社出版，已累计印刷 3 次 11000 册，累计销售 9859 册；《机械制图项目教程习题集（第 2 版）》（ISBN：978-7-04-049413-6）于 2018 年 4 月由我社出版，已累计印刷 3 次 12500 册，累计销售 10624 册。

上述教材的使用范围涵盖北京、河南、河北、天津、山西、陕西、山东、黑龙江、江苏、湖北、安徽、广东、四川、重庆、福建、浙江、江西、甘肃、青海、新疆等省市及自治区的几十所院校，如广东科学技术职业学院、北京建筑工程学院、江西信息应用职业技术学院、石家庄职业技术学院、四川工商职业技术学院、郑州信息工程职业学院、浙江长征职业技术学院、哈尔滨铁道职业技术学院等。

特此证明。

高等教育出版社有限公司

2020年11月13日

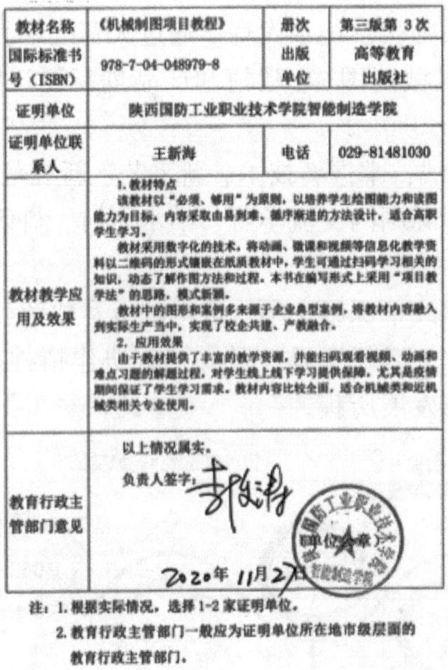

图 7　教材应用效果

（四）将 1 + X 技能等级证书培训与课程教学有机融合

随着 1 + X 机械产品三维模型设计技能等级证书的试点，教学团队对 “机械制图与计算机绘图” 实训课程内容进行了整合与拓展。以典型部件为载体，在项目学习过程中，以画

图和读图能力培养为主线，注重基础能力培养，不断研究新技术、新工艺的发展，从制图理论出发，让学生学会二维视图，掌握三维造型技术，将二维与三维建模紧密结合，为学生未来发展和激励学生创新设计打下坚实基础。

五、典型教学案例

刘军旭授课视频

作者简介：

高红英，陕西工业职业技术学院教授。主持完成了陕西省教育厅"机械制造与自动化专业"资源库子项目"机械制图与计算机绘图"和陕西省教育科学"十二五"规划课题。主编教材《机械制图项目教程》为"十二五""十四五"职业教育国家规划教材，2020年被评为陕西省职业教育优秀教材一等奖。主持的"机械制图与计算机绘图"在线课程获批陕西省2021年职业教育精品在线课程。2019—2023年担任陕西省图学学会理事。

刘军旭，陕西工业职业技术学院教授，现任陕西工业职业技术学院航空工程学院党总支书记、副院长。先后赴复旦大学、德国、澳大利亚等交流学习。主持开发制作的"机械制图"课件荣获国家第九届全国多媒体课件大赛三等奖。主持开发的"组合体的读图"教学软件荣获2012年全国职业院校信息化教学大赛陕西省选拔赛多媒体教学软件比赛一等奖；荣获咸阳市新世纪学术技术带头人。主编的《建筑工程制图与识图》荣获国家"十二五""十四五"职业教育国家规划教材，2016年陕西省优秀教材一等奖。先后参加教科研课题8项，主编参编教材与著作5部，先后在《起重运输机械》等核心刊物上发表论文10余篇。现为中国图学学会第八届图学教育专业委员会常务委员。

袁惊滔，陕西工业职业技术学院副教授。主讲"机械制图与计算机绘图"等课程。曾获陕西省职业院校信息化教学大赛高职组信息化教学设计赛项一等奖；主持制作的课件荣获高职理科组优秀奖。自2021年带队指导学生参加全国大学生成图大赛（二维制图与三维建模），并多次获国奖。多次为企业进行员工制图知识技能培训，并取得学员好评。

"学、品、悟、行"四层递进、深度混合式高职图学课程思政研究与实践

沈 凌

广东交通职业技术学院

针对图学类课程教学中普遍存在"重知识传授、轻价值塑造""形体想不出、抽象难理解""思政资源建设易、育人效果评价难"三方面问题，从师生课堂角色转换、课程变革、课堂革命等方面开展了创新与实践。一是设计了"做中学、学中品、品中悟、悟而行"四层递进式课程思政实施路径，将思政育人元素"隐"于各教学环节，推进课堂变革；二是建立"慕课（massive open online course，MOOC）+私播课（small private online course，SPOC）+翻转课堂"的线上线下"深度"混合教学模式，为课程思政实施提供了平台，推动课堂革命；三是建成了思政目标融入的多维度、多主体、线上线下相结合的过程性考核评价体系，提升了课程思政的实施效果。实践证明，通过"课程思政+信息化教学"课堂革命，有效达成了知识、能力、素质三维目标，实现了主流价值观有效植入，学生遵纪守法意识和工匠精神显著增强，学生学习兴趣充分激发，学习内驱力明显提高。课程思政丰富了课程内容，为同类课程改革提供了思路与实践经验。

一、引言

2016年12月习近平总书记在全国高校思想政治工作会议强调："高校思想政治工作关系高校培养什么样的人、如何培养人以及为谁培养人这个根本问题。要坚持把立德树人作为中心环节，把思想政治工作贯穿教育教学全过程，实现全程育人、全方位育人，努力开创我国高等教育事业发展新局面。"同时，习近平总书记还在会议上指出："要用好课堂教学这个主渠道，思想政治理论课要坚持在改进中加强，提升思想政治教育亲和力和针对性，满足学生成长发展需求和期待，其他各门课都要守好一段渠、种好责任田，使各类课程与思想政治理论课同向同行，形成协同效应。"

中国工程院院士、浙江大学谭建荣教授提出了工科大学生必修"'数学、物理、中文'加'外语、计算机和工程图学'"六类公共基础课程，图学类课程作为第六类必修基础知识在高职工科各专业广泛开设。根据我校立足交通、服务粤港澳大湾区、培养五育并举的高素质复合型技术技能人才的办学定位和"综合、智慧、绿色、平安"四个交通的专业特色，结合"动脑+动手"的图学课程特点，课程组优化二十余年丰富的课程教学改革积淀，"工程制图及CAD"课程获首批"线上一流"课程和职业教育国家级在线精品课程，所在专业2022年通过智能工程机械运用技术专业国家教学资源库验收，课程组编写的教材入选"十

三五"和"十四五"国家规划教材。作为学生接触到的第一门专业基础课，本课程将MOOC和SPOC作为宣传阵地，在教学中实施思政育人，课程蕴藏思政味道、突出价值引领，落实了立德树人的根本任务，顺应并落实了专业课"三教"改革的趋势，对推动思政课程与课程思政同向同行、构筑育人大格局具有重大意义。

二、高职图学课程教学中存在的主要问题

目前，高职图学课程教学主要存在三方面的问题。

（一）"重知识传授、轻价值塑造"问题

由于教师在教学中只重视对学生图学基础理论的传授和计算机绘图技巧的训练，导致学生课堂互动不够积极，电子作业的复制抄袭依旧存在，三维育人目标达成度不高，学习效果不理想。究其原因，是主流价值观植入教学效果不佳，致使学生学习内驱力不足，职业道德素养有待提升。凡此种种，均与教学中"重知识传授、轻价值塑造"有着密不可分的关系。

（二）"形体想不出、抽象难理解"问题

图学课程涉及的三维形体较多，如截交线与相贯线、剖断图等较抽象内容，高职学生理解较困难，易打击学生的学习信心，进而失去学习兴趣。究其原因，是目前的教学模式不能针对高职学生认知特点，信息化教学手段仍不够丰富；课堂教学中未做到"以学生为中心"，只注重课堂"灌输"，未注重对学生课前课后自主学习的精细化管理，导致学生对知识的"发酵"与"内化"不足。

（三）"思政资源建设易、育人效果评价难"问题

近十年，各高职院校的图学课程高度重视思政育人，完善了相应的专业教学标准、人才培养方案、课程标准和教学日历等教学文件，梳理了教案、教学课件和教学素材，建设了一大批契合各专业课程内容的课程思政典型案例、微课等教学资源，但实施育人后的效果难以评价。究其原因，是未建立科学合理的有思政融入的过程性考核评价体系。

三、"工程制图及CAD"课程思政具体应对策略

（一）设计了"做中学、学中品、品中悟、悟而行"四层递进式思政实施路径，推进课堂变革

不将课程思政作为独立的教学环节，不搞思政元素堆砌，不将思政内容"物理焊接"，通过"做中学、学中品、品中悟、悟而行"的四层递进式路径实施课程思政。如图1所示，以典型任务"绘制剖视图"为例，将思政目标巧妙地"隐"于教学准备、教学实施、考核评价的课程教学全过程之中，使学生通过一边"做"实操绘图训练，一边"学"习读图与绘图的细节；在"学"中"品"，品出文化自信与文化认同，品出诚信与敬业，品出严格遵守国家标准、从事技术工作遵纪守法的重要性，品出精益求精的工匠精神、劳模精神，品出干一行爱一行专一行精一行的雷锋精神，品出合作创新创造的重要性，品出质量成本的重要性；在"品"中"悟"，悟出精益求精的"匠心"和诚信敬业的"初心"；"领悟"而后"践行"，由课内延伸到课外，化作学习生活实践的思想自

觉和行动自觉。在教学中融入思政，在实践中品悟"匠心"，从源头上解决"重知识传授、轻价值塑造"问题。

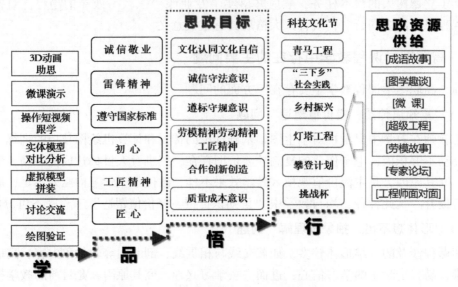

图 1　四层递进式课程思政实施典型案例

在典型任务"绘制剖视图"中，主要融入精益求精的工匠精神和遵标守规等思政元素。将思政元素"隐"于绘制剖视图的操作短视频，如"剖面线与波浪线的绘制"和"改画剖视图"等课程资源中。学生通过一边跟随视频"做"实操绘图训练，一边亲身"学"习感受"为什么绘制剖视图一定要遵守国家标准？为什么波浪线的绘制要'宁长勿短'？为什么填充剖面线的区域需要精准封闭？"等细节；在"学"中"品"，品出怎样严格遵守国家标准，品出什么是精益求精的工匠精神；在"品"中"悟"，悟出"匠心"与"初心"。

（二）建立了"MOOC＋SPOC＋翻转课堂"的线上线下"深度"混合式教学模式，为课程思政实施提供平台支持，推动课堂革命

按学生的认知规律，将"工程制图及 CAD"课程内容重构为"七项目廿任务三步曲"，并将思政资源全面覆盖到各任务点。为避免将思政元素硬融入，应将"思政味道"自然融入课程资源、教学设计和教学组织的各环节之中。以"课程、资源库、教材"作为资源之"源"，辅以数字化技术为手段，针对高职学生学习特点，"以学生为中心"开展教学活动，从资源、平台、工具、方法和考核五方面，实施课前课中课后的一体化教学设计、线上（MOOC 开放共享＋SPOC 个性化学习）线下（翻转课堂）的"深度"混合式教学模式（见图 2），有效弥补单纯使用 MOOC、SPOC、翻转课堂的短板，实现知识学习在课前，知识内化在课堂，巩固拓展在课后。通过在线课程平台大数据对学生学习全过程实现课前课中课后的更精细化管理，突破"形体想不出、抽象难理解"的瓶颈问题，使学习过程更轻松，取得良好成效。

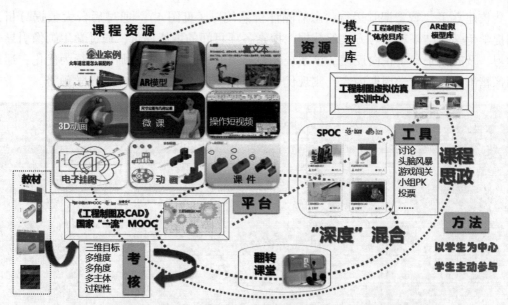

图 2 "MOOC＋SPOC＋翻转课堂"线上线下深度混合式教学模式框架

具体按照思政渗透"启思、悟法、长艺、求精、铸匠"五层次和"三段八步理实一体"线上（MOOC＋SPOC）线下深度混合的组织教学活动（见图 3），即课前自学、课中研学、课后拓学三阶段、"查—探—引—仿—析—提—练—拓"八步骤组织课堂，完成学习任务。

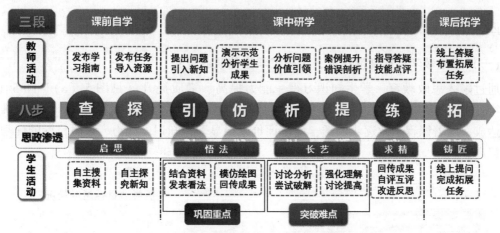

图 3 "工程制图及 CAD"课程的教学组织

（三）建成了思政目标融入的过程性考核评价体系，多维度、多主体、线上线下相结合检验三维目标的达成度，提升课程思政的实施效果

破除"唯分数、唯升学"的教育评价，树立科学成才观，使思政目标评价可评可测，将劳模精神（劳动精神、工匠精神）、雷锋精神、诚信守法勇于创新的企业家精神等职业素养融入线上线下相结合、课前课中课后的多评价维度和师生的多评价主体之中。多维度包括 MOOC/SPOC 线上学习记录、课前任务完成情况、课中学习表现、课后作业完成情况、课后作业诚信度等，多主体包括学生自评、同学互评和教师评价等。为加强对学生学习效果的监测，我校建立了"智慧课堂运行状态监测评价系统"（见图4），通过后台大数据分析，动态捕捉学生学习结果和学习方式的数据，探索各项目间的增值评价，通过学生画像引导个性化学习，及时给予学生正向反馈。该系统还可通过教师画像促进教师教学行为优化；通过课程画像精准调控新教学周期内容，实现优化更新，实现课程质量诊改和教学预警。

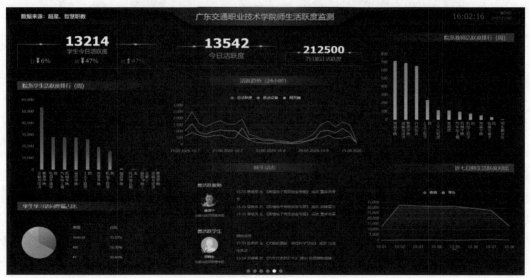

图4 智慧课堂运行状态监测评价系统

四、"工程制图及 CAD"课程思政实施效果

（一）三维教学目标高度达成，提升了学生的职业素养

通过融入思政教育，学生知识习得、能力提高、素质提升（见图5（a）、图5（b）、图5（c）），以某班45名学生为研究对象，课程考核100%合格（见图5（d）），三维目标高度达成。随着课程思政逐步渗透，增值评价效果显著，知识、能力、素质目标的优秀比例明显提高。

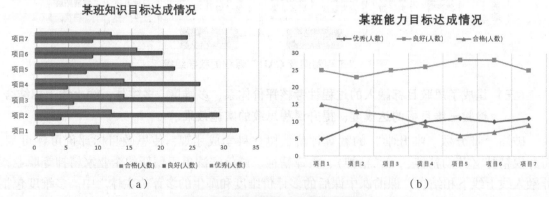

(a) (b)

图5 某班三维目标达成情况统计

(a) 知识目标达成情况；(b) 能力目标达成情况

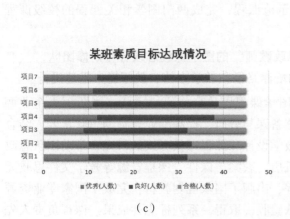

(c)　　　　　　　　　　　　　　(d)

图 5　某班三维目标达成情况统计（续）

(c) 素质目标达成情况；(d) 学业成绩

（二）德技并修，思政教育与专业学习有效融通，推动了学生创新创造能力，提升了学生就业核心竞争力，促进学生成长成才

以思政育人为引领，思政教育与专业教育有效融通，学生的技术技能创新能力和就业核心竞争力显著提高。在教育部"宏志助航"计划助推下，以企业真实案例切入，突出课程德技并修的特色，使学生快速掌握图学理论和计算机软件绘图与造型。响应国家教育数字化转型需要，接入"国家大学生就业服务"国家智慧教育公共服务平台，为学生就业"冲刺"助力，提升了毕业生的核心竞争力，促进学生成长成才。近五年，学生获省级以上各类比赛奖励近 30 项，1+X 机械工程制图职业技能等级证书考试合格率达 95%，省级（AutoCAD 平台）中、高级绘图员技能等级考试通过率达 100%；获相关实用新型专利授权 7 项。

（三）以思政教育为引领，依托"MOOC+SPOC+翻转课堂"的线上线下深度混合式教学模式创新，辐射带动相关专业课程教学改革

依托国家级在线课程和国家级资源库的参建，参与本课程"MOOC+SPOC+翻转课堂"混合式教学模式改革的院校由南到北、自东向西覆盖广泛，我校与包括新疆交通职业技术学院、清远职业技术学院在内的西部少数民族和教育欠发达地区的几十所兄弟院校一起，开展了师生—生生—师师多主体、线上线下课前课中课后一体、同时同地—同时异地—异时同地—异时异地跨时空维度的学习与互动交流。MOOC、SPOC、课程思政示范课等各类在线学习累计逾 16 万人次，互动量超过 50 万次，累计日志数超过 400 万条，居全国高职图学类课程前列。有效提升了图学课程的技术技能培养和价值塑造的教学效果，辐射带动效果显著，为相关专业（群）基础课程的教学改革，提供了参考思路与实践经验。

（四）借助"新华网"和"学习强国"等中央媒体平台的巨大影响力，使更多学习者受益，促进示范效应形成

本课程作为课程思政示范案例课在中央媒体"新华网"和"学习强国"等平台上线播

出,累计1.7万余人次参与学习,点赞超过400次,受到学习者的欢迎。借助中央媒体平台的巨大影响力,促进形成思政育人与专业教育"同频共振"的示范效应。"工程制图及CAD"课程2023年入选首批广东省课程思政示范课程,完成两门图学相关课程的校级课程思政示范课的验收。

(五)教学相长,打造了"专业教师+思政教师"的图学课程思政合作研修团队,带动课程团队积极探索思政育人的培养路径和教学方法,教师能力迅速提升

打造了一支"专业教师+思政教师"的图学课程思政合作研修团队,团队深入企业调研,充分发挥思政教师的优势,定期开展集体备课与教研,提高专业教师的思政素养,结合图学课程的具体内容,进行思政融入方式、教学设计和课程考核方式的研究,带动团队思政育人能力迅速提升。完成了教学标准、教学日历、教案、课件、课程资源等教学文件思政元素融入的梳理与修订,建成了国家级在线课程,出版了国家规划教材,完成了国家专业资源库验收,协助完成了汽车国家级教学创新团队验收,取得一系列标志性成果。课程负责人先后十几次在全国性会议和广西、新疆等省兄弟院校进行线上线下专题分享,累计参与教师近两千人,取得较好社会反响。

五、结语

将文化认同与文化自信、遵标守规、劳模精神、工匠精神、创新创造、质量成本等图学密切相关的思政教育元素"隐"于教学、"点睛"于课堂,并在教学设计、课堂教学和课程考核之中形成"闭环",系统设计了"做中学、学中品、品中悟、悟而行"四层递进的课程思政实施路径,以"MOOC+SPOC+翻转课堂"的线上线下"深度"混合式教学模式为课程思政实施平台,借助国家级"课程、资源库、教材"所形成的强大合力,进一步提升课程思政的实施效果,推动"课程思政+信息化教学"的课堂革命的变革,使学生通过图学课程的学习,悟出精益求精的"匠心"与诚信敬业的"初心"。

六、"工程制图及CAD"教学案例

螺纹的"故事"

本案例是高职汽车电子技术专业群专业平台基础课"工程制图及CAD"的"任务5.1 绘制螺纹"(2学时)。

(一)教学目标

本教学单元的教学目标如图6所示。

知识目标	能力目标	素质目标
1.掌握螺孔(内螺纹)与外螺纹的绘制; 2.熟悉螺纹的标记与识读; 3.熟悉螺纹紧固件的识读	能熟练用软件绘制各类螺孔的能力	1.学习雷锋精神; 2.形成遵守国家标准、遵纪守法意识; 3.养成精益求精的工匠精神

图6 本教学单元的教学目标

（二）学情分析

通过对授课对象的基础信息（见图 7）和在线课程（包括 MOOC 和 SPOC）学习行为（见图 8）大数据统计分析可知，学生为高考生源、数学基础扎实、计算机基本操作熟练，经过项目 1～项目 4 二十多课时的训练，计算机绘图技能过关，动手能力强。能够遵守国家标准，运用团队合作创新的方式来分析问题、解决问题，对线上自主学习感兴趣，但理解能力和自学能力有欠缺，应进一步培养学生良好学习习惯和自主学习能力。

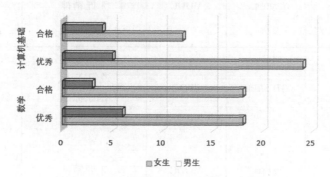

图 7　某班学生知识技能基础统计数据

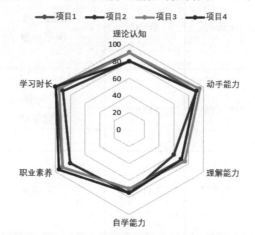

图 8　某班项目 1～项目 4 在线学习统计数据

（三）教学重难点

重点：①各类标准螺纹标记的识读和绘制；②螺孔的正确绘制。

难点：①各类标准螺纹标记的种类多、差异小、易混淆；②内（外）螺纹线条多，国家标准难掌握。

（四）数字资源

各类数字资源见表 1。

表 1 教学单元的主要数字资源

资源名称	资源类型	所在位置	思政映射点	资源截图
了解螺纹	导学视频	MOOC		
螺栓连接的画法	动画	MOOC	工匠精神	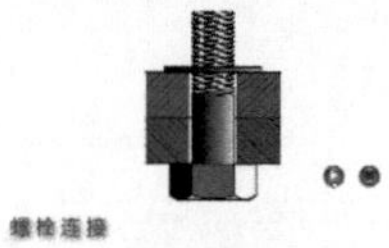
螺栓的连接	3D 动画	SPOC	遵纪守法、国家标准	
螺柱连接的画法	动画	MOOC	工匠精神	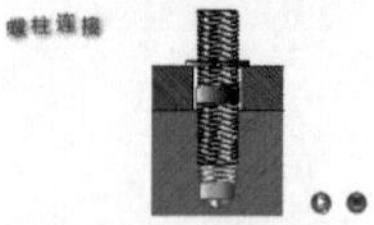
螺柱的连接	3D 动画	SPOC	遵纪守法、国家标准	
螺钉的连接	3D 动画	SPOC	遵纪守法、国家标准	
紧定螺钉的装配	动画	MOOC	工匠精神	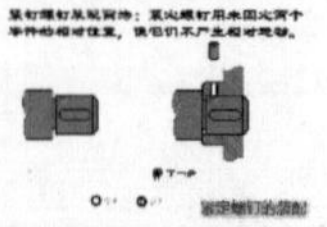
螺纹的绘制	微课	SPOC	雷锋精神、工匠精神、遵纪守法	
螺纹常见类型与标注	微课	SPOC	劳模精神、工匠精神	

续表

资源名称	资源类型	所在位置	思政映射点	资源截图
螺纹紧固件	微课	SPOC	文化自信文化认同、工匠精神	
螺钉的连接装配	3D 动画	SPOC	遵纪守法、国家标准	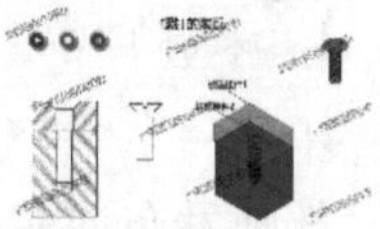
螺纹的绘制	课件	MOOC	雷锋精神、工匠精神、遵纪守法	
螺纹常见类型与标注	课件	MOOC	工匠精神、遵纪守法	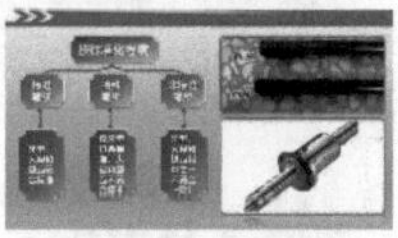
螺纹紧固件	课件	MOOC	工匠精神、遵纪守法	
螺纹紧固件 AR 虚拟模型	AR 模型	虚仿中心	遵纪守法、国家标准	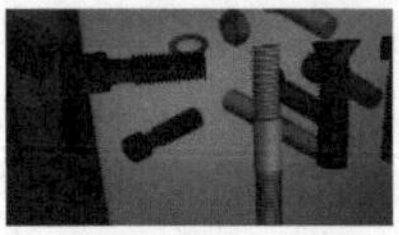
阀体的 AR 虚拟模型	AR 模型	虚仿中心	遵纪守法、国家标准	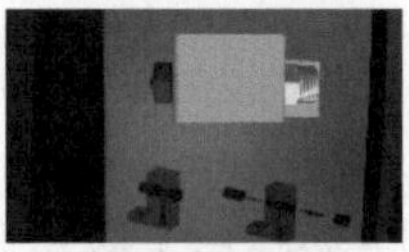
螺纹小结	小结视频	MOOC		

（五）课堂实施

本教学案例是项目5中"任务5.1 绘制螺纹"的内容，2学时。采取"三段八步理实一体"线上（MOOC＋SPOC）线下深度混合开展课堂教学，即分"课前自学、课中研学、课后拓学"三阶段，以"查—探—引—仿—析—提—练—拓"为教学组织的明线，将"启思、悟法、长艺、求精、铸匠"思政教育分五层次"隐"于教学全过程，"动脑＋动手"理论实践一体促进思政目标达成。（说明：以下若为该班专属任务，通过智慧职教—职教云SPOC发布；若为所有学习者学习任务，通过智慧职教—MOOC学院发布。）

1. 课前自学

步骤一 "查"：启思（1 h左右）。

教师发布课前学习指南，学生按组自主搜集资料（见图9）。

设计意图：通过自主搜集资料，对相关授课知识、人物，如雷锋和港珠澳大桥建设者做提前了解。

思政融入：在网上查资料过程中，学习雷锋和管延安等先进人物事迹，启发学生思考螺丝钉精神、劳模精神、工匠精神等。

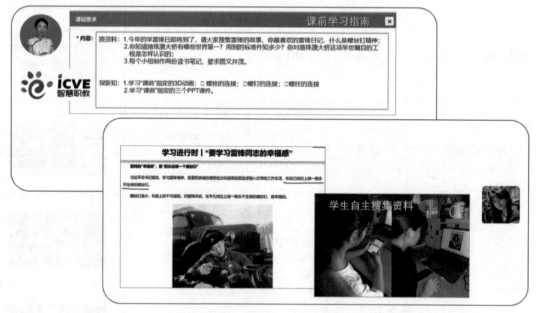

图9 步骤一 "查"

步骤二 "探"：启思（30 min）。

教师导入资源并发布任务，学生预习相关资源、自主探究新知（见图10）。

设计意图：通过预习三种典型螺纹连接的动画和画法，自主探索新知，体验制图国家标准的严肃性和科学性。

思政融入：通过自主学习三种典型螺纹连接画法，学习相关国家标准，更进一步体会遵纪守法的重要性。

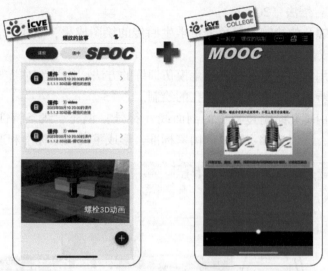

图 10　步骤二 "探"

2. 课中研学

步骤三　"引"：悟法（5 min）。

教师提出问题、引入新知，学生结合搜集资料、发表看法（见图 11）。

设计意图：①由雷锋日记导入雷锋精神，自然引出课程内容；②由雷锋故事引发学生兴趣，对学生进行价值传递。

思政融入：学习雷锋故事和雷锋日记，结合学校组织的第二课堂活动，启发学生发扬雷锋 "干一行爱一行专一行精一行" 的螺丝钉精神。

图 11　步骤三 "引"

步骤四 "仿"：悟法（20 min）。

教师演示示范螺孔的绘制、展示分析学生回传的绘图成果，学生分步骤模仿绘制螺孔、在 SPOC 回传绘图成果（见图 12）。

设计意图：采用教师演示示范和学生模仿训练的方法，使学生对新知和操作形成初步理解，巩固重点，分步骤巩固重点——螺孔的绘制。

思政融入：①由螺孔绘制过程中的剖面线（符号）填充、线条特性等细节，使学生体会工匠精神的精髓；②通过学习螺纹的国家标准，形成重视国家标准和遵纪守法意识。

图 12　步骤四 "仿"

步骤五 "析"：长艺（25 min）。

教师就工作中螺纹的典型案例进行分析，并进行价值引领，学生尝试破解并参与讨论分析（见图 13）。

图 13　步骤五 "析"

设计意图：①结合港珠澳大桥建设者事迹，并通过工作中各类螺纹典型案例引导学生解析新知；②通过AR虚拟模型和3D动画等数字化手段辅助空间思维，用直观的方式突破难点。

思政融入：①由港珠澳大桥建设者的故事，使学生感悟劳模精神和工匠精神；②通过师生共同分析标准螺纹的标识，使学生树立国家标准权威性和遵纪守法意识。

步骤六 "提"：长艺（15 min）。

教师案例提升、错误剖析，学生强化理解、讨论提高、提交成果（见图14）。

设计意图：组织学生通过三种典型螺纹连接的案例巩固、提炼经验，内化新知。

思政融入：①以港珠澳大桥中使用国产超强螺栓等标准件为切入点，增强学生作为中国人的文化自信和文化认同感；②结合三种典型螺纹紧固件的绘图国家标准，强调遵守国家标准和遵纪守法的重要性。

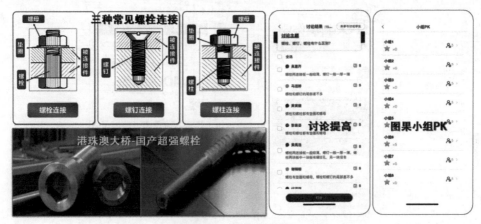

图14 步骤六 "提"

步骤七 "练"：求精（20 min）。

教师指导答疑、展示成果、技能点评，学生SPOC回传绘图成果、自评互评、改进反思（见图15）。

图15 步骤七 "练"

设计意图：组织学生回传教师展示成果，验证新知。

思政融入：通过螺孔绘制的综合训练，使学生深入体会精益求精的工匠精神。

3. 课后拓学

步骤八 "拓"：铸匠（1.25 h）

教师 SPOC 布置阀体零件拓展任务、MOOC 答疑，学生 SPOC 完成阀体拓展任务、MOOC 提问和讨论（见图 16）。

设计意图：①布置拓展任务，线上答疑解惑，巩固新知；②线上 MOOC 答疑，使四类学习者（在校学生、教师、社会学习者和企业用户）受益。

思政融入：①通过完成零件图拓展绘图任务，使学生深入体会精益求精的工匠精神；②通过绘图过程中对国家标准的实践，牢固树立遵纪守法意识。

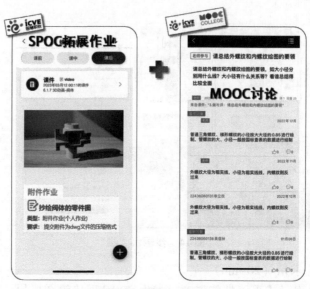

图 16 步骤八 "拓"

（六）考核评价

本教学案例的考核评价包括 MOOC、SPOC 和全过程职业素养三部分，按权重由课程平台自动计算，见表 2。

表 2 教学单元的考核评价

MOOC 得分 40%		SPOC 得分 50%		全过程职业素养 10%	
主题讨论	12%	课前小组资料搜集	5%	工匠精神（绘图细节处理）	2%
		课前任务学习	5%		
离线作业	12%	课中提问	5%	严格遵守国家标准	2%
小测	8%	课中成果回传 自评	20%	创新精神	2%
		课中成果回传 互评			
		课中成果回传 师评			

续表

MOOC 得分 40%		SPOC 得分 50%		全过程职业素养 10%	
学习时长	4%	课中参与讨论	5%	团队合作	2%
		课中小组 PK	2.5%		
资源完成率	4%	课中签到	2.5%	文化认同 （课前资料体现）	2%
		课后拓展任务	5%		

（七）教学反思

教学成效：通过"启思、悟法、长艺、求精、铸匠"五层递进的课程思政实施路径，将雷锋精神、劳模精神、文化自信与文化认同、遵纪守法意识等思政元素自然渗透到"三段八步理实一体"的教学全过程中，三维教学目标有效达成。

不足：①由于螺纹类型较多，学生绘制的熟练度仍不够；②少数学生线上学习较敷衍。

改进措施：①除 MOOC 练习外，针对该班学生在 SPOC 中布置强化训练，并限时完成，由教师详细批改，提高熟练度和对细节的雕琢；②进一步丰富教学案例素材，增强知识的趣味性，根据线上学习数据（数字资源学习时长和数量、作业完成质量等），对少数学生提出预警。

作者简介：

沈凌，广东交通职业技术学院教授，校级教学名师；中国图学学会图学教育专业委员会委员，广东省工程图学学会理事。主持"工程制图及 CAD"获首批国家"线上一流"课程（2020 年）、首批职业教育国家在线精品课程（2022 年），是国家智慧教育平台首批入选的优质课程，累计参与学习人数逾 16 万人。该课程是广东省首批课程思政示范课程（2023 年），作为课程思政案例慕课在"新华网"和"学习强国"平台展示播出。参与智能工程机械运用技术专业国家级教学资源库建设并通过验收（2019—2022）。作为第一主编编写教材 6 部，其中 1 部入选"十三五"国家规划教材，1 套入选"十四五"国家规划教材。发表论文 20 余篇，主持完成教育部"宏志助航"计划线上课程等省级以上教科研课题近 10 项，获实用新型等专利 6 项，指导学生获国家级、省级以上奖励 29 项。

基于现代信息技术的混合式"机械制图"教学模式实践

史艳红

郑州铁路职业技术学院

一、改革背景

高等职业教育自身的特点,要求以就业为导向,学生能力应满足岗位要求,高等职业教育的教学目标不能偏移岗位和社会需求,须体现职业能力,并具有一定的可持续发展能力及创新意识。"机械制图"课程是主要研究绘制与识读机械图样的原理及方法的一门学科,其目的是培养学生的工程意识,以满足学生今后职业岗位对画图、读图技能的需要,并要求学生能够在工程领域内表达自己的设计思想及技术创新,发展空间想象和空间思维能力。"机械制图"是一门实践性很强的课程,必须多看、多练,经过由物画图由图想物的反复实践过程,建立物体与投影之间的一一对应关系。但是机械图样的直观性比较差,对于职业院校的学生来说,在刚开始学习的时候需要借助大量模型、实物来帮助看图。目前学校现有模型已经无法满足学习需求,学生在课后作业更是由于不能及时得到老师的辅导而遇到诸多困难;而且传统教学常以教师为主体,学生作为被动参与者,学习积极性往往不高。现代信息技术的发展,改变了人们的思维、生产、生活和学习方式,随着越来越多的信息技术融入教学活动中,拓宽了传统意义上的学习空间和时间,催生了教育教学的新形态。

在这种情况下,混合式教学模式油然而生。混合式教学模式解决了教师在课堂教学过程中过分注重讲授而导致学生学习的主动性和兴趣不高、认知参与度不足、不同学生的学习结果差异过大等问题,将学生的学习从课堂拓展到课外,从课上延长到课后。但是目前的混合式教学无成熟的改革模式,要么混合的策略过于简单,达不到预期的效果,要么混合的方法过于复杂而使项目难以开展,如何开展有效的混合式教学模式,怎么混合,混合多少是个问题。近年来,我校在混合式教学模式改革上做了一些尝试。

二、线上线下混合式教学模式实践

在国家职业教育教学改革精神的指导之下,课程改革进入了一个全新的阶段。课程改革应以学生为中心,注重职业能力培养,提高学生对岗位的胜任力。"三教"改革,教师是根本,教材是基础,教法是途径,教材作为课程改革的载体,是课程改革的直接体现。

（一）教材建设——混合式教学模式的基础

1. 教材体系先进，体现高职教育的特点

教材的编写构建了项目导向、任务驱动式教材体系。确定了四个任务，包含两个基础任务和两个工作任务，由此引入相关知识和理论，搭建教材体系。教学目标和方向务实明确，可学性、可操作性好。

基础任务1——绘制平面图形。介绍制图国家标准的基本规定及平面图形的绘制。

基础任务2——绘制、识读三视图和轴测图。在投影法与投影图基础上，从点、直线、平面的投影，到基本体的三视图和轴测图，再到组合体三视图的绘制和识读，层层深入。

两个基础任务为完成工作任务准备必要的基本知识，奠定必要的投影理论基础，使学生具备一定的画图及读图技能，发展空间想象能力、空间思维能力。

工作任务1——识读零件图与零件测绘。包括表达零件的结构形状，标注零件的尺寸及技术要求，最后完成工作任务识读零件图与零件测绘。

工作任务2——识读装配图与部件测绘。包括表达装配体的结构，标注装配体的尺寸及技术要求并编制明细栏，最后完成工作任务识读装配图与部件测绘。

基础任务阶段落实到画法上，工作任务阶段重在识读机械图上，整体设计框架清晰，层层递进，体现高职教育的特点，注重职业能力培养，提升学生的综合素质和岗位胜任能力。

2. 教材打破传统，特色鲜明

1）主线突出

完善了以机械图为主线、将相关知识与机械图相融合的内容体系。将机件的表达方法融入零件图中，螺纹及螺纹紧固件分别融入零件图、装配图中，其他标准件、常用件融入装配图中，公差与配合分别融入零件图、装配图中，与工程设计及生产实际贴近，强化了应用性与实践性，拉近了教学与职业岗位需求的距离，更加便于学生理解。

2）结构合理

教材结构以体为主，将基本体和组合体并列成两个单元，并且将立体表面交线的投影融入组合体中，不再单列一个单元，物体分类更加明晰。

3）主辅分明

轴测图作为一种辅助的作图手段，在教材中不再单列一章，而是将它分散到相应的单元中，先在投影法与投影图中讲清楚轴测图的形成和分类等有关知识，然后在点、直线、平面、基本体及组合体中分别介绍轴测图的画法，根据需要及时引入，层层深入，明确轴测图的辅助作图地位，更加自然、合理。

3. 新形态一体化，满足多元化学习需求

《机械制图》教材作为国内最早一批新形态一体化教材，配套数字资源内容丰富，融科学性、系统性和直观性为一体，形式多样，学生可以随扫随学、自学自测，引领教材新模式。"微课"涵盖了大部分知识点，短小精悍，手机扫描二维码，三、五分钟便可完成一个知识点的学习；"演示视频"详细演示了作图过程；"动画"形象地展示了机件的结构及工

作原理;"教学课件"详细且生动;配套习题解析等数字资源,为学生的课外学习提供了保障。

(二) 在线开放课程——助力混合式教学模式

依托新形态一体化教材建设过程中积累的数字化资源,启发并催生了在线开放课程"工程制图与识图"。课程数字化资源内容丰富、形式多样、配置合理,生动演绎教材内容,课程于 2018 年正式上线。

1. 精心设计课程体系,满足不同学习需求

考虑到教材应当体现知识体系的完整和连续,而课程更加注重教学的具体实施和学生的学习习惯,课程建设没有完全照搬教材,而是通过整合优化,分解为 13 个单元,包括平面图形的绘制、三视图的绘制和识读及轴测图的画法、零件图、装配图的识读和绘制。课程还设计了 3 个单元的三维建模选修内容,从简单零件建模到复杂零件建模,再到装配建模。

2. 知识点细化,素材颗粒化,满足不同教学模式

课程体系搭建之后还要化整为零,以"点"为单位,将知识点细化,素材颗粒化,便于后期建课时,根据不同的学时需要,组装成为不同的教学单元,满足不同教学模式。教学单元学习过程完整,知识点学习有"微课"视频、PPT 课件,课后拓展训练有答案、AR 模型,技能检测有随堂测验、单元测试、期末考试,丰富完整的课程资源、合理的考核评价方式及互动讨论,适合在线学习,便于开展混合式教学。

3. 信息化资源配置合理,突破课程难点,满足课外学习需要

空间想象能力的培养是课程的重点,也是难点,"微课"视频中大量的动画、三维模型等信息化资源,形象生动。为了帮助学生完成课后练习,制作了三维模型库,链接到在线开放课程的学习应用中,学生通过 AR 技术,可以随心所欲地从不同方向观察模型,并通过自主剖切看到内部结构,建立"图"与"物"的一一对应关系。拓展训练中配套习题答案,满足课外学习需要。

4. 必修 + 选修,体现个性化学习需要

课程里加入了 3 个单元的三维建模选修内容,通过项目化教学、典型建模案例视频,介绍了三维建模软件的用法,可以在识读组合体三视图的时候学习简单零件建模,识读零件图时学习复杂零件建模,识读装配图中学习装配建模,实现三维模型服务二维工程图的辅助读图功能,提高学生读图及三维建模能力,且这部分内容学生可以选学,体现了个性化学习需要。

(三) 多环节、多方位开展混合式教学模式

依托在线开放课程,结合线下授课计划,同步线上教学活动,开展线上线下混合式教学模式。学习场所为课堂教学与课外学习相结合,评价方式为过程性评价与终结性评价相结合,学教并重,促进学生自主性学习、过程性学习和体验式学习。

1. 教学模式——线上线下相结合

利用在线开放课程学习平台,合理规划教学活动,通过设计课中"学"与课前、课后

"习",实现有效的线上线下混合式教学模式。

1) 利用线上课程——完成课前"习"

丰富的线上资源给翻转课堂的开展提供了方便,考虑高职学生特点,大多数学生没有课前预习的习惯,而且学生平时课外负担也比较重。经过反复研讨,课程组选取了平面图形的绘制、识读组合体的三视图、断面图这三个内容,通过精心设计课前的"习",有效开展翻转课堂。以组合体看图为例,课前布置学生复习各种位置直线平面的投影、基本体的三视图、三视图之间的关系,总结出视图上图线及线框所表达的空间含义,通过在线开放课程或者新形态一体化教材中的"微课"视频自学组合体看图的两种方法,并完成线上练习,慕课课堂自动统计出同学们的选项和正确率;课堂上,直接进行补画视图及漏线练习,再通过讨论及提问等多种形式,帮助学生们找出错误的原因,实现师生的良性互动。

2) 利用线上课程——完成课中"学"

(1) 灵活安排线上学习方式,实现便于操作的线上线下混合式教学模式。

结合高职学生特点,线上内容直接安排在课堂上进行。机件的其他表达方法主要是国家标准的规定,内容比较多,但是并不难,学生在掌握了视图、剖视图及断面图画法之后,利用新形态一体化教材"微课"扫一扫或者在线开放课程学习平台,观看视频并完成慕课练习,教师通过巡视,及时给予学生帮助和指导,并针对共性问题集中讲评。由原来教师的"教"为主,变为学生的"学"为主,既调动学生自主学习的主观能动性,又发挥教师的主导作用,实现便于操作的线上线下混合式教学模式。

(2) 借助 AR 技术,由直观感受到画法讲解,加深学生理解。

制图课程对空间想象能力要求很高,以往每次上课都要拿很多模型或者使用课件,学生感觉距离模型或课件太远,看不清楚,印象不深刻。通过在线开放课程,借助 AR 技术,通过手机扫描二维码,可以直接看到三维模型,并可通过剖切观察内部结构,随时对照视图观看模型,一直到看懂为止,调动多种感官能动性,提高大脑活跃度,在此基础上老师再讲解画法,加深学生理解,也提高了学生的学习兴趣。

(3) 投屏演示点评作业,实现"生—生"的良性互动。

学生的作业问题比较多,如何将代表案例展示出来,以往一直没有很好地解决方法,投屏演示很好地解决了这个问题。将具有一定代表性的典型错误,手机拍照,投影在屏幕上,引导大家一起讨论分析,通过学生相互点评,找出错误所在,加深大家印象,实现"生—生"的良性互动。

3) 利用线上课程——完成课后"习"

"机械制图"是一门实践性很强的课程,每次课后都会布置大量看图及画图作业。在线开放课程中的 AR 模型和配套习题答案,可方便学生自主完成课后作业,满足课外复习的需要,减轻了老师的负担,解决了课后辅导的问题。

截交线和相贯线历来是课程难点,学生往往想象不出物体的形状,老师们也常常感觉教学很费劲,效果不理想。借助丰富的线上资源和现代信息技术,线上线下精心设计完整教学活动,提高了教学效果。课前让学生通过在线开放课程或者新形态一体化教材中的"微课"视频进行预习,观察周围物体,拍摄一些包含有截交线、相贯线的照片上传到"中国大学

MOOC"平台的线上讨论中，同学们表现出了很高的兴趣，参与意识很强，找到了许多生活中的截交线和相贯线，有了一定的感性认识。课堂上，让学生扫描在线开放课程中基本体（棱柱、棱锥、圆柱、圆锥、圆球）的 AR 模型，在慕课课堂中完成诸如"根据截平面截切六棱柱的位置不同，截交线有可能的形状"等多选题，学生通过触屏在手机上调整截平面的位置截切六棱柱，近距离观察截交线的形状变化，归纳出六棱柱截交线的各种情况，以此推广总结出棱柱的截交线，再通过从不同方向观察物体，分析投影特点，在此基础上老师在黑板上演示画出截交线的投影，通过图物对照，形象直观，学生们实实在在"看到"了截交线，掌握了画法，提高了空间想象能力。课后布置截交线、相贯线作业，学生在完成作业过程中，遇到看不懂的物体可以借助 AR 模型，还可以通过线上配套习题答案进行检查，使所学知识及时得到巩固和复习，提高了学生学习的主动性和参与度。

2. 评价方式——线上线下相融合

探索线上和线下融合，过程性评价与终结性评价相结合的多元化考核评价模式。

课程成绩由学生线上讨论参与度、线上单元测试、课堂表现和线下的课后作业等过程性考核和期末的终结性考核综合评定，既有线上讨论参与度，又有线下的课堂表现；既有线上的单元测试，又有线下课后作业；既有线上课程考试，又有线下的期末考试，线上线下有机结合。

课程成绩 = 线上成绩（20%）+ 平时作业及课堂表现（10%）+ 线下期末考试（70%）。

线上成绩 = 线上讨论（15%）+ 线上单元测试（45%）+ 线上期末考试（40%）。

三、特色与创新

（一）实现有效的线上线下混合式教学模式

结合高职学生特点，依托在线开放课程，合理规划教学活动，灵活安排线上学习方式，增强学生的主动参与意识，线上线下、平台支撑、多环节、多方位实现有效的线上线下混合式教学模式。

（二）借助 AR 技术，传统与虚拟现实相结合

借助三维模型库，随时随地多角度近距离观察物体，弥补了传统模型的不足，调动学生自主学习的主观能动性，提高学生的获得感和成就感。

四、推广应用

教材《机械制图》及《机械制图习题集》于 2012 年 7 月由高教出版社出版，现已出版 4 版，4 版累计发行 14.3 万册，近 20 个省的 40 余所院校选用本教材，得到了广泛认可。第 2 版、第 3 版分别为"十二五""十三五"职业教育国家规划教材，2021 年获首届全国教材建设奖优秀教材二等奖、河南省特等奖，2023 年纳入"十四五"职业教育国家规划教材、河南省职业教育优质教材，并被推荐参评国家级职业教育优质教材。

课程"机械制图"于 2018 年 5 月在智慧职教上线。"工程制图与识图"于 2018 年 11 月在"中国大学 MOOC"平台上线，2020 年被教育部认定为国家级精品在线开放课程，

2022 年又被教育部认定为职业教育国家在线精品课程。课程"工程制图与识图"自 2018 年运行以来，每年开设 2 期，平台累计注册学习人数 3 万余人，已经在"中国大学 MOOC"平台上连续开课 12 期。

（一）本校使用教学效果好

课程开课以来，我校共计 1.7 万余名学生注册学习，线上线下相辅相成，课程通过率和优秀率有了很大提高，学生反映课堂上没学会或者请假不能到课堂学习的内容，都可以随时随地运用点滴时间进行在线学习，课后做作业也可以参考线上答案及 AR 模型，学习渠道多、效果好。学生评价"篇幅不长，却是重点，课后习测，巩固知识，闲时讨论，获得新知，提高成绩"。

（二）课程社会影响大，受众面广

课程主要面向高等职业院校的在校学生，也适用社会学习者，毕业后走入企业的学生也根据岗位需求参与了课程的学习，同行评价高，社会影响大，受众面广。

课程兼顾社会学习者学习特点，将学习从校内拓展到校外，同步参与教学活动，拓宽了学习空间与时间，为广大学习者提供了线上教学服务，满足了多元化学习的需求。

教学改革是一项长期的任务，今后课程组还要在实践中不断地总结、创新、完善，以适应新形势下职业教育改革中信息技术与教学的深度融合，为促进现代职业教育高质量发展做出贡献。

作者简介：

史艳红，郑州铁路职业技术学院机械工程教研室主任，教授。主持建设"工程制图与识图"为国家精品在线开放课程、职业教育国家在线精品课程；主编多部《机械制图》及《计算机绘图》教材，被评为"十二五""十三五""十四五"职业教育国家规划教材，并获首届全国优秀教材二等奖；指导学生参加全国大学生先进成图技术与产品信息建模创新大赛，学生多次获得全国个人一等奖及团体二等奖。

职业院校教育信息化建设与现代教学技术应用研究
——以计算机辅助设计与制造 UG 省级精品在线开放课程为例

赵 慧

沈阳职业技术学院

一、案例简介及主要解决的教学问题

(一) 改革背景

随着互联网技术和大数据技术的不断发展，信息化教学已成为课堂教学的主要技术手段。"中国大学 MOOC"平台的搭建吹响了国家级精品课程建设的号角，"智慧职教"平台的成立为高质量层次国家级精品在线开放课程提供了发展机遇。职业院校教育信息化建设与现代教育技术的应用研究对实施职业教育"三教"改革攻坚行动具有重要意义。

(二) 改革起因

1. 高职教育发展需要推进高职教育信息化水平不断提升

"双高计划"、国家提质培优课程建设、国家级精品课程建设等信息化教学项目需要搭建校企合作高水平团队，打造高质量精品在线开放课程及其全部配套教学资源和教学管理评价相关文件。

2. 课堂革命需要打造高职教育精品在线开放课程

职业教育需要企业项目、1+X 证书、技能大赛三位一体，实现课堂教育与企业岗位能力需求相对应、学校教学与岗前培训的无缝对接。

3. 数字化升级需要打造新时代信息化课堂

装备制造行业数字化升级需要利用交互式虚拟仿真技术解决机械设计与制造专业实训教学的高投入、高损耗、高风险及难实施、难观摩、难再现的"三高三难"痛点和难点。

(三) 改革目的

1. 思政有效融入信息化教学课堂

重点探究对学生社会责任感、创新精神、实践能力的培养方法，注重课程思政在信息化教学中的有效表达与合理体现。坚持立德树人，能力为本，实现学生社会责任感、创新精神、实践能力的全面提升。

2. 开发有用、有趣、有效的"三有"课堂资源

围绕企业岗位能力需求设计典型工作任务，设计小组合作为基础的实训项目手册，利用虚拟仿真技术等实时交互式评测等评价方法实现学习效果评价，用优质教学资源和科学的教学技术应用手段促进课堂质量全面提升。

3. 利用虚拟仿真技术实现以实带虚、以虚助实、虚实结合

实践为主、应用为王是职业教育的重要特点，通过先进的信息技术开发综合实训系统，将信息技术和实训设施深度融合，以实带虚、以虚助实、虚实结合不断提升实训教学水平。

4. 开发项目驱动的现代学徒制标准化课程资源

合理确定教学内容，开发项目式教学资源，优化人才培养方案，重点实行基于问题、案例的互动式、研讨式教学，倡导自主式、合作式、探究式学习。

5. 开发信息化教学资源实现产教协同、共建共享

基于国家和辽宁省现代学徒制项目，结合区域经济和行业企业发展特点，与辽沈地区龙头机械类企业深度产教融合，实现地域和资源的优势互补，实现资源共享和持续应用，助力区域经济社会发展。

二、解决教学问题的方法、手段

（一）明确研究对象

本课题重点研究职业院校教育信息化建设与现代教学技术应用和实践，课题以计算机辅助设计与制造能力培养为例研究利用"信息技术+"升级传统专业，利用现代信息技术推动职业学校人才培养模式改革，满足学生的多样化学习需求。利用校企共建共享信息化资源开发方法，同时研究基于"互联网+""智能+"的现代教学技术在教学实践中的应用方法和经验，推动教育教学变革创新。探索满足职业教育现代学徒制人才培养模式要求的教学信息化资源建设经验和可推广的教学方法。

（二）深度产教融合，研究教学改革实施方案

研究以培养学生计算机辅助设计与制造能力为中心、以围绕该课程实现"三教"改革为目的为主线的信息化教学改革方法，以及教学资源设计、开发、应用经验。研究内容基于我院与沈阳机床集团现代学徒制人才培养过程中形成的职业院校教育信息化建设与现代教学技术应用具体方案。校企合作的整体框架如图1所示。

（三）注重学情分析，体现高职教育特点

利用大数据和信息化手段对学情进行调研、分析、对比，充分了解学情的同时努力将教学设计与岗课赛证有效结合。

（四）注重信息化改革，建设高质量在线开放课程

2018年起我院与沈阳机床集团校企合作共建国家首批现代学徒制项目，共建信息化教学资源，2019年起课程已在"智慧树"平台完整运行9期，2022年课程被评为辽宁省精品在线开放课程，2022年课程入驻"智慧职教"平台，目前，课程已入选国家职业教育智慧教育平台精品在线课程。

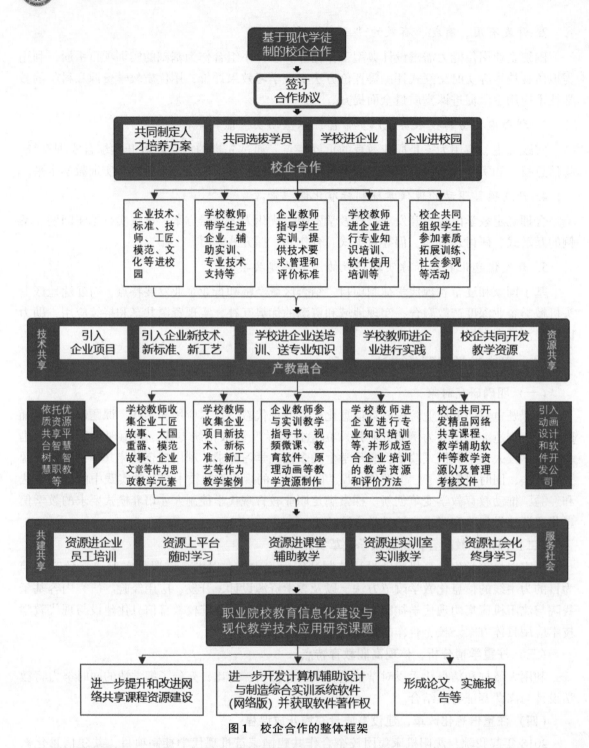

图 1 校企合作的整体框架

（五）打破机械实训技术瓶颈，开发辅助教学软件

软件功能包括了"凸轮分度机构"项目的相关教学资源和交互式辅助教学功能，目前软件已申请了软件著作权。其中包括实训系统介绍、原理动画、交互拆装实训、交互工序创

建实训、微课视频、电子教材、交互式技术图纸、综合考核题库，软件功能模块思维导图如图 2 所示。该软件获批 2022 辽宁省职业教育虚拟仿真实训项目。

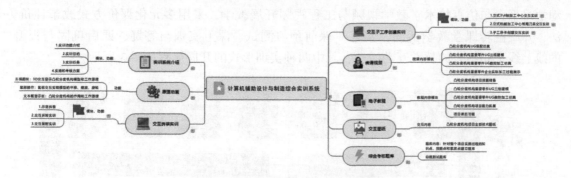

图 2　实训软件功能模块思维导图

（六）创新教材改革，开发新形态教材

我院与沈阳机床集团校企合作联合开发了项目式教材，该教材所选内容为教育部首批现代学徒制班机械 CAD/CAM 课程教学内容。

2022 年 12 月，项目负责人赵慧老师主编的高等职业教育机电类专业新形态教材《UG NX11.0 高级应用项目式教程》由机械工业出版社出版，2023 年被评为辽宁省级规划教材。

三、特色及创新点

本课程基于现代学徒制校企合作项目，利用信息化技术、网络技术、虚拟仿真技术开发了服务于学生计算机辅助设计与制造专业能力提升的相关教学资源，通过网络共享课实现了资源共建共享；通过三维交互式教学软件解决了机械数控加工实训教学的高投入、高损耗、高风险及难实施、难观摩、难再现的"三高三难"痛点和难点；通过研究和创新使用现代教学技术全面提升了学生的知识水平、技术能力和职业素养，具体项目创新点如下。

（一）深度产教融合，体现职业教育特点

依托教育部首批现代学徒制项目和辽宁省学徒制项目搭建校企合作平台，与沈阳机床集团深度校企合作，聘请企业高级技术人员参与项目的开发及产品实际加工视频制作，由资深切削技术工程师亲自演示实际操作过程，讲解加工技术要点、操作流程及安全规范等专业知识。

（二）具有实际应用基础，不断创新开发"三有"课堂资源

团队依托辽宁省高水平现代化高职院校和高水平特色专业群建设项目开发了"凸轮分度机构 CAD/CAM（UG）综合项目软件 V1.0"软件。

基于辽宁省"双高"项目，对课程资源进行了进一步提升和改进，充实了教学资源，丰富了资源形式，开发了辅助教学软件，并在"智慧树"平台搭建了"计算机辅助设计与制造（UG）"共享课和翻转课。

（三）教学方法创新

依据职业教育教学改革要求，采用各类信息化教学手段，利用实训系统及网络课程、互动学习平台与仿真技术、教学视频与工程视频开展教学，采用多元化评价方式改革评价方法，开展翻转课堂教学活动，实现"课前预习测试、课上实训与答疑、课后巩固与提升"的线上线下相结合的教学互动活动，其中两种实训形式的开展流程如图3所示。

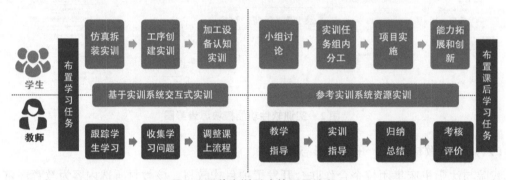

图3 两种实训形式的开展流程

（四）评价体系创新

课程强调学生的差异性、测试场景的复杂性和有效性，形式多样，注重学习过程的阶段性考评，利用综合实训系统形式多样的评价方式累积学习者个体学习状态和结果数据，对个体学习进行分析，不断制订和调整学习计划。

（五）对传统教学的延伸与拓展创新

依托项目式教学设计实现对传统教学的延伸与拓展（见图4），综合实训有机融入机械制图、机械基础、机械制造技术等前序课程知识。三维动画、虚拟交互系统让抽象、难懂的专业知识变得直观、生动、有趣。电子教材中除了包括与项目对应的相关知识外，还整合了项目实施技能储备模块，将项目实施的基础知识以案例形式整合到教材当中，方便基础较弱的学习者自学。

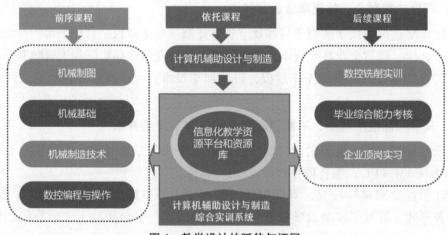

图4 教学设计的延伸与拓展

四、推广应用效果

课程的3大建设成果分别以网络精品课、教材和省级虚拟仿真实训平台形式向社会推广,2022年成果建成以来受到了社会的广泛关注和好评。很多企业和兄弟院校主动加入到成果的推广当中,除百余所兄弟院校外还包括沈阳机床集团、沈阳传动成套设备有限公司、沈阳沈大内窥镜有限公司、北京太尔时代科技有限公司等多家企业。

(一)课程情况

在线开放课程建设历时6年,分为多个建设阶段,通过不断对教学资源进行打磨、应用、改进,目前本课程已被评为辽宁省精品在线开放课程,已再次升级入驻"智慧职教"平台。

2019年秋冬学期起,课程在"智慧树"平台已运行9个学期,累计选课人数7 185人,累计选课院校201所,互动1.35万次。

充分响应西部院校"慕课西部行计划2.0"和"三省一区"共享课程号召,宁夏工业职业学院选课人数达到393人,黑龙江农垦科技职业学院、吉林交通职业技术学院选课人数均超过100人,本课程全国选课院校见表1。

表1 全国选课院校(部分院校)

序号	学校名称	选课人次
1	宁夏工业职业学院	393
2	沈阳职业技术学院	341
3	宣城职业技术学院	261
4	郑州城市职业学院	219
5	辽宁理工职业大学	179
6	九江职业技术学院	165
7	银川能源学院	164
8	郑州理工职业学院	132
9	黑龙江农垦科技职业学院	78
10	渤海船舶职业学院	54
11	上海中侨职业技术大学	52
12	潍坊工商职业学院	51
13	广西工业职业技术学院	44
14	吉林交通职业技术学院	44

续表

序号	学校名称	选课人次
15	商丘学院应用科技学院	35
16	湖南文理学院	32
17	大庆职业学院	31
18	辽源职业技术学院	28
19	甘肃畜牧工程职业技术学院	18
20	大庆职业学院（扩招）	16
21	广西水利电力职业技术学院	9
22	武汉晴川学院	6
23	太原城市职业技术学院	4
24	重庆工商职业学院	2
25	武汉生物工程学院	1

2022年，本课程整合和完善了网络课程的配套资源（见图5），入选辽宁省职业院校精品课程（见图6），共计104学时，同年课程入驻"智慧职教"平台。

2023年，课程入选国家职业教育智慧教育平台精品在线课程（见图7）。

图5 "智慧树"平台课程升级情况

图6 辽宁省职业院校精品课程建设情况

图7 国家职业教育智慧教育平台课程建设情况

（二）教材情况

我院与沈阳机床集团校企合作联合开发了项目式教材（见图8）。该教程所选内容为教育部首批现代学徒制班机械CAD/CAM课程教学内容。项目内容包括"典型机械产品""金砖国家技能发展与技术创新大赛样题"和"企业实际加工产品实例汇总"。所有项目案例均为完整的机械产品实例，体现了机械专业教学和企业实际生产的紧密结合。教程讲解了UG（NX）11.0软件"产品3D建模""零件图输出""组件装配""数控加工仿真"4个模块的使用方法和技巧。

（三）省级虚拟仿真实训系统

辽宁省职业教育虚拟仿真实训项目共享平台建设情况如图9所示。

图8 教材

图9 辽宁省职业教育虚拟仿真实训项目平台建设情况

五、典型教学案例

"计算机辅助设计与制造（UG）"是教育部首批现代学徒制项目的核心专业课程，是校企共建的项目式、理实一体化、信息化在线开放课程。课程使用产品零件3D设计、产品装配和数控加工仿真三大模块相结合的理实一体化项目，内容设置精准对接数控车、铣加工"X"证书和多轴数控加工"X"证书。

（一）整体教学设计

1. 教学目标

教学设计根据机械制造专业岗位能力群需求，结合现代学徒制校企合作育人经验确立教学目标。坚持将"立德树人""思政教育""职业精神""劳动教育"与专业知识、专业技能教育相结合，全面推进全员、全过程、全方位"三全育人"总体教学目标，如图10所示。

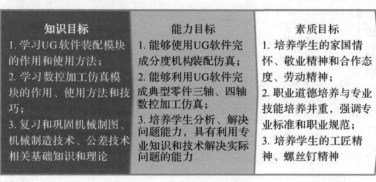

图10　总体教学目标

2. 教学设计

1）学情分析

课程开设学期为第3学期。每学期开课前，通过"问卷星"平台设计调研问卷，对学生的知识基础、技能基础、学习意愿、学习方法等调研，如图11所示。

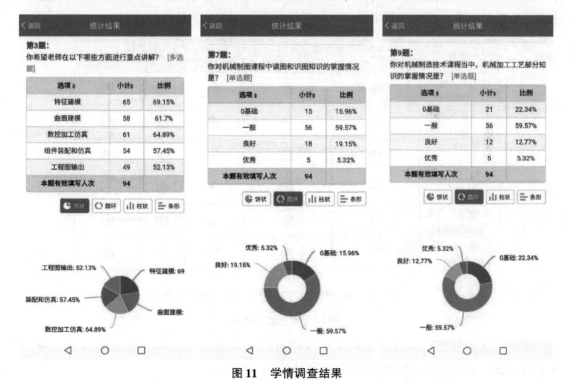

图11　学情调查结果

根据机械设计与制造专业人才培养方案、课程标准及学生的学情调研结果分析，形成学生学情分析表，见表2。

表2 学生学情分析表

相关课程分析	能力分析	素质分析	本课前序内容分析	有待提升能力分析
已学习课程：机械制图、机械基础、公差配合与技术测量、机械制造技术。 同步开设课程：数控编程与操作。 后续课程：数控车、铣工实训专业综合能力训练与考核	专业基础能力：读图识图能力较弱，动手能力强，具有一定工艺分析能力。 数控加工能力：具有数控车削加工能力	具有一定的专业标准和职业素养，但思政教育、劳动教育和职业道德教育方面还有待提升	本学期课程已学习 UG 软件制图、装配、加工相关基础知识，并以案例教学形式讲解了支架装配、简单三轴零件加工相关知识	UG 软件解决企业中实际产品的辅助设计与制造能力； UG 加工模块解决实际产品三轴、四轴加工过程中的加工仿真、程序输出、后置处理等相关问题

根据人才培养方案和课程标准，对接1+X技能证书和工作岗位能力需求，分析学生的学习能力和知识技能水平，针对每次课程列出能力矩阵（见图12），根据能力矩阵确定课程内容，分析教学重、难点。教学设计及教学手段的运用均从学情实际出发。

能力	1+X技能证书要求		对应工作岗位		
	数控车、铣加工	数控装调与维护	机械加工	工艺员	生成管理
读图识图能力	⊕	⊕	⊕	⊕	⊕
公差技术使用能力	⊕	⊕	⊕	⊕	⊕
工艺分析能力	⊕	⊕	⊕	⊕	⊕
软件使用能力	⊕	⊕	⊕	⊕	⊕
多轴加工刀路创建和优化	⊕	⊕	⊕	⊕	⊕
沟通、协调、协同	⊕	⊕	⊕	⊕	⊕

⊕一般了解 ⊕基本掌握 ⊕熟练掌握 ⊕能指导他人

图12 学生能力矩阵

课后学情对比分析：每次课对学生学情进行分析和总结，得到学习能力雷达图（见图13），通过对比反馈及时调整部分教学内容和教学设计。

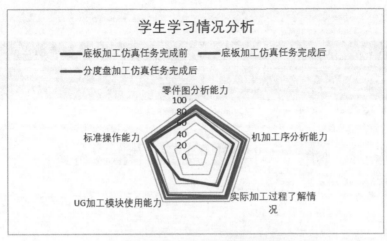

图 13　学生学习能力雷达图

2）教学内容设计

以凸轮分度机构综合项目为例，它包括 4 大教学任务，分别对 UG 软件的"装配"和"加工"两大模块的使用进行巩固和能力提升，其教学内容设计如图 14 所示。

图 14　教学内容设计

3. 教学资源设计

1）课程资源

早期在线开放课程资源：课程分 2 学期完成教学内容，自 2015 年以来先后在"聚匠云"（见图 15）、"今日头条"、"蓝墨云班课"、"网易云课堂"、"智慧树"等平台累计运行 10 学期，受到了社会学员的认可。

"智慧树"平台教学资源：建设"智慧树"平台在线共享课程，项目资源均依托国家现代学徒制项目，基于深度校企合作开发。企业辅助学校将项目中典型零件进行实际加工，并做成教学资源，以凸轮分度机构为例，其教学视频情况见表 3。

图15 "聚匠云"平台课程截图

表3 凸轮分度机构部分在线视频情况

文件编号	知识点		视频名称	难度等级
3.1.1	零件建模		底板三维建模	★
3.1.2			分度盘三维建模	★★
3.1.3			凸轮轴三维建模	★★★
3.1.4	组件装配		分度盘组件装配	★
3.1.5			凸轮轴组件装配	★
3.2.1	加工仿真	底板	底板加工过程展示	★
3.2.2			进入加工环境	★
3.2.3			创建刀具	★
3.2.4			创建几何体	★★
3.2.5			下表面开粗	★★★
3.2.6			精加工底壁	★★★
3.2.7			精加工地脚	★★
3.2.8			地脚倒角	★★
3.2.9			粗加工U形槽及外轮廓	★★★
3.2.10			上表圆槽开粗–倒角	★★
3.2.11			上表面倒角和钻孔	★★
3.2.12			底板加工实训（**机床负责制作）	★★★
…	…	分度盘	…	

2）虚拟仿真资源

教学软件同时支持电脑和手机终端，方便使用，整合了项目相关技术资料、视频资源、动画资源、教材、题库等。

教学软件功能：典型案例 UG 软件实训操作过程视频展示、交互式仿真拆装实训、机构实物拆装视频演示等功能模块。同时开发学习、考核模式，软件部分功能及内部资源，如图 16 所示。

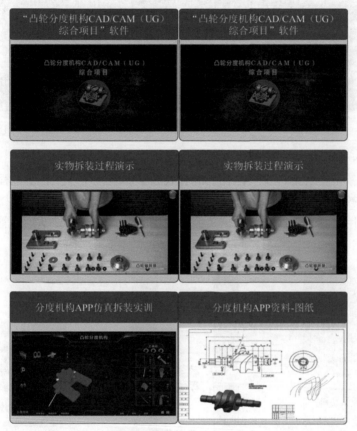

图 16　教学软件功能展示

教学动画资源：为了解决刀轴角度、投影矢量等难于理解的理论问题，课程还配套开发了相关教学动画，如图 17 所示。

 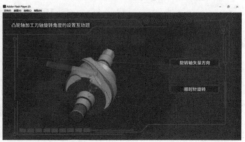

图 17　原理动画展示

教材资源：依托现代学徒制和辽宁省"双高"建设项目，开发了校企合作教材，软件中的电子教材可供学生随时在线学习。

题库资源：开发和总结课程互动及章末测试题160道，将互动题整合至教学软件（见图18），并将互动题与教学资源内容精准对接，让学生学习随时有反馈。

图18 软件互动题考核功能

4. 教学方式与方法

课程采用的教学模式为理实一体化、混合式教学（见图19）。教学过程中以任务驱动式教学为主，多种教学手段并用，激励学生动手操作实践，满足UG课程实操性强的要求。混合式教学充分利用信息化手段和大数据功能实现翻转课堂教学、教学辅助管理和课后复习与能力拓展等。

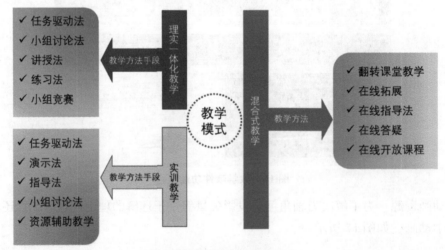

图19 教学模式和教学手段

（二）教学实施

基于理实一体化、混合式教学模式的教学实施过程主要分为"课前准备""课堂教学"和"课后拓展"三个环节，其中课前和课后两部分主要以信息化教学为依托，通过在线资源、在线管理和在线互动实现。课堂教学环节是教学实施的关键，以理实一体化教学模式为主，通过在线开放课程资源、教学资源APP、动画等辅助教学开展，课堂教学实施过程如图20所示。

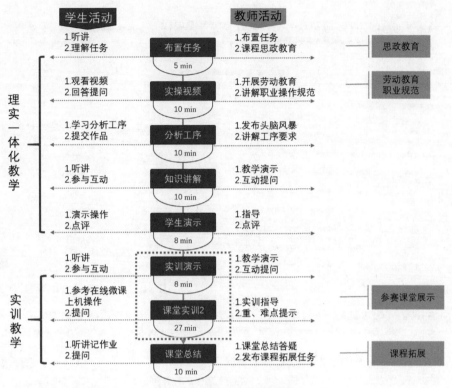

图 20　课堂教学实施流程

（三）课堂教学实施成效

采用理论联系实际、任务驱动教学的方法有效地完成了教学实施。丰富多样的教学资源辅助教学开展过程取得了良好的教学效果，学生的能力得到了全方位提升。教学效果对比分析如图 21 所示，学生小组作业如图 22 所示。

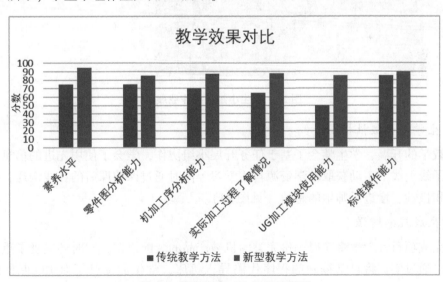

图 21　教学效果对比柱状分析图

图 22　学生小组在线作业展示

1. 学生学习积极性提高

通过教学的开展，学生学会了基于任务开展小组协作，学会了使用先进的信息化学习手段，学会了线上线下主动获取教学资源自主学习。同时通过课前课后的在线沟通，提高了学生的学习积极性，增进了师生的感情（见图 23）。

2. 学生成就感增强

通过完成项目，学生将获得一份完整的机械产品的装配模型，同时还实现了重要零件的加工仿真。通过实训将自己编制的程序代码导入机床，学生们提升了对 UG 课程的喜爱程度，同时也增加了对后续课程"数控车、铣工实训"的期待。

图 23　师生课余互动情况和学生实训情况

作者简介：

赵慧，沈阳职业技术学院副教授，沈阳市名师，沈阳市技术标兵。曾多次主持和参与国家级、省级教学资源库建设，辽宁省职业院校精品在线开放课程负责人，省"双高"课程建设负责人，省虚拟仿真实训项目软件开发负责人。主要成果有教材11本，论文18篇，课题、项目28项，专利12项，"国家职业教育智慧教育""智慧职教""智慧树"等平台课程6门，教学软件4个，软件著作1项，省级教学成果一、二等奖等。

附 录 篇

工程图学类课程教材常用国家标准代号汇编

说明：为方便教师查询工程图学类课程相关国家标准，将工程图学类课程教材常用现行国家标准代号收编于此，主要是技术制图及与机械制图教材有关的常用标准，并不齐全。若标准有更新，多为标准代号中的年号有变，使用时，建议先在"中国标准信息服务网"等相关网站中搜索查询标准代号，确认是现行最新标准后再查阅标准原文。

一、技术制图

标准代号	标准名称
GB/T 13361—2012	技术制图 通用术语
GB/T 10609.1—2008	技术制图 标题栏
GB/T 10609.2—2009	技术制图 明细栏
GB/T 14689—2008	技术制图 图纸幅面和格式
GB/T 14690—1993	技术制图 比例
GB/T 14691—1993	技术制图 字体
GB/T 17450—1998	技术制图 图线
GB/T 14692—2008	技术制图 投影法
GB/T 15754—1995	技术制图 圆锥的尺寸和公差注法
GB/T 16675.1—2012	技术制图 简化表示法 第1部分：图样画法
GB/T 16675.2—2012	技术制图 简化表示法 第2部分：尺寸注法
GB/T 17451—1998	技术制图 图样画法 视图
GB/T 17452—1998	技术制图 图样画法 剖视图和断面图
GB/T 17453—2005	技术制图 图样画法 剖面区域的表示法
GB/T 4457.2—2003	技术制图 图样画法 指引线和基准线的基本规定
GB/T 16948—1997	技术产品文件 词汇 投影法术语
GB/T 12212—2012	技术制图 焊缝符号的尺寸、比例及简化表示法
GB/T 4656—2008	技术制图 棒料、型材及其断面的简化表示法
GB/T 18686—2002	技术制图 CAD系统用图线的表示

二、机械制图

标准代号	标准名称
GB/T 4457.4—2002	机械制图 图样画法 图线
GB/T 4457.5—2013	机械制图 剖面区域的表示法
GB/T 4458.1—2002	机械制图 图样画法 视图
GB/T 4458.2—2003	机械制图 装配图中零、部件序号及其编排方法
GB/T 4458.3—2013	机械制图 轴测图
GB/T 4458.4—2003	机械制图 尺寸注法
GB/T 4458.5—2003	机械制图 尺寸公差与配合注法
GB/T 4458.6—2002	机械制图 图样画法 剖视图和断面图
GB/T 4459.1—1995	机械制图 螺纹及螺纹紧固件表示法
GB/T 4459.2—2003	机械制图 齿轮表示法
GB/T 4459.3—2000	机械制图 花键表示法
GB/T 4459.4—2003	机械制图 弹簧表示法
GB/T 4459.5—1999	机械制图 中心孔表示法
GB/T 4459.7—2017	机械制图 滚动轴承表示法
GB/T 4460—2013	机械制图 机构运动简图用图形符号
GB/T 324—2008	焊缝符号表示法
GB/T 5185 — 2005	焊接及相关工艺方法代号
GB/T 14665—2012	机械工程 CAD 制图规则

三、极限与配合、几何公差等

标准代号	标准名称
GB/T 131—2006	产品几何技术规范（GPS）技术产品文件中表面结构的表示法
GB/T 1031—2009	产品几何技术规范（GPS）表面结构 轮廓法 表面粗糙度参数及其数值
GB/T 1182—2018	产品几何技术规范（GPS）几何公差 形状、方向、位置和跳动公差标注
GB/T 1184—1996	形状和位置公差 未注公差值
GB/T 13319—2020	产品几何量技术规范（GPS）几何公差 成组（要素）与组合几何规范
GB/T 15757—2002	产品几何量技术规范（GPS）表面缺陷 术语、定义及参数

续表

标准代号	标准名称
GB/T 16671—2018	产品几何技术规范（GPS）几何公差 最大实体要求（MMR）、最小实体要求（LMR）和可逆要求（RPR）
GB/T 1800.1—2020	产品几何技术规范（GPS）线性尺寸公差 ISO 代号体系 第1部分：公差、偏差和配合的基础
GB/T 1800.2—2020	产品几何技术规范（GPS）线性尺寸公差 ISO 代号体系 第2部分：标准公差带代号和孔、轴的极限偏差表
GB/T 1803—2003	极限与配合 尺寸至 18 mm 孔、轴公差带
GB/T 1804—2000	一般公差 未注公差的线性和角度尺寸的公差
GB/T 18618—2009	产品几何技术规范（GPS）表面结构 轮廓法 图形参数
GB/T 3505—2009	产品几何技术规范（GPS）表面结构 轮廓法 术语、定义及表面结构参数
GB/T 4249—2018	产品几何技术规范（GPS）基础 概念、原则和规则

四、标准件与常用件及零件常见结构

标准代号	标准名称
GB/T 2822—2005	标准尺寸
GB/T 14791—2013	螺纹 术语
GB/T 192—2003	普通螺纹 基本牙型
GB/T 193—2003	普通螺纹 直径与螺距系列
GB/T 196—2003	普通螺纹 基本尺寸
GB/T 197—2018	普通螺纹 公差
GB/T 5796.1—2022	梯形螺纹 第1部分：牙型
GB/T 5796.2—2022	梯形螺纹 第2部分：直径与螺距系列
GB/T 5796.3—2022	梯形螺纹 第3部分：基本尺寸
GB/T 5796.4—2022	梯形螺纹 第4部分：公差
GB/T 7306.1—2000	55°密封管螺纹 第1部分：圆柱内螺纹与圆锥外螺纹
GB/T 7306.2—2000	55°密封管螺纹 第2部分：圆锥内螺纹与圆锥外螺纹
GB/T 7307—2001	55°非密封管螺纹
GB/T 13576.1—2008	锯齿形（3°、30°）螺纹 第1部分：牙型

续表

标准代号	标准名称
GB/T 13576.2—2008	锯齿形（3°、30°）螺纹 第2部分：直径与螺距系列
GB/T 13576.3—2008	锯齿形（3°、30°）螺纹 第3部分：基本尺寸
GB/T 13576.4—2008	锯齿形（3°、30°）螺纹 第4部分：公差
GB/T 3—1997	普通螺纹收尾、肩距、退刀槽和倒角
GB/T 2—2016	紧固件 外螺纹零件末端
GB/T 1237—2000	紧固件标记方法
GB/T 5780—2016	六角头螺栓 C级
GB/T 5781—2016	六角头螺栓 全螺纹 C级
GB/T 5782—2016	六角头螺栓
GB/T 5783—2016	六角头螺栓 全螺纹
GB/T 5785—2016	六角头螺栓 细牙
GB/T 5786—2016	六角头螺栓 细牙 全螺纹
GB/T 41—2016	1型六角螺母 C级
GB/T 6170—2015	1型六角螺母
GB/T 6175—2016	2型六角螺母
GB/T 6171—2016	六角标准螺母（1型） 细牙
GB/T 6176—2016	2型六角螺母 细牙
GB/T 6178—1986	1型六角开槽螺母 A和B级
GB/T 6180—1986	2型六角开槽螺母 A和B级
GB/T 6179—1986	1型六角开槽螺母 C级
GB/T 65—2016	开槽圆柱头螺钉
GB/T 67—2016	开槽盘头螺钉
GB/T 68—2016	开槽沉头螺钉
GB/T 70.1—2008	内六角圆柱头螺钉
GB/T 70.2—2015	内六角平圆头螺钉
GB/T 70.3—2023	降低承载能力内六角沉头螺钉
GB/T 71—2018	开槽锥端紧定螺钉
GB/T 72—1988	开槽锥端定位螺钉

续表

标准代号	标准名称
GB/T 73—2017	开槽平端紧定螺钉
GB/T 74—2018	开槽凹端紧定螺钉
GB/T 75—2018	开槽长圆柱端紧定螺钉
GB/T 897—1988	双头螺柱 $b_m = 1d$
GB/T 898—1988	双头螺柱 $b_m = 1.25d$
GB/T 899—1988	双头螺柱 $b_m = 1.5d$
GB/T 900—1988	双头螺柱 $b_m = 2d$
GB/T 848—2002	小垫圈 A 级
GB/T 96.1—2002	大垫圈 A 级
GB/T 96.2—2002	大垫圈 C 级
GB/T 97.1—2002	平垫圈 A 级
GB/T 95—2002	平垫圈 C 级
GB/T 97.2—2002	平垫圈 倒角型 A 级
GB/T 93—1987	标准型弹簧垫圈
GB/T 1568—2008	键 技术条件
GB/T 1095—2003	平键 键槽的剖面尺寸
GB/T 1096—2003	普通型 平键
GB/T 1097—2003	导向型 平键
GB/T 1098—2003	半圆键 键槽的剖面尺寸
GB/T 1099.1—2003	普通型 半圆键
GB/T 1563—2017	楔键 键槽的剖面尺寸
GB/T 1564—2003	普通型 楔键
GB/T 1565—2003	钩头型 楔键
GB/T 117—2000	圆锥销
GB/T 119.1—2000	圆柱销 不淬硬钢和奥氏体不锈钢
GB/T 119.2—2000	圆柱销 淬硬钢和马氏体不锈钢
GB/T 91—2000	开口销
GB/T 1357—2008	通用机械和重型机械用圆柱齿轮 模数

续表

标准代号	标准名称
GB/T 271—2017	滚动轴承 分类
GB/T 272—2017	滚动轴承 代号方法
GB/T 274—2023	滚动轴承 倒角尺寸 最大值
GB/T 275—2015	滚动轴承 配合
GB/T 276—2013	滚动轴承 深沟球轴承 外形尺寸
GB/T 281—2013	滚动轴承 调心球轴承 外形尺寸
GB/T 283—2021	滚动轴承 圆柱滚子轴承 外形尺寸
GB/T 285—2013	滚动轴承 双列圆柱滚子轴承 外形尺寸
GB/T 288—2013	滚动轴承 调心滚子轴承 外形尺寸
GB/T 292—2023	滚动轴承 角接触球轴承 外形尺寸
GB/T 296—2015	滚动轴承 双列角接触球轴承 外形尺寸
GB/T 297—2015	滚动轴承 圆锥滚子轴承 外形尺寸
GB/T 299—2023	滚动轴承 双列圆锥滚子轴承 外形尺寸
GB/T 301—2015	滚动轴承 推力球轴承 外形尺寸
GB/T 1805—2021	弹簧 术语
GB/T 2089—2009	普通圆柱螺旋压缩弹簧尺寸及参数（两端圈并紧磨平或制扁）
GB/T 6403.4—2008	零件倒圆与倒角
GB/T 6403.5—2008	砂轮越程槽
GB/T 145—2001	中心孔
GB/T 6403.3—2008	滚花

五、部分常用材料、热处理工艺等术语及其他有关标准

标准代号	标准名称
GB/T 11352—2009	一般工程用铸造碳钢件
GB/T 1173—2013	铸造铝合金
GB/T 1176—2013	铸造铜及铜合金
GB/T 1222—2016	弹簧钢
GB/T 12603—2005	金属热处理工艺分类及代号

续表

标准代号	标准名称
GB/T 13304.1—2008	钢分类 第1部分：按化学成分分类
GB/T 13304.2—2008	钢分类 第2部分：按主要质量等级和主要性能或使用特性的分类
GB/T 1348—2019	球墨铸铁件
GB/T 1591—2018	低合金高强度结构钢
GB/T 3077—2015	合金结构钢
GB/T 3190—2020	变形铝及铝合金化学成分
GB/T 5231—2022	加工铜及铜合金牌号和化学成分
GB/T 5612—2008	铸铁牌号表示方法
GB/T 5613—2014	铸钢牌号表示方法
GB/T 699—2015	优质碳素结构钢
GB/T 700—2006	碳素结构钢
GB/T 7232—2023	金属热处理 术语
GB/T 9439—2023	灰铸铁件